# 钴锰基金属氧化物制备及其催化氧化VOCs性能研究

## Preparation of Cobalt-Manganese-Based Metal Oxides and Their Catalytic Oxidation of VOCs

雷娟　著

化学工业出版社

·北京·

## 内容简介

本书以大气中挥发性有机污染物（VOCs）催化氧化为主线，从导论出发，阐述了VOCs的种类、危害及治理技术，分析了当前治理VOCs的主流技术——催化氧化技术中催化剂的研究现状、非贵金属氧化物催化氧化VOCs发展趋势、近年来MOFs衍生金属氧化物催化氧化VOCs现状及发展趋势、VOCs催化氧化机理等，主要介绍了MOFs衍生的钴锰基金属氧化物的制备及催化性能研究，并探讨了焙烧条件及金属掺杂等对MOFs衍生的钴锰基金属氧化物催化剂催化氧化甲苯和丙酮等VOCs性能的影响，并对此类催化剂的创新进行了总结，对其在VOCs催化氧化领域的应用进行了展望。

本书思路新颖，数据内容翔实，具有较强的针对性和参考价值，可供环境催化及相关领域科研人员参考，也可供高等学校环境科学与工程、化学工程、材料工程及相关专业师生参阅。

**图书在版编目（CIP）数据**

钴锰基金属氧化物制备及其催化氧化VOCs性能研究 /
雷娟著 . -- 北京 ： 化学工业出版社，2024.6. --ISBN
978-7-122-45886-5

Ⅰ.O643.36

中国国家版本馆CIP数据核字第2024NS0058号

---

责任编辑：刘 婧 刘兴春　　　　　　文字编辑：丁海蓉
责任校对：宋 玮　　　　　　　　　　装帧设计：孙 沁

---

出版发行：化学工业出版社
　　　　　（北京市东城区青年湖南街13号　邮政编码100011）
印　　装：北京盛通数码印刷有限公司
710mm×1000mm　1/16　印张13　彩插5　字数216千字
2024年6月北京第1版第1次印刷

---

购书咨询：010-64518888　　　　　　售后服务：010-64518899
网　　址：http://www.cip.com.cn
凡购买本书，如有缺损质量问题，本社销售中心负责调换。

---

定　　价：98.00元　　　　　　　　　　版权所有　违者必究

　　党的十八大报告首次提出建设美丽中国的奋斗目标，"美丽中国"的环境指标体系包括空气清新、水体洁净、土壤安全、生态良好、人居整洁 5 类，是我国实现社会主义现代化强国的生态文明建设目标。"十四五"规划和党的二十大报告进一步明确推进美丽中国建设：到 2035 年，生态环境根本好转，美丽中国目标基本实现。《中共中央关于制定国民经济和社会发展第十四个五年规划和二〇三五年远景目标的建议》也明确了加强细颗粒物和臭氧协同控制这条主干线。而作为二者的重要前驱体，亟须开展挥发性有机污染物（VOCs）的净化研究，在众多 VOCs 中，以甲苯为典型代表的芳香烃和以丙酮为典型代表的含氧 VOCs 在工业源排放最常见的六类 VOCs 中具有最高的臭氧生成潜势和较强的光化学反应活性，对人体和环境的危害极大，因此常作为 VOCs 治理研究的目标污染物。

　　在众多治理技术中，催化燃烧具有相对低温操作、催化效率高、无二次污染、可回收热能等优点，是当前 VOCs 的主流控制技术。催化燃烧技术的关键在于高效、廉价、长寿命催化剂的开发。在目前主要的两大类催化剂中，贵金属催化剂因其优异的低温催化活性和良好的水蒸气抗性受到了市场的长期青睐。然而，其储量低、价格昂贵且易中毒，不符合催化剂廉价且寿命长的要求。相比之下，非贵金属催化剂廉价易得、有较高的稳定性和机械强度，尤其是钴锰基金属氧化物催化剂，在一些 VOCs 催化氧化中其性能可以与贵金属媲美，有望取代贵金属催化剂实现 VOCs 的绿色高效治理。

　　金属有机框架配合物（MOFs），是一种由金属团簇和有机配体结合而成的多孔结构的聚合物，具有比表面积大、孔隙丰富、易于合成、稳定性较好、超低密度及灵活可变等特点，因此受到了学者们的广泛关注和持续研究。近年来，以 MOFs 为前驱体，在高温和一定气氛（空气或氮气和氩气等惰性气体）环境中煅烧，制备包括多孔金属氧化物、多孔炭和纳米粒子/炭等 MOFs 衍生物一度成为研究热点。这些 MOFs 衍生物不仅能保留母体的过渡金属元素（如 Ni、Mn、Fe、Co、Cu 等）和其配体中的 C、H、O、N 等催化体系的必需元素，而且还能继承其前驱体

MOFs 的高比表面积和丰富的孔隙结构，有利于反应物的吸附和催化，可调变的孔径也能保障催化反应较高的传质和扩散能力。此外，还可以利用 MOFs 材料的多样性，预先选择或设计前驱体 MOFs 组成和结构等，来有效控制衍生金属氧化物的结构、形貌和组成等性质，进而对其催化性能进行调控。

除上述优势外，以 MOFs 为前驱体制备的金属氧化物不仅能遗传母体的孔结构，而且其颗粒大小、组成、比表面积和孔容、低温还原性能等物理化学特性在制备过程中都可得到有效调控。与母体 MOFs 相比，由于经过了高温处理，这些衍生物具有更高的活性和稳定性，能承受更为严苛的反应条件，因而扩大了其应用范围，目前已成功应用于吸附、分离、催化、传感等众多领域，其中在催化领域的应用主要包括电化学、催化氧化 CO、催化氧化 VOCs 等。因此，本书选取 MOFs 为前驱体制备钴锰基金属氧化物催化剂用于甲苯和丙酮催化氧化，以期实现对 VOCs 的绿色高效治理。

本书以低温高效、高温稳定的 VOCs 催化氧化钴锰基金属氧化物催化剂为创制目标，选取 MOFs 为前驱体，高温热解制备钴锰基金属氧化物催化剂，并对其中性能较好的金属氧化物催化剂进行掺杂改性，制备钴锰基复合金属氧化物用于甲苯和丙酮的催化氧化，系统研究了以 MOFs 为前驱体制备钴锰基金属氧化物催化剂的有效调控和 VOCs 催化氧化活性之间的关系，并对相关催化剂的催化机理进行了探索。本书的撰写顺应国家相关重大政策导向，基于解决"美丽中国"建设过程中空气清新这一具体问题。同时，非贵金属氧化物催化剂的开发也符合当前国家绿色环保的政策要求，旨在为高活性、强稳定性钴锰基金属氧化物催化剂的设计构筑提供理论依据和技术支撑，促进 VOCs 绿色高效治理的有效实施，着力推进美丽中国建设，对推动我国挥发性有机污染物的防控具有重大科学意义与应用价值。

本书由雷娟著。全书在撰写过程中得到了王爽教授的大力支持和帮助；同时，陈佳佳、白宝宝和黄颖等同学在资料收集、数据处理和图片绘制等方面做了大量的辅助工作，在此一并表示衷心的感谢！

限于著者水平及撰写时间，书中难免存在不足和疏漏之处，敬请广大读者提出宝贵的修改建议。

著者
2023 年 12 月

# 目 录

# 第 1 章
# 概论

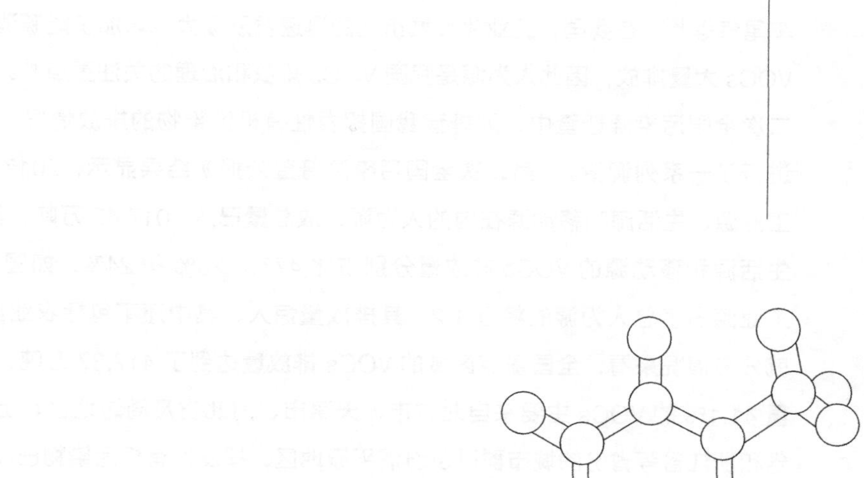

## 1.1 VOCs 污染物分类、来源及危害

挥发性有机污染物（VOCs），是一系列在常温、常压下易挥发的有机化合物的统称。不同国家或组织对 VOCs 的定义各有侧重。其中，有机化合物的熔点在室温以下，而沸点介于 50 ~ 260℃之间，特点是有挥发性，这是世界卫生组织（World Health Organization）对 VOCs 的定义。美国 ASTMD 3960—98 标准将其定义为任何能参与大气光化学反应的有机化合物。而在我国《石油炼制工业污染物排放标准》对 VOCs 的定义中也着重强调了其参与大气光化学反应的一大特点。目前已有 300 多种 VOCs 被监测出来，主要包括烷烃（alkanes）、烯烃（alkenes）、炔烃（alkynes）及环烷烃（cycloparaffin），含氧有机化合物有醛（—CHO）、醇（—CHOH）、醚（R—O—R）、酯（—COO—）、酮（C ═ O）等，以及含苯环的苯系物（苯、甲苯、乙苯、二甲苯等）和卤系物等 [1,2]。

VOCs 来源广泛，主要包括自然灾害等自然源和人为活动引起的人为源两种。其中自然源的排放量相对较少。而 VOCs 的人为源涉及生活及众多行业，主要包括涂装行业、石油类行业、众多有机化工行业、家具制造业、加油站油气泄漏及汽车尾气等 [2]。在我国，工业化和城市化的迅速发展极大地增加了能源消耗量，导致 VOCs 大量排放，因此人为源是我国 VOCs 排放和治理的关注重点 [3]。在我国的第二次全国污染源普查中，为排查我国挥发性有机污染物的排放情况，有针对性地进行了一系列调查。《第二次全国污染源普查公报》结果显示，2017 年我国包括工业源、生活源和移动源在内的人为源排放总量已达 1017.45 万吨，其中工业源、生活源和移动源的 VOCs 排放量分别占比 47%、29% 和 24%，如图 1-1[4] 所示，工业源占了总人为源的将近 1/2，其排放量惊人，其中还不包括农业源的排放量。就分布情况来看，全国重点区域的 VOCs 排放量达到了 417.87 万吨，约占总排放量 41.1% 的 VOCs 主要来自北京市、天津市、河北省及周边地区、上海市、江苏省和浙江省等省份的城市群以及汾渭平原地区，挥发性有机污染物已成为全国排放量超过千万吨级的四项污染物之一 [5]。据不完全统计，我国 VOCs 排放量已居全球首位，远远超过了环境容量，并且还在逐年增加。表 1-1 展示了我国主要工业污染源 VOCs 的排放情况 [2,6-10]。

**图 1-1** 2017 年我国各污染源 VOCs 排放比例 [4]

**表 1-1** 我国主要工业污染源 VOCs 排放情况 [2,6-10]

| 行业 | 排放环节 | 主要污染物 |
|---|---|---|
| 化学原料和化学制品制造业 | 生产及储存过程 | 苯系物、酮类、酚类、醚、酯、酸等 |
| 石油、煤炭及其他燃料加工业 | 石油精炼、煤炭加工等 | 苯、甲苯、二甲苯和非甲烷总烃 |
| 橡胶和塑料制品业 | 有机溶剂运输、储存及产品加工 | 苯、甲苯、二甲苯和非甲烷总烃 |
| 印刷业 | 有机溶剂运输、储存及产品烘干 | 苯系物、丙酮等 |
| 涂装行业 | 有机原料储存、运输、喷漆和烘干环节 | 醇类、脂肪烃类、酮类及醛类 |
| 焦化行业 | 煤气净化生产、化产槽、泄漏等 | 苯、甲苯、二甲苯、非甲烷总烃、酚类 |
| 医药行业 | 药品加工及有机原料储存、运输 | 甲醇、丙酮、二氯甲烷、乙酸丁酯、正丁醇等 |
| 加油站 | 油气储存及泄漏等 | 苯、甲苯、二甲苯和非甲烷总烃 |

  VOCs 作为一种有机气态污染物，对环境和人体均有巨大的直接或潜在危害。VOCs 在氧化性较强的环境中易发生光化学反应，而这一特征会导致其产生二次有机气溶胶（SOA）和臭氧（$O_3$），二次有机气溶胶是细颗粒物 $PM_{2.5}$（雾、霾的主要成分）的重要组成部分，而臭氧作为一种近地面的污染物已被增列入我国《环境空气质量标准》（GB 3095—2012），并受到全世界的极大重视 [3]。2019年《中国环境质量公报》中指出，全国地级以上的 337 个城市 2019 年累计发生严重污染天气 452d，而重度污染天气 1666d，分别比 2018 年减少 183d 和增加 88d。首要污染物细颗粒物（$PM_{2.5}$）、臭氧（$O_3$）和可吸入颗粒物（$PM_{10}$）的超标天数分别占总超标天数的 45.0%、41.7%、12.8%，说明 $PM_{2.5}$ 和 $O_3$ 对环境的危害情况依然十分严峻。此外，挥发性有机污染物也严重威胁并损害着人体

健康。VOCs 首先会危害人体的呼吸系统，导致胸闷咳嗽、呼吸困难、咽喉肿痛等。其次，VOCs 对皮肤和肝脏、肾脏等都能造成不同程度的伤害，而且对人体有致癌、致畸、致突变的"三致"作用。有研究表明，VOCs 可由呼吸系统进入人体，进而进入人体血液中，进一步深入人体脑部中枢神经系统，对人体产生极大的危害[11]。

综上所述，VOCs 种类繁多、来源广泛、危害严重。随着工业化的进一步发展和人类对美好生活的向往，VOCs 的治理势在必行。2013 年以来，我国政府相继出台了一系列政策并采取了一系列有效措施，使 PM$_{2.5}$ 排放量显著降低，但是臭氧的排放量却在逐年增加。VOCs 的治理虽已取得一定成效，但是形势依然严峻，其对人类、环境及国民经济的危害依然受到广泛关注[12,13]，党的十八大报告首次提出建设美丽中国的奋斗目标，"美丽中国"的环境指标体系包括空气清新、水体洁净、土壤安全、生态良好、人居整洁 5 类指标，是我国实现社会主义现代化强国的生态文明建设目标。"十四五"规划和党的二十大报告进一步明确推进美丽中国建设：到 2035 年，生态环境根本好转，美丽中国目标基本实现。《中共中央关于制定国民经济和社会发展第十四个五年规划和二〇三五年远景目标的建议》明确了加强细颗粒物和臭氧协同控制这条主干线。而 VOCs 作为二者的重要前驱体，亟须对其开展高效治理技术的研究。

在众多 VOCs 中，芳香烃和含氧 VOCs 来源广泛，据有关数据显示，在 2017 年长江三角洲的 VOCs 重点排放行业中，芳香烃和含氧 VOCs 在烷烃、卤代烃、炔烃、芳香烃、烯烃和含氧 VOCs 等多种挥发性有机污染物中占据了质量浓度贡献的 50% 以上[14]，2021 年我国京津冀地区典型 VOCs 排放源物种分布特征也显示出了同样的规律[15]（见图 1-2，书后另见彩图），并且芳香烃和含氧 VOCs 在工业源排放常见的 VOCs 中具有最高的臭氧生成潜势（ozone formation potential，OFP），极易引发臭氧污染，而且光化学反应的活性强，对环境的危害极大[16-18]。其中，甲苯作为一种典型的芳香烃类物质，不仅来源广泛，而且与其他 VOCs 相比对人体的毒害作用更强，其苯环结构不易降解，而丙酮作为一种典型的含氧 VOCs，其危害近年来也受到了广泛关注，因此，甲苯和丙酮常常作为 VOCs 治理的目标污染物。以甲苯和丙酮为典型代表的芳香烃和含氧 VOCs 的绿色高效治理不仅是应对当前大气污染的国家战略需求，同时也是我国实现"十四五"规划美丽中国目标中空气清新这一指标的基本保障。

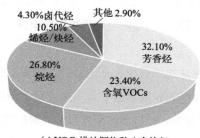

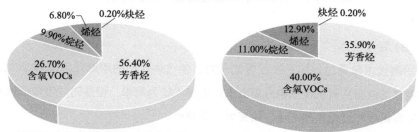

**图 1-2**　2021 年我国京津冀地区典型 VOCs 排放源物种分布特征[14]，以及 VOCs 各组分对总臭氧生成潜势和总·OH 反应活性的贡献率[15]

# 1.2 VOCs 主要治理技术

目前针对甲苯和丙酮等 VOCs 的治理，主要有从源头控制和末端治理两大类。但在实际应用过程中，源头治理由于受到多方面的制约只能作为一种预防性措施，必须通过末端治理实现对 VOCs 的有效控制。而末端治理中采用的技术主要包括吸收（absorption）、吸附（adsorption）、冷凝（condensation）、膜分离（membrane separation）、生物法（bioremediation）、光催化（photocatalysis）、燃烧（combustion）和低温等离子（low-temperature plasma）技术等。VOCs 治理技术主要可归纳为物理法、生物法和化学法三大类[2,6-10]。

## 1.2.1 物理处理技术

通常，浓度 > 5000mg/m³ 的甲苯，往往具有回收价值，可利用吸收、吸附、冷凝及膜分离等技术，在物理作用力下将甲苯富集分离。但是物理处理技术只起到了回收利用的作用，并没有实现对甲苯的降解和破坏。

（1）吸收法

吸收法是指选取水、轻柴油、乙二醇醚等液体作为吸收剂，利用甲苯和丙酮等 VOCs 在其中的溶解性对其进行回收分离，该技术对吸收剂和设备的要求较高，投资较高且普适性较差。但吸收剂需定期进行再生或更换，容易造成二次污染。

（2）吸附法

与吸收法类似，吸附法的关键也在于选择合适的吸附剂，而且要求吸附剂对甲苯和丙酮等 VOCs 有较高的吸附容量。目前应用最普遍的吸附剂是活性炭，此外还有沸石、硅胶和分子筛等。该技术需频繁地对吸附剂进行解吸和再生，其目的是使吸附剂保持较高的吸附容量，在一定程度上增加了处理成本，而且容易引发二次污染。

（3）冷凝技术

冷凝技术是通过控制系统温度或压力，使气体状态的甲苯和丙酮等 VOCs 冷凝成液体，进而从有机废气中分离出来。该技术较为简单，但是对浓度较低或沸点较低的有机废气处理效果不佳，投资大、收益小。

（4）膜分离技术

膜分离技术是在一定压力下，使有机废气通过高分子选择性透过膜，从而达到分离回收的目的。该技术对高浓度有机废气具有理想的处理效果，在工业上已成功应用于芳香烃等的回收利用。但是选择性透过膜的成本较高，而且工业有机废气中常常含有有毒物质，会大大缩短选择性透过膜的使用寿命。

## 1.2.2 生物降解技术

生物降解技术也可以叫作生物过滤技术，是利用微生物将甲苯和丙酮等 VOCs 分解为 $CO_2$ 和 $H_2O$，在此过程中甲苯和丙酮等 VOCs 作为微生物新陈代谢的碳源被逐步分解为小分子物质直至最终降解。生物处理技术可以用于处理硫化氢等恶臭气体及挥发性有机污染物。其治理 VOCs 的原理较为复杂，整个处理机制至今仍没有完全明确的认识。但其过程主要包括以下几步：

① 气态转液态，即将甲苯和丙酮等 VOCs 气体转移至吸收液中；

② 传质或吸附，甲苯和丙酮等 VOCs 在液相中与生物膜接触；

③ 生化反应，甲苯和丙酮等 VOCs 通过微生物的代谢得到降解。

甲苯和丙酮等 VOCs 在此过程中的产物可能有一些有机类中间产物，还有一部分转化为微生物的细胞质或一些无机小分子物质，最理想的状态就是将其分解为 $CO_2$ 和 $H_2O$[19]。

常见的生物处理工艺有生物过滤塔、生物滴滤塔、生物洗涤塔和生物膜反应器等。生物处理技术设备简单，投资相对较小，也不易产生二次污染。但是由于微生物对生存环境较为敏感，所以生物法不仅对环境的要求比较高，而且对有机废气的要求较高，要求有机废气能溶解于水且不含有毒物质、易生物降解等，对于成分复杂的有机废气处理效果较差，而且反应器体积较大，需要较长的停留时间。另外，对反应器填料的要求比较高，生物膜在长期的运行过程中可能脱落或过度蓄积，从而导致性能下降。整体来讲，生物处理技术的实际应用性相对较差[1]。

### 1.2.3 化学降解技术

化学降解技术的最终目的也是将甲苯和丙酮等 VOCs 降解为 $CO_2$ 和 $H_2O$，主要利用各种化学作用力对甲苯和丙酮等 VOCs 进行销毁处理。目前有关化学降解技术的研究主要围绕光催化降解技术、低温等离子体技术和燃烧技术展开。

#### 1.2.3.1 光催化降解技术

光催化降解技术利用光能作为驱动力，催化氧化吸附在光降解催化剂表面的甲苯和丙酮等 VOCs 有机废气。其基本原理是利用羟基自由基（·OH）的强氧化性将甲苯和丙酮等 VOCs 分解为毒害作用较小的小分子物质或 $H_2O$ 和 $CO_2$，而·OH 主要来自 $H_2O$ 或 $OH^-$ 在光催化剂表面的氧化。虽然近年来关于光催化剂的研究较多，但是整体上该技术尚不成熟，在大规模投入市场应用前还需进一步的探索研究。

#### 1.2.3.2 低温等离子体技术

低温等离子体技术是利用电极放电产生大量的高能等离子体，这些高能的活性粒子与甲苯和丙酮等 VOCs 有机气体发生碰撞，激发其成为活化状态，进一步利用高能量打破有机物的 C—H、C—C 或 C ═ C 键等，破坏其结构使其分解。此外，放电过程中还可能产生 $O_3$ 等强氧化性物质，使有机物进一步降解。该技术可在低温下实现对有机废气的处理，使其变成毒害相对较低甚至是无毒无害的物质，但是对设备要求较高，电极寿命短，还不能成熟地应用于市场。

#### 1.2.3.3 燃烧技术

（1）直接燃烧法

直接燃烧法又称为火焰燃烧法，是在较高温度（通常为 800 ~ 1200℃）下，利用有机废气的可燃性，将其高温燃烧分解为 $CO_2$ 和 $H_2O$。该方法适用于处理浓度较高且成分复杂的有机废气，但其能耗高，而且燃烧过程中易产生二噁英（1,4-二氧杂环己二烯）和氮氧化物（$NO_x$）等造成二次污染。

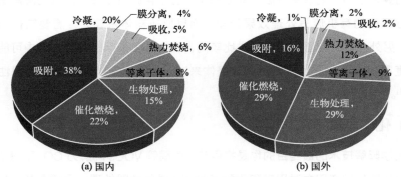

(a) 国内    (b) 国外

**图 1-3** 国内外各 VOCs 治理技术的市场占有率[20]

（2）催化燃烧法

催化燃烧法又称为催化氧化法。其基本原理是利用催化剂在较低温度（140 ~ 450℃）下将甲苯完全氧化为 $H_2O$ 和 $CO_2$，避免在高温下产生二噁英和氮氧化物（$NO_x$）等副产物从而造成二次污染。其催化氧化的方程式为：

$$C_7H_8 + 9O_2 \longrightarrow 7CO_2 + 4H_2O \qquad (1-1)$$

该方法不仅可以在低温下有效避免二次污染，停留时间短（约为 0.25s），而且净化效率高。在工业应用上，该技术投资少、适用范围广、操作简单。因此，该技术在国内外 VOCs 治理技术市场上都具有非常高的市场占有率（图 1-3[20]，书后另见彩图），是甲苯和丙酮等 VOCs 治理技术中最为高效环保的治理技术。

## 1.3 VOCs 催化氧化催化剂的研究现状

催化氧化技术在去除甲苯和丙酮等有机气体方面由于具有突出的优势而受到广泛关注。该技术的核心在于研发低温高效、高温稳定，而且价格低廉、可以广泛应用的催化剂。近年来很多学者已对相关催化剂进行了大量的研究和探索，主要集中于负载型贵金属催化剂和非贵金属催化剂两大类催化剂。

### 1.3.1 贵金属催化剂

贵金属催化剂主要由活性中心和载体两部分组成，也可以称为负载型贵金属催化剂。

### 1.3.1.1 活性中心

贵金属催化剂的活性中心主要指钯（Pd）、铂（Pt）、钌（Ru）、金（Au）、银（Ag）、铑（Rh）、锇（Os）和铱（Ir）等金属元素。贵金属催化剂通常在较低的温度范围（140～300℃）内即可将甲苯和丙酮等VOCs完全催化降解为$CO_2$和$H_2O$，表现出较高的催化活性。在众多的贵金属中，Pd和Pt对甲苯等的催化活性最高，通常在200℃以下即可将一定浓度的甲苯和丙酮等VOCs完全降解。这归结于其独特的电子结构和较低的活化能。虽然贵金属催化剂性能优异，但是昂贵的价格往往限制了其大规模工业应用。良好的分散度是贵金属展现出高催化活性的前提，因此，利用一些多孔且价格低廉的载体，使贵金属均匀分散在其表面，保证其充分发挥活性中心的作用，同时还可以降低工业成本。

### 1.3.1.2 载体

载体主要包括金属氧化物（如$Al_2O_3$、$CeO_2$、$SiO_2$、MgO、CuO、$Fe_2O_3$和$TiO_2$等）、分子筛、堇青石、泡沫镍和活性炭等。

（1）惰性载体

所谓惰性载体即此类载体在甲苯等催化氧化过程中不起催化作用，而且与贵金属之间不发生相互作用，只作为贵金属的载体，加大其分散性，防止在较高温度下烧结，提高贵金属在催化氧化过程中的利用率。常见的有氧化铝、分子筛和二氧化硅等。

Wang Hui等[21]将Pd-Pt双贵金属负载到二氧化硅载体上，并利用油酸进一步提高了Pd-Pt在二氧化硅表面的分散度，这使得贵金属的利用率显著提高，从而增强了其降解甲苯的效率，其中Pd和Pt含量均为0.25%的负载型催化剂使得98%初始浓度为$1000cm^3/m^3$（即文献报道中常用的浓度单位ppm）的甲苯降解温度为160℃，活性突出。Huang Shushu等[22]将Pt负载到分子筛ZSM-5-OS上制备了贵金属催化剂，用于甲苯催化氧化，发现在164℃时即可达到90%的降解率，性能优异，研究表明将Pt负载到分子筛上，其分散度显著提高，这对催化剂表现出高活性起到重要作用。Yang Lizhe等[23]制备了一种沸石型Pt-Mn双金属催化剂（$PtMn_{0.2}$@ZSM5），该催化剂在5%（体积分数）的水分条件下对丙酮的氧化反应表现出优异的催化活性，$T_{95}$（转化率95%时对应的温度）为165℃。由于沸石约束和双金属协同作用，$PtMn_{0.2}$@ZSM5具有小的纳米颗粒尺寸、丰富的酸位、较高的活性 $Pt^0$ 含量和充足的活性氧。这些优异的性能促进了 VOCs 的吸附、深度氧化和 $CO_2$ 的解吸。同时，该催化剂对甲苯、乙酸乙酯、丙烷、二氯甲烷等多种 VOCs 的氧化效果也得到了证实，具有良好的工业应用前景。

（2）活性载体

与上述的惰性载体不同，所谓的活性载体本身对甲苯和丙酮等 VOCs 也有一定的催化活性，不仅可以加大贵金属的分散度，提高其利用率，而且可以与贵金属之间产生协同作用，使贵金属的催化性能进一步提升。活性载体多为金属氧化物，常见的有 $CeO_2$、$Cr_2O_3$、$Fe_2O_3$、$TiO_2$ 及锰的氧化物等。

Peng Ruosi 等[24] 将不同粒径大小的 Pt 纳米粒子负载到 $CeO_2$ 上制备了一系列贵金属催化剂，研究表明 $Pt/CeO_2$ 催化剂的结构和理化性能在很大程度上依赖于 Pt 纳米粒子的大小，其中 $Pt/CeO_2$-1.8 由于 Pt 纳米粒子的分散度和 $CeO_2$ 上的氧空位浓度之间的平衡，对甲苯催化氧化表现出突出性能，143℃时 $1000cm^3/m^3$ 的甲苯的降解率即可达到 90%。Chen Xi 等[6] 在合成 MIL-101-Cr 的过程中加入了提前制备好的 Pt 纳米粒子，经高温煅烧制备了一系列由 MOFs 衍生的 M-$Cr_2O_3$ 作载体的负载型贵金属催化剂，用于甲苯催化氧化，表征显示这种方法制备负载型催化剂保证了 Pt 的高度分散，而且与 M-$Cr_2O_3$ 之间形成了强烈的相互作用，对甲苯催化氧化具有协同作用，同时载体 M-$Cr_2O_3$ 呈介孔结构，有利于甲苯的吸附和传质作用，这也能促进催化氧化的进行。Wang Zhiwei 等[25] 制备了一系列 $TiO_2$ 纳米片负载的不同粒径大小的 Pt 纳米催化剂，用于甲苯和丙酮双组分 VOCs 的催化氧化，研究发现，$Pt_{1.9nm}/TiO_2$ 对甲苯和丙酮均展现出了优异的催化活性，220℃下能将二者完全催化氧化，并且还具有优异的稳定性，以及水蒸气和二氧化碳抗性。Jiang Zeyu 等[26] 通过调节单原子催化剂 $Pt_1$-CuO 中电子金属载体的相互作用，促进 Pt-O-Cu 基团电荷重新分配，从而调节原子 Pt 位的 d 波段结构，增强其对反应物的吸附和活化，使得该催化剂对丙酮展现出了优异的低温催化活性。带正电的 Pt 原子在低温下更有利于丙酮的活化，Cu-O 键的拉伸有利于参与随后氧化反应的晶格氧原子的活化。

（3）碳材料载体

碳材料由于具有丰富的孔隙结构，对甲苯和丙酮等 VOCs 污染物的吸附能力显著。此外，巨大的比表面积也成为了其作为催化剂载体的优势。不仅如此，碳材料往往还具有疏水性，可以有效解决工业废气中含水蒸气导致催化剂活性降低甚至失活的问题。常见的碳材料有活性炭（activated carbon）、碳纳米管（CNT）、石墨烯（graphene）和碳纤维（carbon fiber）等。但是在热催化中，由于碳材料在高温下易甲烷化，因而以其为载体制备贵金属催化剂用于甲苯催化氧化的研究较少。

Hea-Jung Joung 等[27]成功制备了 Pt/CNT 催化剂，即将碳纳米管（CNT）作为贵金属 Pt 的载体，将其用于甲苯等苯系物的催化氧化中，结果表明，载体多层碳纳米管对甲苯等苯系物有较强的吸附能力，从而使得催化剂表面有较高的甲苯浓度，促进了后续催化氧化的进行，30%（质量分数）Pt/CNT 催化剂将甲苯完全氧化为二氧化碳和水的温度只需 109℃，催化性能十分优异。Francisco José Maldonado-Hódar[28]通过热解有机气凝胶得到了炭气凝胶，将 Pt 负载到其上制备了一系列催化剂，在将其用于处理甲苯等 VOCs 气体时发现此类催化剂在室温下即可吸附甲苯，但是随着温度的升高，吸附作用逐渐受限，催化氧化起主要作用，最终利用吸附和催化氧化的协同作用将甲苯等有效去除。

此外，为了进一步降低工业运行成本，还有研究将负载型贵金属催化剂进一步负载到堇青石、泡沫镍等整体式载体上制备成整体式催化剂，以期进一步提高贵金属的分散度，降低其用量，提高效率。Li Wen 等[29]将石墨烯涂至成块的堇青石上制成了新型的载体，又将贵金属钯负载于该载体表面制得了 Pd/Gr/Cor 催化剂，与没有石墨烯（Gr）的 Pd/Cor 催化剂相比，Pd/Gr/Cor 催化剂的活性大幅提高，甲苯催化氧化的 $T_{100\%}$ 降低了 40℃，研究发现 Pd 粒子对甲苯的吸附亲和性远高于石墨烯，贵金属钯和石墨烯之间甲苯的浓度与亲和性的差异加速了甲苯在反应过程中的传递，从而有利于其催化氧化。Fu Kaixuan 等[30]用蜂窝堇青石包覆二氧化锰纳米阵列（MnNA），并在其表面负载了纳米铂，制备了 Pt-MnNA-P 催化剂用于丙酮催化降解（见图 1-4，书后另见彩图），发现通过增加 Pt 的分散性，分散的 Pt 颗粒可以提高 $MnO_2$ 纳米阵列表面晶格氧的活性，从而提高 $MnO_2$ 纳米阵列的催化活性，$T_{90\%}$ 为 220℃，并表现出 42h 的耐水稳定性，为锰纳米阵列在催化氧化 VOCs 方面的应用提供了一定依据。

尽管负载型贵金属催化剂在甲苯和丙酮等有机气体的催化氧化过程中表现出了优异的低温催化活性，但是其热稳定性相对较差，易烧结，导致其活性明显降低。此外，实际应用中有机废气中的硫等会引发催化剂中毒等，使其丧失催化活性，最关键的是高昂的价格限制了其大规模工业化应用。

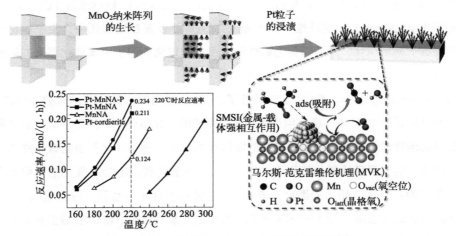

**图1-4** 整体式催化剂 Pt-MnNA-P 催化氧化丙酮 [30]

## 1.3.2 非贵金属催化剂

非贵金属催化剂一般指过渡金属氧化物催化剂，主要有铈（Ce）、锰（Mn）、铜（Cu）、钴（Co）和镍（Ni）等金属氧化物。由于这些元素的原子存在 d 空轨道，因而对甲苯和丙酮等 VOCs 也表现出了较好的催化氧化活性。经文献调研，非贵金属催化剂可以分为单一非贵金属氧化物催化剂、复合非贵金属氧化物催化剂以及具有特殊结构的非贵金属氧化物催化剂。

### 1.3.2.1 单一非贵金属氧化物催化剂

在众多的过渡金属中，铈、锰、铜、钴和镍等的金属氧化物由于具有特殊的结构与性能，从而对甲苯等 VOCs 的催化活性较高，当前对单一非贵金属氧化物的研究主要致力于提高其催化活性，多集中于通过不同制备方法来调变其形貌和结构等。其中，铈（Ce）作为一种稀土元素，在地壳中的含量最为丰富。氧化铈具有 +4 价和 +3 价，氧化还原性能很强，而且 $Ce^{3+}$ 和 $Ce^{4+}$ 易相互转换，$Ce^{3+}/Ce^{4+}$ 电对的相互转化不仅保证了氧化铈具有储存和释放氧的能力，而且还增强了氧的移动性。另外，Ce 基催化剂氧空位丰富，这些都为甲苯和丙酮等 VOCs 催化氧化的进行提供了有力保障[24]。Hu Fangyun 等[31] 制备了 $CeO_2$ 纳米微球用于甲苯催化氧化，发现该形貌的 $CeO_2$ 由纳米线组成层状结构，从而有更高的比表面积，而且其特殊的层状空隙结构会为甲苯催化氧化提供更多的表面氧空位，因而表现出更好的催化氧化活性，在 210℃下即可实现 90% 的甲苯转化率。Feng Zhentao

等 [32] 设计出了不同形貌的 3D 结构的纳米 CeO₂，其中层状结构的纳米球 CeO₂ 对甲苯的催化氧化性能突出，其甲苯去除率达 90% 所需的温度为 205℃，这主要归功于其较大的比表面积、层状的孔隙结构和较丰富的表面吸附氧空位等。Lin Liangyi 等 [33] 利用气溶胶辅助自组装法合成了介孔硅酸盐铝负载铈氧化物 Ce/Al-MSPs（50/25），CeO₂ 颗粒在载体表面均匀分布，晶体缺陷和氧空位导致 $Ce^{3+}$ 与 $Ce^{4+}$ 共存，提高了氧化还原性能，促进了氧化反应。$Ce^{3+}/Ce^{4+}$ 值较高，Ce 的平均氧化态较低，增强了催化剂的还原性，因此对丙酮展现出了优异的催化活性。

铜不仅具有独特的三维电子结构，而且铜基材料由于易获得的氧化态和良好的氧化还原性能，已被广泛应用于催化有机转化、一氧化碳氧化和选择性催化还原等各种反应中。有学者也将 CuO 作为催化剂用于甲苯和丙酮等 VOCs 的催化氧化中 [34]。张璇等 [35] 利用水热法成功制备了花状结构纳米氧化铜，探索了不同水热条件对催化剂形貌及其甲苯催化氧化性能的影响，研究发现氢氧化钠浓度和水热处理时间对催化剂的催化活性、甲苯的选择性及其稳定性均有影响，其中性能最好的氧化铜催化剂对甲苯的完全转化温度为 250℃。Zheng Minfang 等 [36] 通过在 550℃ 高温下煅烧泡沫铜，在泡沫铜上原位生长纳米线状的氧化铜，制备得到 CuO NW/Cu foam，用于甲苯的等离子体－催化氧化，铜纳米线的长度可以通过对焙烧条件的调控而得到有效调变，研究结果表明 CuO NW/Cu foam 是一种有效降解甲苯的催化剂。Zhou Changya 等 [37] 研究了不锈钢纤维上涂覆 Cu/LTA 沸石膜的反应。将不锈钢纤维的接头烧结在一起形成三维网络结构，并均匀加载氧化铜。随着加载量的增加，晶体分支的生长导致比表面积增加。具有均匀微孔结构的 LTA 膜具有良好的增氧性能。催化剂的高活性可能是由于载体的高传质效率、传热效率和接触效率。

具有 p 型半导体特殊性能的氧化镍（NiO）也表现出了较为突出的甲苯催化性能，不仅如此，在氧化镍的晶格结构中还发现了电子缺陷的存在，该独特结构也进一步激发了学者对它的研究热情。Jiang Shujuan 等 [38] 制备了 NCNT 镍基负载型催化剂，以氮掺杂的碳纳米管为载体，提高了 NiO 的分散度和利用率，使得其在 248℃ 时即实现了对甲苯的完全催化氧化，性能优异。Park Eunji 等 [39] 将二氧化硅作为 NiO 的载体，同样制备了镍基负载型催化剂用于甲苯催化氧化，结果表明该催化剂在 350℃ 下可将甲苯全部降解为二氧化碳和水。

此外，钴的氧化物，主要是四氧化三钴（Co₃O₄）的 Co—O 键键强较弱，与氧的结合速率较高，具有优异的甲苯催化活性和稳定性，还对一些 VOCs 展现出了比贵金属更突出的催化性能，被认为可替代贵金属实现 VOCs 的绿色高效治理[40-42]。锰（Mn）具有多重可变价态，如 +2 价、+3 价、+4 价、+6 价和 +7 价等，得益于其独特的电子构型。其中不同价态的锰都有其稳定的氧化物存在（+2 价、+3 价、+4 价），这些氧化物又具有 MnO、$x$-Mn$_2$O$_3$（$x$ = α、γ）、α-Mn$_3$O$_4$ 和 $x$-MnO$_2$ 等多种晶体结构。除了特殊的结构外，锰氧化物对甲苯和丙酮等 VOCs 较高的催化能力还得益于其较强的氧储存和流动性能[8]。对钴和锰氧化物的介绍详见 1.4 部分相关内容。

### 1.3.2.2 复合非贵金属氧化物催化剂

单一非贵金属氧化物催化剂与贵金属催化剂相比，虽然具有结构特殊、价格低廉等众多优点，但是其对甲苯和丙酮等 VOCs 的催化性能依然不及贵金属催化剂。在致力于提高非贵金属氧化物催化剂催化活性的研究中发现，有些非贵金属氧化物之间会在复合过程中产生强烈的相互作用，从而提高催化剂的某些特性，对甲苯和丙酮等 VOCs 的催化氧化形成积极的协同作用从而提高催化活性[43,44]，因此，复合非贵金属氧化物在甲苯和丙酮等 VOCs 催化氧化领域也引起了广泛关注。当前的研究多集中于将单一非贵金属氧化物负载到不同载体上或用其他元素掺杂，使其暴露更多的高活性晶面，增加表面活性氧浓度，增强氧流动性，最终提高其催化性能[45]。

Sun Yonggang 等[46]通过煅烧水滑石制备了一系列水滑石衍生的氧化物 MAlO（M = Mn、Co、Ni、Fe），用于含氧 VOCs（丙酮和乙醛）的催化氧化，如图 1-5 所示。其中 MnAlO 展现出了优异的催化活性和稳定性，这主要是因为该催化剂具有优异的还原性（Mn$^{4+}$/Mn$^{3+}$）和丰富的化学吸附氧（O$_{ads}$/O$_{latt}$）。此外，催化剂的酸性有利于催化氧化过程。Chen Xi 等[47]结合浸渍、原位氧化还原沉淀和热解等方法成功制备了 $x$Mn/Cr$_2$O$_3$-M 催化剂，用于研究甲苯催化氧化，结果表明将 MnO$_x$ 引入 Cr$_2$O$_3$ 中可使二者之间产生强相互作用，生成更多的氧空位和缺陷，提高催化剂的低温还原性能、氧储存和移动性能，进而增强其对甲苯的催化氧化活性。$x$Mn/Cr$_2$O$_3$-M 均比单一的 Cr$_2$O$_3$ 活性高，其中 15Mn/Cr$_2$O$_3$-M 的 $T_{90\%}$（90% 转化温度）为 268℃，比 Cr$_2$O$_3$-M 的相应值低 42℃。Lin LiangYi 等[48]制备了一系列复合金属（Mn、Ni、Fe、Co、Cu）-Ce/Al-MSPs 催化剂，其中，Mn 是提高 Ce-Al-Si 基催化剂催化氧化丙酮活性的最佳促进剂。Mn 的含量对催化剂的结构、化学状态、氧化还原行为和表面吸附能力有重要影响。当 Mn/Ce 的摩尔比为 2：1 时，催化剂表现出优异的催化活性，在 195℃下可以完全催化丙酮。Djinović 等[49] 利用介孔二氧化硅负载 Cu，通过调节 Fe/Si 摩尔比制备了一系列 CuFeKIL 催化剂用于甲苯的催化氧化。研究发现，与含单元素铜的样品相比，添加少量 Fe（Fe/Si = 0.005）可诱导形成 CuO 纳米晶和 Cu-oxo-Fe 团簇，二者之间的界面具有丰富的缺陷，是被吸附物的良好结合位点。此外，CuO 和 Cu-oxo-Fe 的协同作用对加速分子氧的活化也起着重要作用，显著提高了催化剂的催化性能。Wang Yu 等[50] 利用水热氧化还原沉淀法成功制备了单斜的正方晶相结构的 Cu-Mn 复合金属氧化物催化剂（LCMO），一系列表征结果显示该结构的界面存在大量缺陷结构，抑制了纳米粒子的生长，从而使纳米晶粒较小，并且增大了催化剂的比表面积。而且大量的表面氧和氧空位也可由该结构的界面诱导产生，这主要归功于 $Cu^{2+}-O_2-Mn^{4+}$ 的形成。此外，催化剂的低温还原性能也得到了提高，这些都可以促进甲苯等挥发性有机气体的催化氧化。

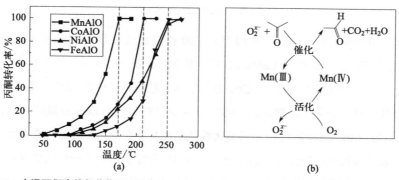

**图 1-5** 水滑石衍生的氧化物 MAlO（M = Mn、Co、Ni、Fe）催化氧化丙酮和乙醛的过程[46]

众多的研究均表明与单一金属氧化物相比，复合金属氧化物由于彼此间的协同作用而对甲苯和丙酮等 VOCs 具有更好的催化活性，是改善过渡金属低活性的可行方法。

### 1.3.2.3 具有特殊结构的非贵金属氧化物催化剂

（1）钙钛矿氧化物

钙钛矿氧化物的结构通式为 $ABO_3$，其中，A 多为具有四面体型结构的镧系等稀土金属元素，B 多为具有八面体型结构的过渡金属离子，如钴（Co）、钛（Ti）、锰（Mn）、铁（Fe）等，见图 1-6（书后另见彩图）。常见的钙钛矿化合物有 LaCoO$_3$、LaFeO$_3$ 和 LaMnO$_3$ 等。该化合物结构中的 A 和 B 位点的氧空位或元素的氧化态是可以调变的，当前钙钛矿氧化物催化氧化甲苯的研究也多集中于此：

① 用其他离子将这两个位点部分取代，从而使更多的晶格缺陷产生。

② 在不影响钙钛矿结构特性的前提下，通过改性以提高其催化活性，即在相应催化剂中引入有类似结构性能的金属离子[51]。

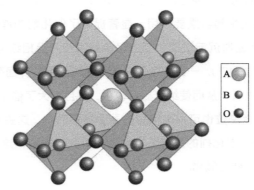

**图 1-6** 钙钛矿结构示意图 [20]

Ali Tarjomannejad 等[52] 利用溶胶 - 凝胶法合成了两种钙钛矿氧化物用于甲苯催化氧化，分别为 LaMn$_{1-x}$B$_x$O$_3$（B 为 Cu 或 Fe，$x$ = 0、0.3 或 0.7）和 La$_{0.8}$A$_{0.2}$Mn$_{0.3}$B$_{0.7}$O$_3$（A 为 Sr 或 Ce，B 同上）。这两种催化剂对甲苯都展现出较好的催化性能，Sr 和 Ce 对 ABO$_3$ 结构中 A 点位的替代可以提高其催化活性。其中 La$_{0.8}$Ce$_{0.2}$Mn$_{0.3}$Fe$_{0.7}$O$_3$ 对甲苯的催化性能更优异，在 200℃时即可将甲苯完全氧化为二氧化碳和水。Zhang Xuejun 等[53] 利用共沉淀法合成了一系列钴基复合金属氧化物 Co-M（M 分别为 La、Mn、Zr 和 Ni），结构分析显示四种复合金属氧化物的比表面积、孔容及低温还原性能均遵循以下顺序：Co-La > Co-Mn > Co-Zr > Co-Ni。这个顺序与其对甲苯的催化氧化活性顺序一致，其中 Co-La 复合金属氧化物的 $T_{90\%}$ 为 243℃。La 进入 Co$_3$O$_4$ 尖晶石结构中引起了微观结构的明显变化，形成钙钛矿结构的 LaCoO$_3$，其 Co—O 键键强最弱，从而使其有最大的比表面积和孔容。

（2）尖晶石氧化物

尖晶石氧化物的结构通式为 AB$_2$O$_4$，是另一类常见的具有特殊结构的非贵金属氧化物，其结构如图 1-7[54] 所示（书后另见彩图）。与钙钛矿化合物类似，其他离子也可部分取代尖晶石结构中的 A、B 位而不改变其结构。此外，也可对其进行掺杂改性,将金属离子如铁、钴、锰、铜、铬和锌等(有类似结构性能)掺杂到其中,以期促进其甲苯催化效率[51]。Wang Yuan等[55]利用无模板法成功制备了一系列尖晶石化合物 $Co_{3-x}Mn_xO_4$(x分别为0.75、1.0和1.5),用于甲苯催化氧化,研究发现增加钴含量可显著提高催化剂的催化活性,其中3D结构蒲公英形貌的 $Co_{2.25}Mn_{0.75}O_4$ 对甲苯的催化氧化性能最佳,在239℃时即可将 $1000cm^3/m^3$ 的甲苯完全催化分解。Dong Cui等[56]利用草酸溶胶-凝胶法合成了纳米花状的尖晶石催化剂 $CoMn_2O_4$,通过与 $Co_3O_4$、$MnO_x$ 和 $Co_3O_4/MnO_x$ 催化氧化甲苯的性能的对比研究发现,$CoMn_2O_4$ 活性优势明显,其将 $500cm^3/m^3$ 的甲苯完全分解为二氧化碳和水所需的温度仅为220℃,远低于其他催化剂所需温度。Zhang Chi等[57]制备了一系列尖晶石 $MCo_2O_4$(M = Co、Ni、Cu)中空介孔球,从而制得CuHMS、CoHMS和NiHMS催化剂,研究了尖晶石 $Co_3O_4$ 在丙酮全氧化过程中阳离子取代作用的本质,发现CuHMS具有更多的活性位点 $Co^{3+}$,而且其丰富的缺陷位点、优异的低温还原性均有利于表面活性氧的吸附和活化,因此使得Cu离子取代后的尖晶石 $Co_3O_4$ 展现出了突出的丙酮催化性能。

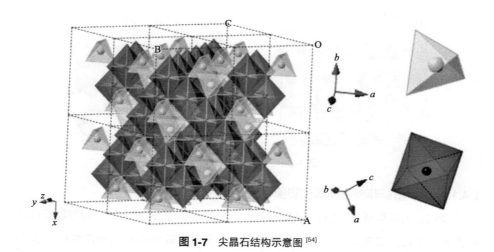

**图 1-7　尖晶石结构示意图** [54]

# 1.4 非贵金属氧化物催化氧化 VOCs 发展趋势

整体上来看,与贵金属催化剂相比,非贵金属氧化物催化剂对甲苯和丙酮等VOCs催化氧化的低温活性相对较差,但是其高温活性好,不易发生中毒和烧结,热稳定性较好,机械强度相对较高,而且价格低廉,寿命和再生性能也相对具有优势，因而具有更为广泛的应用前景。其中，钴基和锰基金属氧化物催化剂是最具有应用潜力的两种非贵金属氧化物催化剂，有望替代贵金属催化剂实现 VOCs 的绿色高效治理。

## 1.4.1 钴基金属氧化物催化剂

钴基金属氧化物催化剂主要是指 $Co_3O_4$ 及钴基复合金属氧化物催化剂等。$Co_3O_4$ 作为一种典型的过渡金属氧化物，具有尖晶石结构，在其晶格单元中，钴主要有 $Co^{2+}$ 和 $Co^{3+}$ 两种价态，二者分别占据着四面体结构和八面体结构的中心，其整体骨架属于这两种结构共面的 3D 结构（如图 1-8 所示），每个单元中都紧密地包裹着晶格氧（$O_{latt}$）。除了上述特殊结构外，Co 的 3d 轨道处于未充满状态，而且 $Co_3O_4$ 的 Co—O 键键强较弱，与氧的结合速率较高。此外，$Co_3O_4$ 还廉价易得、环境友好，对一氧化碳和甲烷等均表现出了较好的催化氧化活性 [58-60]。近年来，钴基催化剂作为催化氧化甲苯和丙酮等 VOCs 最为有效的金属氧化物之一，也成为了该领域研究的热点 [9,59-61]。

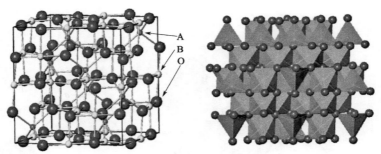

**图 1-8** $Co_3O_4$ 结构示意图 [54]

### 1.4.1.1 单一钴基非贵金属氧化物催化剂

$Co_3O_4$ 也可写成 $CoO \cdot Co_2O_3$，其中 $Co^{2+}$ 和 $Co^{3+}$ 的外层电子结构与氧配位数既有相似之处，又有差别。相似之处是它们都展现出较强的氧化还原性能，$Co^{2+}/Co^{3+}$ 电子对相互转化，可形象地称之为"电子缓冲器"，可以很好地应用于费托合成催化中，$Co^{2+}/Co^{3+}$ 电子对之间的相互转化还可以有效促进催化氧化中氧的循环，为催化反应提供更多的活性氧物种。而不同价态的离子外层电子结构和氧配位数均不相同，因此就会导致对同一个催化反应，$Co^{2+}$ 和 $Co^{3+}$ 的活性各不相同。虽然目前对于 $Co_3O_4$ 催化剂表面 Co 的价态对催化活性的主导作用没有统一的认识，但较多的理论预测和实验结果表明，$Co^{3+}$ 是许多氧化反应（如 CO 氧化、VOCs 氧化、甲烷催化氧化等）的活性位点，而 $Co^{2+}$ 几乎不活跃[59-65]。因此，大量的 $Co^{3+}$ 可以促使催化剂展现出优异的催化活性。

除此之外，孔道结构等其他一些理化特性，例如较大的比表面积，合适的孔径结构，丰富的缺陷结构、氧空位、表面吸附氧，以及较强的低温还原性能等也均会对甲苯和丙酮等 VOCs 催化氧化起到推动作用。氧空位对氧物种的激活起着重要作用[66]，有研究显示，在甲苯等 VOCs 催化氧化的过程中，气流中的氧气与催化剂上的晶格氧和氧空位之间始终保持着一种动态平衡，即 $2O_{latt}^{2-} \rightleftharpoons O_{ads}^{2-} \rightleftharpoons 2O_{ads}^- + V_o \rightleftharpoons O_{2ads}^- \rightleftharpoons O_{2ads} \rightleftharpoons O_{2gas}$，可以看出，氧空位（Vo）在其中扮演了重要角色。Ren Quanming 等[61] 利用水热法合成了一系列不同形貌的钴氧化物（针状的 1D-$Co_3O_4$、片状的 2D-$Co_3O_4$ 和花状的 3D-$Co_3O_4$），探索了不同形貌对 $Co_3O_4$ 催化氧化甲苯性能的影响，发现形貌对催化性能的影响较大，其中 3D-$Co_3O_4$ 的催化活性最高，在 238℃下可将 90% 的甲苯降解，这主要是因为该催化剂的比表面积较大，低温还原性能较强，具有丰富的缺陷位点、大量的表面活性氧物种（$O_{ads}$/$O_{latt}$ = 0.94）和较多的 $Co^{3+}$（$Co^{3+}$/$Co^{2+}$ = 1.73）。该团队还利用水热法合成了 3D 结构不同形貌的层状 $Co_3O_4$ 催化剂用于甲苯催化氧化，包括层状微球结构（C 样品）、平板堆叠花状结构（P 样品）、平板针堆叠的双球结构（N 样品）和平板层状叠扇形结构（S 样品），其中 C 样品在甲苯催化氧化中表现优异，248℃时甲苯转化率可达90%。这主要归功于其较大的比表面积，丰富的缺陷结构和表面吸附氧物种 [$O_{ads}$/（$O_{ads}$+$O_{latt}$）= 55.5%]，以及大量的活性金属离子 $Co^{3+}$[$Co^{3+}$/（$Co^{3+}$+$Co^{2+}$）= 62.5%][41]。Zhang Qi 等[62] 利用水热法将几种不同形貌的纳米 $Co_3O_4$ 原位生长在泡沫镍上，包括片状、线状和柱状团簇，研究发现柱状纳米团簇（NC）$Co_3O_4$ 具有较好的低温还原性能，丰富的表面吸附氧（$O_{ads}$/$O_{latt}$ = 0.871）和 $Co^{3+}$（$Co^{3+}$/$Co^{2+}$ = 1.69），以及大量的缺陷结构，其甲苯催化活性最高，270℃下可将甲苯完全催化降解。Zhao Qian 等[67] 利用水热法在泡沫镍上原位生长 $Co_3O_4$，制备了一系列钴基整体式催化剂用于丙酮催化氧化，而加入 $NH_4F$ 使 $Co_3O_4$ 更加均匀稳定地生长在呈三维互联多孔结构的泡沫镍表面上，最终生成竹叶状形貌，有利于提高催化活性。$Co_3O_4$-NF-10 催化剂具有较大的比表面积、丰富的 $Co^{3+}$（$Co^{3+}$/$Co^{2+}$ = 0.79）和表面吸附氧物种 $O_{ads}$（$O_{ads}$/$O_{latt}$ = 1.09），对丙酮具有良好的催化氧化活性。

此外，催化剂的形貌、孔结构、元素价态和氧化还原能力等物理化学特性在很大程度上受其合成方法的影响[68]。因此，很多学者围绕不同合成手段，为调控催化剂的理化特性，提升其 VOCs 催化性能，制备出了不同形貌的 $Co_3O_4$ 催化剂用于 VOCs 催化氧化。上述的四个关于 $Co_3O_4$ 催化氧化甲苯和丙酮的研究中，其制备方法均为水热法。此外，Li Genqin 等[69]以 $Na_2CO_3$ 为沉淀剂，用传统沉淀法制备了 $Co_3O_4$ 催化剂，并通过硝酸处理制备了一系列不同酸浓度浸渍的 $Co_3O_4$-$n$ 催化剂用于甲苯催化氧化，发现该方法制备的 $Co_3O_4$ 催化剂为块体形貌，$Co_3O_4$-0.01 由于具有较大的比表面积，丰富的弱酸性位点、$Co^{2+}/Co^{3+}$ 电对和表面吸附氧，以及较强的低温还原性能而对甲苯催化氧化表现出优异性能。Dong Cui 等[56]采用溶胶 – 凝胶法成功合成了棉花状的 $Co_3O_4$ 及纳米花状结构的 $CoMn_2O_4$ 催化剂用于甲苯催化氧化，其中 $CoMn_2O_4$ 催化剂表面有丰富的较高价态的 Co 及氧空位，可以为甲苯催化氧化提供更多的活性中心及氧吸附位点，因而展现出了出色的甲苯催化活性。Zhu Zengzan 等[40]分别利用浸渍法、沉淀法和水热法制备了三种不同形貌的 $Co_3O_4$/ZSM-5 催化剂用于丙烷催化氧化，其中纳米颗粒状的 $Co_3O_4$/ZSM-5（HT）由于具有较高的 $Co^{3+}$ 含量和表面 $Co_3O_4$ 浓度、晶格氧的迁移速度较快等而展现出了高的催化活性和稳定性。Zha Kaiwen 等[42]先利用水热法将 $Co_3O_4$ 原位生长到泡沫镍上，制备出 $Co_3O_4$ NW@Ni foam，之后再利用溶剂热法还原，合成了负载在泡沫镍上的具有丰富氧空位的纳米线 $Co_3O_4$（r-$Co_3O_4$ NW@Ni foam），表面丰富的氧空位能减弱 $O_2$ 的吸附能，使该催化剂吸附和储存更多的活性氧物种，从而促进甲醛在氧化还原循环中以更高的速率生成更多的反应中间体。传统的 $Co_3O_4$ 制备方法多为水热法、沉淀法和溶胶 – 凝胶法等[70]，但这些传统的制备方法很难实现对所得 $Co_3O_4$ 的孔道结构及其他物理化学特性的有效调控，而且水热法往往需要加入模板，模板在后期较难去除。

### 1.4.1.2 钴基复合非贵金属氧化物催化剂

尽管 $Co_3O_4$ 催化剂制备过程简单，价格低廉，对甲苯和丙酮等 VOCs 有较好的催化氧化活性，但如前所述，单一非贵金属氧化物的催化活性依然不理想，有些非金属氧化物之间会在复合过程中产生强烈的相互作用，从而提高催化剂的某些特性，对甲苯和丙酮等 VOCs 催化氧化形成积极的协同作用，从而提高催化活性[19,20]，因此，钴基复合非贵金属氧化物也成为了甲苯和丙酮等 VOCs 催化氧化领域的研究热点。

众多金属都被用于和钴氧化物复合制备复合金属氧化物，其中，得益于电子构型的独特性，锰价态丰富可变，而且有优异的氧储存及氧流动性能，同时锰的氧化物又具有多种晶体结构，与其他金属复合后，$Mn^{x+}$ 可与金属氧化物中的 $O^{2-}$ 组成路易斯酸碱对，这些特性使得锰氧化物往往对甲苯和丙酮等 VOCs 表现出较高的低温催化氧化活性[71,72]。因此，Mn 常常被用于与 Co 掺杂制备复合金属氧化物，从而对甲苯和丙酮等 VOCs 进行催化氧化。此外，La、Ce、Ni、Fe、Cu 等也被用于掺杂制备钴基复合金属氧化物催化剂[25,52,73]。

Wang Yu 等[74]利用氧化还原沉淀法和共沉淀法制备了 $CoMn_xO_y$ 催化剂用于甲苯催化反应，其中，通过后一种方法所得的纳米片 $CoMn_xO_y$ 中，$MnCo_2O_{4.5}$ 类似于负载型催化剂中的载体，而 $Co_3O_4$ 均匀分散在其上，二者之间在界面处的相互作用促进了甲苯的催化氧化；此外，大量的亲电子性氧物种（$O^-/O^{2-}$）也增强了其甲苯催化活性。Wang Jing 等[75]将 Ce-Co 电沉积到泡沫镍表面制备了 Co-Ce/NF 催化剂，Co-Ce/NF 可在 268℃时将 $900cm^3/m^3$ 的甲苯完全降解，$CO_2$ 选择率为 100%，性能远高于 $Co_3O_4$/NF，这归功于其丰富的表面和晶格活性氧、富含氧空位的 $Co^{3+}$ 及 $Ce^{4+}/Ce^{3+}$ 电对。Ce 的引入提高了 Co 氧化物在泡沫镍上的分散性，HRTEM（透射电镜）表征显示 $Co_3O_4$ 和 $CeO_2$ 之间亲密接触，二者之间的协同作用使得催化剂的催化活性提高。Zhao Qian 等[67]在泡沫镍上原位生长 $Co_3O_4$@$MnO_x$ 制备了整体式催化剂 $Co_3O_4$@$MnO_x$-NF，该催化剂制备过程中通过 $MnO_4^-$ 和 $Co^{2+}$ 的氧化还原反应获得丰富的 $Co^{3+}$ 和 $O_{ads}$ 物质，并提升了催化剂的氧化还原性能。与单一钴基催化剂 $Co_3O_4$-NF-10 相比，其对丙酮、乙酸乙酯和甲苯的氧化活性都有显著提高，并展现出了令人满意的循环稳定性和长期稳定性，以及卓越的水蒸气抗性。

综上可以看出，与单一四氧化三钴催化剂相比，钴基复合金属氧化物催化剂催化氧化甲苯和丙酮等 VOCs 的性能确实得到了有效提升，这主要是由于复合金属氧化物之间的相互作用会对钴基催化剂的比表面积等孔道结构、氧空位、氧化还原性能等物理化学特性产生一定的影响，使其更有利于促进 VOCs 催化氧化，这也为钴基催化剂的工业化应用提供了一定的依据。

## 1.4.2 锰基金属氧化物催化剂

近年来，锰基金属氧化物在 VOCs 催化氧化等大气环境污染治理的研究中受到了密切关注，作为 VOCs 催化氧化最有效的氧化物之一，锰基金属氧化物具有多种价态，隧道结构开放，晶格氧迁移率高，表面氧种类丰富，氧化还原电势高，并且环境友好、价格低廉，具有优异的 VOCs 催化氧化性能[76-79]。

### 1.4.2.1 单一锰基非贵金属氧化物催化剂

多种价态的锰都有稳定的氧化物存在，如 +2 价、+3 价、+4 价，常用的单一锰氧化物催化剂主要有 $MnO_2$、$Mn_2O_3$ 和 $Mn_3O_4$ 催化剂，而且锰氧化物的晶相也十分丰富，仅 $MnO_2$ 便有不少于六种晶相，如图 1-9[80] 所示。$Mn_3O_4$ 更有特殊的尖晶石结构（$AB_2O_4$），如图 1-10[81] 所示（书后另见彩图），部分金属可取代尖晶石中的 A、B 位金属而不改变其结构，也可通过负载其他金属进行掺杂改性以增强 VOCs 催化效率[20]。

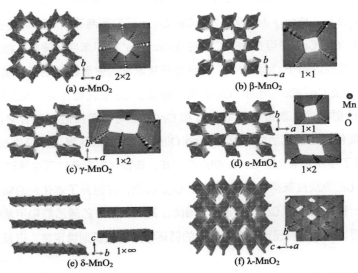

**图 1-9** $\alpha$-$MnO_2$、$\beta$-$MnO_2$、$\gamma$-$MnO_2$、$\epsilon$-$MnO_2$、$\delta$-$MnO_2$ 和 $\lambda$-$MnO_2$ 的晶体结构示意图[80]

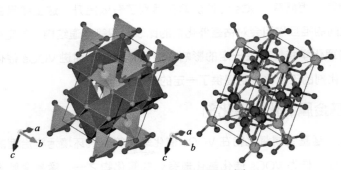

**图 1-10** $Mn_3O_4$ 结构示意图[81]

J.K Pulleri 等 [81] 分别利用沉淀法、还原法和溶液燃烧法制备了一系列形貌各异的 $Mn_3O_4$ 催化剂用于甲苯催化氧化，研究发现形貌对催化剂性能影响重大，其中利用还原法制备的 $Mn_3O_4$ 具有 3 维（3D）六边形骨架结构，该形貌使其具有均匀的孔径结构及较强的氧释放能力，因而使其在甲苯催化氧化过程中展现出最佳性能。Li Renzhu 等 [82] 通过高锰酸钾和正丁醇之间的氧化还原反应沉淀生成了层状的 $\delta-MnO_2$，该催化剂对甲苯催化氧化的起燃温度（$T_{10\%}$）和 90% 转化温度（$T_{90\%}$）分别为 160℃和 199℃，其优异的催化活性主要是由于具有较高的比表面积、低温还原性能和丰富的表面氧空位。Zhao Qian 等 [83] 分别将 $MnO_2$ 负载在层状的 CoAlO-P 和花状的 CoAlO-F 上用于丙酮催化氧化，研究发现 $MnO_2$/CoAlO-P 在 175℃下就可将 90% 的丙酮完全氧化，并且表现出了优异的稳定性，这是由于片状 $MnO_2$/CoAlO-P 催化剂主要暴露 Co 物种，并且 Co—O 键较弱，有利于丙酮的吸附/活化，从而促进丙酮的进一步氧化。Cheng Li 等 [84] 采用一锅水热法制备了三种不同晶相的 $MnO_2$ 纳米棒，即 $\alpha-MnO_2$、$\beta-MnO_2$ 和 $\gamma-MnO_2$，目的是探索它们的丙酮催化性能对晶相的依赖性。结果表明：$\alpha-MnO_2$ 在丙酮浓度为 $1000cm^3/m^3$、$O_2/N_2$ 浓度为 20%（体积分数）、WHSV（空速）= 90000mL/（g 催化剂·h）条件下，与 $\beta-MnO_2$ 和 $\gamma-MnO_2$ 相比，$\alpha-MnO_2$ 具有最佳的丙酮氧化活性，在 120℃条件下完全实现了 100% 的丙酮转化率和 100% 的 $CO_2$ 选择性。$\alpha-MnO_2$ 的优异活性主要源于其独特的晶相结构，并且其大的晶体隧道尺寸、更多的 $Mn^{4+}$ 导致的高度增强的化学性质、高度改善的低温氧化还原性能和最弱的 Mn—O 键强度共同作用对其催化性能产生了协同效应。同时，三种 $MnO_2$ 纳米棒也表现出较强的长期稳定性和良好的水耐受性，具有较好的丙酮消除能力。Mostafa Aghbolaghy 等 [85] 采用干浸渍法将 $Mn_2O_3$ 负载在无催化活性的 $\gamma-Al_2O_3$ 载体上制得 $Mn_2O_3$/$\gamma-Al_2O_3$ 催化剂，并用于低温下甲苯和丙酮双组分 VOCs 的臭氧催化氧化。研究发现，$Mn_2O_3$/$\gamma-Al_2O_3$ 催化剂能够实现甲苯和丙酮的催化氧化，并且 25℃时甲苯的去除率大约是丙酮的 7 倍，这可能是因为臭氧存在下甲苯催化氧化的表观活化能更低，甲苯能更有效地与活性氧反应。

上述研究表明锰氧化物的确对甲苯和丙酮等 VOCs 有较高的催化活性，丰富的氧空位、强酸位点、丰富的缺陷结构有利于 VOCs 的催化氧化。此外，研究发现催化剂的形貌、比表面积、元素的价态和氧化还原能力等物理化学性质受其合成方法的影响，进而不同合成方法所合成的催化剂会展现不同的催化活性 [81,86]。

### 1.4.2.2 复合锰基非贵金属氧化物催化剂

如前所述，不同材料间的协同作用对提升 VOCs 催化氧化性能具有重要意义，通过其他金属元素的添加构建锰基复合金属氧化物催化剂，可以获得对挥发性有机物催化氧化有更高活性的锰基催化剂。近年来，锰基复合金属氧化物催化剂用于 VOCs 催化氧化也成为了研究的热点。

Chen Jin 等[87] 分别采用共沉淀法、物理混合法和水解驱动氧化还原法合成了 Cop-3Mn1Ce、Mixed-3Mn1Ce 和 3Mn1Ce，探究了其氧化 VOCs 的性能。其中，3Mn1Ce 氧化物催化剂的活性点阵氧浓度更高，低温还原性更好，金属分散性更均匀，对芳香族 VOCs（苯、甲苯、邻二甲苯和氯苯）均表现出了优异的活性。模拟真实排气条件下的系列实验表明，3Mn1Ce 是一种对工业化催化氧化降解 VOCs 具有广阔应用前景的催化剂，其对混合芳香族 VOCs[BTX（轻质芳烃）和氯苯] 具有较高的氧化活性，满足高湿 [ 高于 10% ~ 20%（体积分数）的水 ] 耐受性和对反应温度剧烈变化的良好耐受性，这可能是由于 Ce 的均匀引入提高了锰基催化剂的结构稳定性和可逆还原性。Xiong Shangchao 等[88] 采用共沉淀法合成了一系列 CuMn 双金属氧化物用于甲苯催化氧化，$Cu_2Mn_1$ 表现出了最高的单位比表面积甲苯氧化速率，约为单金属 CuO 和 $Mn_3O_4$ 的 4 倍，这主要得益于 Cu 和 Mn 在 CuMn 双金属催化剂中的协同作用。DFT（离散傅里叶变换）模拟计算表明，CuMn 双金属氧化物催化剂中 Cu 和 Mn 在甲苯催化氧化过程中表现出了不同作用，Cu-O 主要作为甲苯的吸附位点，而 Mn-O 位点是甲苯氧化生成苯甲酸更有效的活化位点，二者之间的有效协同共同促进了甲苯的催化氧化。Li Luming 等[89] 将 Ce 掺杂进 δ-$MnO_2$ 中，制备了一系列不同配比的 Ce-Mn 复合金属氧化物催化剂，其中 $Mn_{12}Ce_1O_x$ 在 318℃时可将 1000$cm^3/m^3$ 的甲苯完全氧化为二氧化碳和水，该温度远低于单一的 δ-$MnO_2$，这主要得益于 δ-$MnO_2$ 与高度分散的 $CeO_2$ 之间的协同作用使得催化剂有更好的低温还原性能和更高的 $Mn^{4+}/Mn^{3+}$ 值。Dong Anqi 等[90] 采用水热法制备了锰基莫来石催化剂 $GdMn_2O_5$，该催化剂（$T_{90\%}$ = 161℃）展现出了比贵金属催化剂 1%（质量分数）Pt/$Al_2O_3$（$T_{90\%}$ = 191℃）更突出的丙酮催化活性，并且有非常优异的稳定性和水蒸气抗性，XPS（X 射线光电子能谱）和 TPD（程序升温脱附）等表征以及 DFT 理论计算表明催化剂活性表面大量的不稳定氧是导致催化剂优异性能的关键。Wang Jinguo 等[91] 在尖晶石型立方晶相中制备了一系列 Mn/Co 摩尔比可调的介孔中空纳米球 $Mn_xCo_{3-x}O_4$，并探索了其对丙酮氧化的催化性能。结果表明，$Mn_{1.20}Co_{1.80}O_4$ 具有最佳的丙酮氧化活性，同时也表现出较强的长期稳定性和良好的耐水性，这主要是由于其独特的介孔空心纳米球特性、丰富的氧空位和表面活性氧相结合产生的强协同效应，以及 $Mn^{4+}$、$Mn^{3+}$ 和 $Co^{3+}$ 活性位点的存在增强其化学性质，并改善了其氧化还原性能。

## 1.5 MOFs 衍生金属氧化物催化氧化 VOCs 现状及发展趋势

### 1.5.1 MOFs 衍生物在催化领域的研究概述

金属有机框架配合物（MOFs），是一种由金属离子和有机配体结合而成的多孔结构的聚合物（如图 1-11[92] 所示）。几乎所有的金属阳离子和有机配体都可以通过一定的排列组合合成 MOFs，经过三个阶段的发展，目前已有上万种各种各样的拓扑结构的 MOFs 材料被报道，这些 MOFs 材料具有十分广泛的特殊功能。MOFs 具有比表面积巨大、孔隙丰富、易于合成、稳定性较好、密度超低及灵活可变等特点，因此受到了学者们的广泛关注和持续研究。经过不断的探索和完善，有些 MOFs 已经实现工业化生产并得到市场的广泛应用，目前主要在气体吸附分离、能源储存、药物缓释、环境污染物处理、催化等领域得到广泛应用[93,94]。

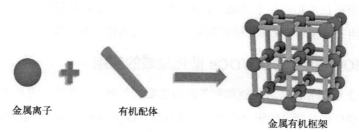

金属离子　　　　　有机配体　　　　　　　　金属有机框架

**图 1-11**　MOFs 的组成和结构[92]

近年来，以 MOFs 为前驱体，在高温和一定气氛环境（空气、氮气或氨气等惰性气体）中煅烧，制备 MOFs 衍生物一度成为催化和吸附分离等领域研究的热点，这些衍生物主要包括多孔金属氧化物、多孔炭和纳米粒子/炭等（见图 1-12）。这些 MOFs 衍生物不仅能保留母体的过渡金属元素（如 Ni、Mn、Fe、Co、Cu 等）和其配体中的 C、H、O、N 等催化体系的必需元素，而且还能继承其前驱体 MOFs 的高比表面积和丰富的孔隙结构，有利于反应物的吸附和催化，可调变的孔径也能保障催化反应较高的传质和扩散能力。此外，还可以利用 MOFs 材料的多样性，预先选择或设计前驱体 MOFs 的组成和结构等，来有效控制衍生金属氧化物的结构、形貌和组成等性质，进而对其催化性能进行调控，合理建立催化剂结构 - 性能之间的构效关系[92,95]。

**图 1-12** 以 MOFs 为前驱体衍生的不同材料[92]

除上述优势外，以 MOFs 为前驱体制备的金属氧化物不仅能遗传母体的孔结构，而且其颗粒大小、组成、比表面积和孔容、低温还原性能等物理化学特性在制备过程中都可得到有效调控[95-98]。与母体 MOFs 相比，由于经过了高温处理，这些衍生物具有更高的活性和稳定性，能承受更为严苛的反应条件，因而扩大了其应用范围，目前已成功应用于吸附、分离、催化、传感等众多领域[92,95]，其在催化领域的应用主要包括电化学、催化氧化 CO、催化氧化 VOCs 等[93,99-101]。

### 1.5.2 MOFs 衍生物在 VOCs 催化领域的应用

基于上述以 MOFs 为前驱体制备的衍生物的优势，近年来，将此类催化剂用于 VOCs 催化降解领域的研究正受到广泛青睐。Li Jianrong 等[102]以 Cu-BTC[ 双（三氯甲基）碳酸酯 ] 为前驱体，先用 Co（NO$_3$）$_2$·6H$_2$O 将其浸渍后再煅烧，成功制备了 Cu-Co/C 用于甲苯催化氧化，研究发现在氩气和空气氛围中连续煅烧有利于形成 3D 多孔炭和使元素均匀分布。其中，CuCo$_{0.5}$/C 的催化活性最佳，243℃时可完成 1000cm$^3$/m$^3$ 甲苯 90% 的转化率。这可能是由于其具有较高的比表面积、大量的表面吸附活性氧和较高的 Co$^{2+}$/Co$^{3+}$ 值。Chen Xi 等[7]以 Ce-MOFs 为前驱体，在 350℃和 500℃下煅烧得到 CeO$_2$-MOFs/350 和 CeO$_2$-MOFs/500 两种二氧化铈催化剂，研究发现适当的温度控制有利于提升 CeO$_2$-MOFs 的物理化学特性，如结构、形貌、结晶相、活性氧物种和氧储存性能等，而这些性能可以促使催化剂 $CeO_2$-MOFs/350 对甲苯催化保持高的催化性能、稳定性及耐水能力。此外，该团队[6] 还通过焙烧 MIL-101-Cr，制备了 M-$Cr_2O_3$ 用于甲苯催化氧化，研究发现与商业的 C-$Cr_2O_3$ 相比，M-$Cr_2O_3$ 有更多的晶格缺陷，较大的比表面积、孔容和孔径，而且表面和内部均呈介孔状态，有利于甲苯的传质与吸附，因而展现出了更为优异的甲苯催化活性。Jiang Ye 等[103] 通过浸渍将锰离子引入 Ce-BTC 骨架中，在一定条件下煅烧后制得 $MnO_x$-$CeO_2$-s 催化剂，由于 Ce-BTC 衍生的 $CeO_2$ 具有稳定的氧空位恢复潜力，同时 $MnO_x$-$CeO_2$-s 遗传了母体 Ce-BTC 独特的通道结构，该催化剂对乙酸乙酯表现出良好的催化活性和稳定性。

### 1.5.3 MOFs 衍生金属氧化物催化氧化 VOCs 发展趋势

基于上述 $Co_3O_4$ 和 $MnO_x$ 在去除甲苯与丙酮等 VOCs 方面的结构特性优势及性能的突出表现，以及以 MOFs 为前驱体制备金属氧化物的众多优势和成功应用，本研究在前期调研中发现 Co/Mn-MOFs 不仅种类丰富，常见的有 ZIF-67、Co-MOF-71、Co-MOF-74、ZIF-9、MAF-5、Mn-MIL-100、Mn-MOF-74 和 Mn-BTC 等，而且廉价并易于制得[101,104,105]。这更进一步促使 Co/Mn-MOF 成为制备 $Co_3O_4$ 和 $MnO_x$ 的潜在前驱体，并逐步应用于甲苯和丙酮等 VOCs 催化领域。

#### 1.5.3.1 MOFs 衍生单一金属氧化物催化氧化 VOCs

近年来，针对以 Co/Mn-MOF 为前驱体制备 $Co_3O_4$ 和 $MnO_x$ 用于甲苯与丙酮等 VOCs 催化氧化的研究也逐渐成为热点。Liu Xiaolong 等[106] 以 ZIF-67 为前驱体，制备了 $Co_3O_4$-MOF 和 Ru/$Co_3O_4$-MOF 催化剂用于甲苯催化氧化研究，作为对比，还利用传统沉淀法制备了 $Co_3O_4$-B 催化剂，研究发现以 Co-MOF 为母体制备的催化剂的性能明显优于传统沉淀法制备的催化剂，其中负载型的 Ru/$Co_3O_4$-MOF 催化剂催化性能最佳，238℃下可将 $1000cm^3/m^3$ 的甲苯降解 90%，反应空速为 $60000mL/(g \cdot h)$，比 $Co_3O_4$-MOF 达到相同降解率所需温度低 26℃。Li Shuangju 等[107] 以 ZIF-67 为前驱体，在 350℃下煅烧 2h 制备了 $CoO_x$，并将其作为载体制备了 Pt-$CoO_x$ 催化剂，为了解释其出色的甲苯催化活性，一系列表征结果表明，与以传统的沉淀法制备的 $Co_3O_4$ 相比，ZIF-67 衍生的 $CoO_x$ 有更强的氧移动性、更多的缺陷结构及更丰富的活性氧物种，而 Pt 负载后可以与 $CoO_x$ 形成相互作用，对甲苯催化氧化起到协同作用，因此 Pt-$CoO_x$ 催化剂在 177℃即可完成对 1000cm³/m³ 甲苯 90% 的降解率。

  Zhang Mingquan 等[108] 将提前制备的 Pt 纳米粒子与 ZIF-67 原位合成 Pt-ZIF67，再在 350℃ 下煅烧 5h 制备 Pt-ZIF67-O，或将合成的 Pt-ZIF67 再经水热处理制备 Pt-Co(OH)₂，进一步煅烧制备 Pt-Co(OH)₂-O 催化剂（图 1-13，书后另见彩图），将这些催化剂用于甲苯催化氧化的研究中发现：贵金属 Pt 和活性载体 $Co_3O_4$ 之间可产生强烈的相互作用，增强了电子转移能力，Pt 的负载可以使 Co—O 键变弱，并且可以提高 $Co_3O_4$ 中氧的移动性，进而对甲苯催化氧化起到协同作用，在 167℃ 时即可将 1000cm³/m³ 的甲苯降解 90%。Li Jiaqi 等[109] 先通过在不同温度下煅烧母体 ZIF-67 制备 $Co_3O_4$ 作为载体，再将 Pd 负载到其上制备了 $Pd/Co_3O_4$-250、$Pd/Co_3O_4$-350 和 $Pd/Co_3O_4$-550 三种催化剂，结构表征结果显示，催化剂的孔隙率和纳米粒子大小可以通过控制煅烧温度进行有效调控，在甲苯催化氧化活性评价中发现，$Pd/Co_3O_4$-350 由于具有丰富的孔结构和最多的活性表面吸附氧，因而展现出最佳的催化性能，明显优于传统水热法制备的催化剂。Zhao Jiuhu 等[98] 通过煅烧一系列不同粒径大小的 ZIF-67 成功制备了不同粒径大小的空心 $Co_3O_4$ 多面体，研究了其在甲苯催化氧化过程中的不同表现，发现催化剂纳米粒子的尺寸可以明显改变其 $Co^{3+}/Co^{2+}$ 原子比，进而影响其催化性能，其中，$Co_3O_4$-400（其母体 ZIF-67 粒径为 400nm）的催化活性最高，280℃ 下即可将甲苯完全氧化为二氧化碳和水。

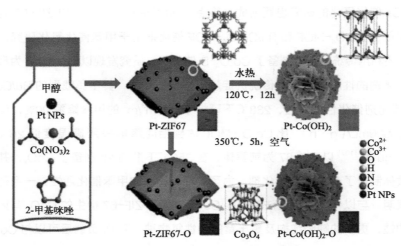

**图 1-13** 以 ZIF-67 为前驱体制备 Co 基金属氧化物及负载贵金属制备 Pt-Co₃O₄ 的流程图[106]

Zhang Xiaodong 等[105]分别以 Mn-MIL-100、Mn-MOF-74 和 Mn-BTC 为前驱体成功制备了一系列的 $Mn_2O_3$ 催化剂用于甲苯催化降解（图 1-14，书后另见彩图），探索了不同前驱体 MOFs 及其焙烧条件对所得催化剂结构和性能的影响。将 Mn-MIL-100 分别在氩气、空气及先氩气再空气的氛围中处理，发现 Mn-100-Ar-O 的催化活性最高。对于不同的前驱体，研究结果发现与 Mn-74-Ar-O 和 Mn-BTC-Ar-O 相比，Mn-100-Ar-O 的催化活性最高，这要归功于其表面较高的 $Mn^{3+}/Mn^{4+}$ 值及较丰富的表面吸附氧物种。

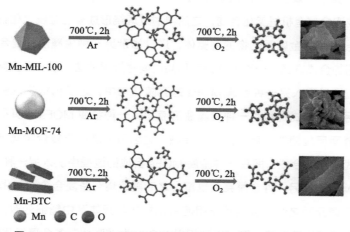

**图 1-14** Mn-MOF 为前驱体衍生的催化剂的形貌及结晶演化过程[105]

郑飞燕[110]分别以 Co-MOF-71 和 Mn-BDC 为前驱体，经不同条件煅烧制备了一系列的 $Co_3O_4$ 和 $MnO_x$ 用于丙酮催化氧化，其中，$Co_3O_4$-M 具有较大的比表面积、更高的 $Co^{3+}/Co^{2+}$ 值以及良好的低温还原性，因而对丙酮展现出了比商业 $Co_3O_4$ 的 $T_{90\%}$ 低 56℃的优异活性；而通过原位碳限域再氧化的热解方法合成的 $MnO_x$-NA 晶粒尺寸小、活性位点暴露充分，而且具有较高的比表面积、丰富的氧空位和较好的低温还原性，在催化氧化丙酮过程中同时表现出了优异的活性、稳定性、耐水性和耐硫性，此外，$MnO_x$-NA 也对甲苯和乙酸乙酯等其他 VOCs 表现出了优异活性。

可以看出，虽然围绕以 Co/Mn-MOFs 为前驱体制备金属氧化物用于甲苯和丙酮等 VOCs 的研究较多，但大多数关于 Co-MOFs 的研究主要集中在以 ZIF-67 为前驱体制备 $Co_3O_4$，包括通过对焙烧条件的调控制备 $Co_3O_4$ 催化剂，或将其作为载体负载贵金属。Mn-MOFs 的研究种类虽然较多，但大多数也是局限于对焙烧条件的调控等，并且以 Co/Mn-MOFs 为前驱体制备金属氧化物催化剂大部分是用于甲苯和丙酮等单一 VOCs 的去除，鲜有研究涉及混合 VOCs 气体的催化氧化。

### 1.5.3.2 MOFs 衍生复合金属氧化物催化氧化 VOCs

为进一步利用复合金属氧化物催化剂对 VOCs 催化氧化的协同作用，以及最大化上述的以 MOFs 为前驱体制备金属氧化物的结构优势，保证两种或更多种金属分布均匀，金属 MOFs 常被作为一种或两种金属氧化物的前驱体来制备复合金属氧化物。其中，双金属 MOFs 法往往是利用两种金属元素和同一种配体在相同条件下合成双金属有机框架化合物，之后再通过煅烧形成复合金属氧化物。而以单金属 MOFs 为一种金属氧化物的前驱体，通过掺杂另一种金属制备复合金属氧化物又有不同的合成方式。一种方式是利用短时间直接浸渍法，以一种金属盐溶液浸渍 MOFs，将其灌入另一种金属 MOFs 的孔隙结构中，之后再煅烧制备复合金属氧化物；另一种方式是利用一种金属盐溶液和另一种金属 MOFs 或其衍生物之间长时间的界面反应使得二者之间充分接触，之后再煅烧制备复合金属氧化物；还有一种方式是原位合成，即在一种金属 MOFs 合成的过程中加入另一种金属元素，一种金属 MOFs 将另一种金属完全包覆，之后再煅烧制备复合金属氧化物[111-114]。通过两种金属元素之间的强相互作用使氧化物在多元体系中精细分散，提高催化剂的比表面积和还原性能，既可以利用以 MOFs 为前驱体制备金属氧化物的优势，又可以发挥复合金属氧化物的催化协同效应。

MOFs 作为金属氧化物前驱体在甲苯催化氧化复合金属氧化物领域的研究也正在兴起。Luo Yongjin 等[115]以纳米立方体的双金属 MOFs 为前驱体制备了一系列不同 Mn/Co 比的 Mn-Co 复合金属氧化物用于甲苯催化氧化，其中 MOF-$Mn_1Co_1$ 由于具有丰富的 $Mn^{4+}$ 和 $Co^{3+}$、$O_{ads}/O_{latt}$ 和较强的低温还原性能而具有最佳的甲苯催化活性，240℃时可将 90% 浓度为 $500cm^3/m^3$ 的甲苯有效分解。Fang Wei 等[116]以硝酸钴和硝酸铈为金属源，以 2-甲基咪唑为配体合成了双金属 MOFs-Co/Ce-ZIF，在 400℃下焙烧 2h 制备了核壳结构的 $CeO_2@Co_3O_4$ 复合金属氧化物催化剂，在甲苯催化氧化活性测试中发现，与单独的 $CeO_2$ 和 $Co_3O_4$ 相比，复合金属氧化物对甲苯的催化活性大大提升，250℃时即可将 $2000cm^3/m^3$ 的甲苯完全转化为二氧化碳和水，这主要归功于钴和铈之间的协同作用，核壳特殊结构之间的相互作用增强了氧的传递。Zhao Jiuhu 等[117]将一定量 50% 的 $Mn(NO_3)_2$ 溶液溶解到 20mL 甲醇中, 用该混合溶液浸渍 ZIF-67, 之后在不同的煅烧条件下煅烧制备了三种 Co-Mn 复合金属氧化物, 发现焙烧温度及升温速率会影响催化剂的形貌, 进而影响催化剂的结构等理化特性。如图 1-15 所示, 在三种温度下分别制备了三种不同结构的催化剂 $Mn_xCo_{3-x}O_4$, 在甲苯催化氧化研究中发现 Mn 和 $Co_3O_4$ 之间的强相互作用可促进甲苯催化氧化, 使得该催化剂的活性比单一金属氧化物有所提升, 其中结构为多面体的 Co-Mn 复合金属氧化物催化剂的性能提升较为明显, 主要是因为其比表面积相对较大, 表面吸附氧浓度较高。

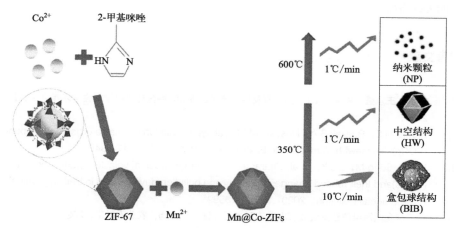

**图 1-15** 以 ZIF-67 为前驱体制备的 Co-Mn 复合金属氧化物 [117]

Ma Yulong 等 [118] 通过热解 Cu/Mn-BTC 进行丙酮氧化, 合成了一系列棒状铜锰氧化物, 获得了较高的催化性能。其中, $CuMn_2O_x$ 催化剂表现出了最佳的催化性能、较高的耐水性和长期稳定性, 在 18000mL/(g·h) 和丙酮浓度为 $1019cm^3/m^3$ 的条件下, 在 150℃下达到 90% 的丙酮转化率。结果还表明, 多相界面的形成使得合成的催化剂具有更多的活性氧种类和缺陷位点, 增强了催化剂的活性。Zheng Yanfei 等 [119] 在合成 MOF-71 的前驱体中加入 Ce 源, 随后通过焙烧 CoCe-MOF 得到 $CeO_2/Co_3O_4$ 催化剂催化氧化丙酮, Ce 的引入促进了比表面积的扩大, 增强了孔径结构和低温还原性能, $Co^{3+}/Co^{2+}$ 值和移动氧明显增多, 该催化剂的性能明显优于 MOF-71 衍生的 $Co_3O_4$ 催化剂, 且经过 10 次循环测试后, 丙酮的转化率依然能够保持 97% 至少 10h。Zheng Yanfei 等 [120] 还在 CF 上原位生长了一个垂直取向的 Cu(OH)₂ 纳米棒, 作为模板和前驱体合成 CoCu-MOFs, 之后通过焙烧制备了一系列 MOFs 衍生的 CoCu-R 催化剂用于丙酮催化氧化, 其中 12CoCu-R 展现出了优异的催化活性、循环稳定性、长时间稳定性及良好的水蒸气抗性，研究发现 Co 和 Cu 的界面相互作用促进了 Co—O 键的断裂，使得更多的氧空位生成，有利于氧分子的活化。

综上可以看出，MOFs 衍生的金属氧化物展示出了对甲苯、丙酮、氯苯等多种 VOCs 的高效催化氧化活性，因此，也有望将其用于双组分 VOCs 的催化氧化[119,121-123]。然而，调研过程中发现很少有 MOFs 衍生的金属氧化物被用于甲苯和丙酮混合气的催化氧化中，大多数的研究还集中在以往的单一 VOCs 气体污染物的去除方面。

## 参考文献

[1]  姜珊，王永强，朱虎 . VOCs 的排放及控制技术进展 [J]. 中国环境科学学会学术年会论文集，2017.

[2]  Kamal M S，Razzak S A，Hossain M M. Catalytic oxidation of volatile organic compounds (VOCs)-A review[J]. Atmospheric Environment，2016，140：117-134.

[3]  Liu Y，Song M，Liu X，et al. Characterization and sources of volatile organic compounds (VOCs)and their related changes during ozone pollution days in 2016 in Beijing，China[J]. Environmental pollution，2020，257：113599.

[4]  第二次全国污染源普查公报 [C]. 生态环境部，国家统计局，农业农村部，2020.

[5]  叶代启 . 挥发性有机物管控任重道远 [J]. 中国环境报，2020.

[6]  Chen X，Chen X，Cai S，et al. Catalytic combustion of toluene over mesoporous $Cr_2O_3$-supported platinum catalysts prepared by in situ pyrolysis of MOFs[J]. Chemical Engineering Journal，2018，334：768-779.

[7]  Chen X，Chen X，Yu E Q，et al. In situ pyrolysis of Ce-MOF to prepare $CeO_2$ catalyst with obviously improved catalytic performance for toluene combustion[J]. Chemical Engineering Journal，2018，344：469-479.

[8]  刘立忠 . 高活性锰基双金属氧化物的制备及其低温催化氧化芳香类 VOCs 性能研究 [D]. 上海：上海交通大学，2019.

[9]  赵玖虎 . $Co_3O_4$ 基催化材料合成及应用于 VOCs 催化消除 [D]. 兰州：兰州理工大学，2019.

[10] 赵倩，葛云丽，纪娜，等 . 催化氧化技术在可挥发性有机物处理的研究 [J]. 化学进展，2016，28：1847-1859.

[11] Janssens E，van Meerbeeck J P，Lamote K，et al. Volatile organic compounds in human matrices as lung cancer biomarkers: A systematic review[J]. Critical Reviews in Oncology/Hematology，2020：103037.

[12] Zeng Y，Cao Y，Qiao X，et al. Air pollution reduction in China: Recent success but great challenge for the future[J]. Science of The Total Environment，2019，663：329-337.

[13] Li K，Jacob D J，Liao H，et al. Anthropogenic drivers of 2013-2017 trends in summer

surface ozone in China[J]. Proceedings of the National Academy of Sciences of the United States of America, 2019, 116: 422-427.

[14] 景盛翱, 王红丽, 朱海林, 等. 典型工业源 VOCs 治理现状及排放组成特征 [J]. 环境科学, 2018, 39（7）: 3090-3095.

[15] 王晓琦, 程水源, 王瑞鹏. 京津冀区域人为源 VOCs 排放特征及管控策略 [J]. 环境科学研究, 2023, 36（3）: 460-468.

[16] 张明明, 邵旻, 陈培林, 等. 长三角地区 VOCs 排放特征及其对大气 $O_3$ 和 SOA 的潜在影响 [J]. 中国环境科学, 2023, 43（6）: 2694-2702.

[17] 宋鑫, 袁斌, 王思行, 等. 珠三角典型工业区挥发性有机物（VOCs）组成特征: 含氧挥发性有机物的重要性 [J]. 环境科学 2023, 44（3）: 1336-1345.

[18] Zhang Y, Li C, Yan Q, et al. Typical industrial sector-based volatile organic compounds source profiles and ozone formation potentials in Zhengzhou, China[J]. Atmospheric Pollution Research, 2020, 11（5）: 841-850.

[19] 廖东奇. 生物滴滤池处理复杂 VOCs 废气及其微生物生态学特征研究 [D]. 广州: 华南理工大学, 2017.

[20] 雷娟. Co-MOF 为前驱体制备的钴基金属氧化物及其甲苯催化氧化性能研究 [D]. 太原: 太原理工大学, 2021.

[21] Wang H, Yang W, Tian P, et al. A highly active and anti-coking Pd-Pt/SiO$_2$ catalyst for catalytic combustion of toluene at low temperature[J]. Applied Catalysis A: General, 2017, 529: 60-67.

[22] Dong W, Huang S S, Zhang L, et al. Pt-loaded ellipsoidal nanozeolite as an active catalyst for toluene catalytic combustion[J]. Microporous and Mesoporous Materials, 2020, 302: 110204.

[23] Yang L Z, Liu Q L, Han R, et al. Confinement and synergy effect of bimetallic Pt-Mn nanoparticles encapsulated in ZSM-5 zeolite with superior performance for acetone catalytic oxidation[J]. Applied Catalysis B: Environmental, 2022, 309: 121224.

[24] Peng R S, Li S J, Sun X B, et al. Size effect of Pt nanoparticles on the catalytic oxidation of toluene over Pt/CeO$_2$ catalysts[J]. Applied Catalysis B: Environmental, 2018, 220: 462-470.

[25] Wang Z W, Ma P J, Zheng K, et al. Size effect, mutual inhibition and oxidation mechanism of the catalytic removal of a toluene and acetone mixture over TiO$_2$ nanosheet-supported Pt nanocatalysts[J]. Applied Catalysis B: Environmental, 2020, 274: 118963.

[26] Jiang Z Y, Tian M J, Jing M Z, et al. Modulating the electronic metal-support interactions in single-atom Pt$_1$-CuO catalyst for boosting acetone oxidation[J]. Angewandte Chemie-international Edition, 2022, 61, e202200763.

[27] Joung H J, Kim J H, Oh J S, et al. Catalytic oxidation of VOCs over CNT-supported platinum nanoparticles[J]. Applied Surface Science, 2014, 290: 267-273.

[28] Maldonado-Hódar F J. Removing aromatic and oxygenated VOCs from polluted air stream using Pt-carbon aerogels: Assessment of their performance as adsorbents and combustion catalysts[J]. Journal of hazardous materials, 2011, 194: 216-222.

[29] Li W, Ye H, Liu G, et al. The role of graphene coating on cordierite-supported Pd monolithic catalysts for low-temperature combustion of toluene[J]. Chinese Journal of

Catalysis, 2018, 39: 946-954.

[30]  Fu K X, Su Y , Yang L Z, et al. Pt loaded manganese oxide nanoarray-based monolithic catalysts for catalytic oxidation of acetone[J]. Chemical Engineering Journal, 2022, 432: 134397.

[31]  Hu F Y, Chen J, Peng Y, et al. Novel nanowire self-assembled hierarchical $CeO_2$ microspheres for low temperature toluene catalytic combustion[J]. Chemical Engineering Journal, 2018, 331: 425-434.

[32]  Feng Z T, Zhang M, Ren Q, et al. Design of 3-dimensionally self-assembled $CeO_2$ hierarchical nanosphere as high efficiency catalysts for toluene oxidation[J]. Chemical Engineering Journal, 2019, 369: 18-25.

[33]  Lin L Y, Wang C, Bai H. A comparative investigation on the low-temperature catalytic oxidation of acetone over porous aluminosilicate-supported cerium oxides[J]. Chemical Engineering Journal, 2015（264）: 835-844.

[34]  Li J R, Wang F K, He C , et al. Catalytic total oxidation of toluene over carbon-supported Cu Co oxide catalysts derived from Cu-based metal organic framework[J]. Powder Technol, 2020, 363: 95-106.

[35]  张璇，廖银念，罗云，等．花状氧化铜催化降解甲苯的性能研究 [J]．环境科学与技术，2017, 40: 30-35.

[36]  Zheng M F, Yu D, Duan L, et al. In-situ fabricated CuO nanowires/Cu foam as a monolithic catalyst for plasma-catalytic oxidation of toluene[J]. Catalysis Communications, 2017, 100: 187-190.

[37]  Zhou C Y, Zhang H, Yan Y, et al. Catalytic combustion of acetone over Cu/LTA zeolite membrane coated on stainless steel fibers by chemical vapor deposition[J]. Microporous Mesoporous Mater, 2017, 248: 139-148.

[38]  Jiang S J, Handberg E S, Liu F, et al. Effect of doping the nitrogen into carbon nanotubes on the activity of NiO catalysts for the oxidation removal of toluene[J]. Applied Catalysis B: Environmental, 2014, 160-161: 716-721.

[39]  Park E J, Lee J H, Kim K D, et al. Toluene oxidation catalyzed by $NiO/SiO_2$ and $NiO/TiO_2/SiO_2$: Towards development of humidity-resistant catalysts[J]. Catalysis Today, 2016, 260: 100-106.

[40]  Zhu Z, Lu G, Zhang Z, et al. Highly active and stable $Co_3O_4$/ZSM-5 catalyst for propane oxidation: Effect of the preparation method, ACS Catalysis, 2013（3）: 1154-1164.

[41]  Ren Q M, Peng M S, Feng Z, et al. Controllable synthesis of 3D hierarchical $Co_3O_4$ nanocatalysts with various morphologies for the catalytic oxidation of toluene[J]. Journal of Materials Chemistry A, 2018, 6: 498-509.

[42]  Zha K, Sun W, Huang Z, et al. Insights into high-performance monolith catalysts of $Co_3O_4$ nanowires grown on nickel foam with abundant oxygen vacancies for formaldehyde oxidation[J]. ACS Catalysis, 2020（10）: 12127-12138.

[43]  Chen L, Zuo X, Yang S, et al. Rational design and synthesis of hollow $Co_3O_4@Fe_2O_3$ core-shell nanostructure for the catalytic degradation of norfloxacin by coupling with peroxymonosulfate[J]. Chemical Engineering Journal, 2019, 359: 373-384.

[44]  Yang H，Wang X. Secondary-component incorporated hollow MOFs and derivatives for

catalytic and energy-related applications[J]. Advanced materials, 2019, 31: e1800743.

[45] 彭若斯 . 二氧化铈负载铂催化剂催化氧化甲苯的性能与反应机理研究 [D]. 广州: 华南理工大学, 2017.

[46] Sun Y G, Li N, Xing X, et al. Catalytic oxidation performances of typical oxygenated volatile organic compounds (acetone and acetaldehyde) over MAlO (M = Mn, Co, Ni, Fe) hydrotalcite-derived oxides[J]. Catalysis Today, 2019, 327: 389-397.

[47] Chen X, Chen X, Cai S, et al. $MnO_x/Cr_2O_3$ composites prepared by pyrolysis of Cr-MOF precursors containing in situ assembly of $MnO_x$ as high stable catalyst for toluene oxidation[J]. Applied Surface Science, 2019, 475: 312-324.

[48] Lin L Y, Bai H. Promotional effects of manganese on the structure and activity of Ce-Al-Si based catalysts for low-temperature oxidation of acetone[J]. Chemical Engineering Journal, 2016, 291: 94-105.

[49] Djinović P, Ristić A, Žumbar T, et al. Synergistic effect of CuO nanocrystals and Cu-oxo-Fe clusters on silica support in promotion of total catalytic oxidation of toluene as a model volatile organic air pollutant[J]. Applied Catalysis B: Environmental, 2020: 268: 118749.

[50] Wang Y, Yang D, Li S, et al. Layered copper manganese oxide for the efficient catalytic CO and VOCs oxidation[J]. Chemical Engineering Journal, 2019, 357: 258-268.

[51] 吴波 . 铜锰铈氧化物 VOCs 催化燃烧催化剂的制备与性能研究 [D]. 杭州: 浙江工业大学, 2017.

[52] Tarjomannejad A, Farzi A, Niaei A, et al. An experimental and kinetic study of toluene oxidation over $LaMn_{1-x}B_xO_3$ and $La_{0.8}A_{0.2}Mn_{0.3}B_{0.7}O_3$ (A = Sr, Ce and B = Cu, Fe) nano-perovskite catalysts[J]. Korean Journal of Chemical Engineering, 2016, 33: 2628-2637.

[53] Zhang X J, Zhao M, Song Z, et al. The effect of different metal oxides on the catalytic activity of a $Co_3O_4$ catalyst for toluene combustion: Importance of the structure-property relationship and surface active species[J]. New Journal of Chemistry, 2019, 43: 10868-10877.

[54] 刘艳 . $Co_3O_4$ 基催化剂的制备、表征及甲烷催化燃烧性能研究 [D]. 杭州: 浙江工业大学, 2018.

[55] Wang Y, Arandiyan H, Liu Y, et al. Template-free scalable synthesis of flower-like $Co_{3-x}$ $Mn_xO_4$ spinel catalysts for toluene oxidation[J]. Chem Cat Chem, 2018, 10: 3429-3434.

[56] Dong C, Qu Z, Qin Y, et al. Revealing the highly catalytic performance of spinel $CoMn_2O_4$ for toluene oxidation: Involvement and replenishment of oxygen species using in situ designed-TP techniques[J]. ACS Catalysis, 2019, 9: 6698-6710.

[57] Zhang C, Wang J G, Yang S F, et al, Boosting total oxidation of acetone over spinel $MCo_2O_4$ (M = Co, Ni, Cu) hollow mesoporous spheres by cation-substituting effect[J]. Journal of Colloid and Interface Science, 2019, 539: 65-75.

[58] 宋慧军 . MOFs 基过渡金属氧化物 $Co_3O_4$ 的制备与 CO 催化氧化性能的研究 [D]. 乌鲁木齐: 新疆大学, 2019.

[59] 张迟 . MOF 基钴氧化物的形貌调控及其 CO 催化性能研究 [D]. 乌鲁木齐: 新疆大学, 2018.

[60] 普志英 . 催化剂形貌及晶面影响甲烷燃烧 $Co_3O_4$ 基催化剂的活性物种形态及构效关系研究 [D].

杭州：浙江工业大学，2017.

[61] Ren Q M, Feng Z T, Peng M S, et al. 1D-$Co_3O_4$, 2D-$Co_3O_4$, 3D-$Co_3O_4$ for catalytic oxidation of toluene[J]. Catalysis Today, 2019, 332: 160-167.

[62] Zhang Q, Peng M S, Chen B, et al. Hierarchical $Co_3O_4$ nanostructures in-situ grown on 3D nickel foam towards toluene oxidation[J]. Molecular Catalysis, 2018, 454: 12-20.

[63] Xie X, Li Y, Liu Z Q, et al. Low-temperature oxidation of CO catalysed by $Co_3O_4$ nanorods[J]. Nature, 2009, 458: 746-749.

[64] Fan Z, Fang W, Zhang Z, et al. Highly active rod-like $Co_3O_4$ catalyst for the formaldehyde oxidation reaction[J]. Catalysis Communications, 2018, 103: 10-14.

[65] Wang Q, Peng Y, Fu J, et al. Synthesis, characterization, and catalytic evaluation of $Co_3O_4$ / γ -$Al_2O_3$ as methane combustion catalysts: Significance of Co species and the redox cycle[J]. Applied Catalysis B: Environmental, 2015, 168-169: 42-50.

[66] Xue W J, Wang Y F, Li P, et al. Morphology effects of $Co_3O_4$ on the catalytic activity of Au/$Co_3O_4$ catalysts for complete oxidation of trace ethylene[J]. Catalysis Communications, 2011, 12: 1265-1268.

[67] Zhao Q , Zheng Y F, Song C F, et al. Novel monolithic catalysts derived from in-situ decoration of $Co_3O_4$ and hierarchical $Co_3O_4$@$MnO_x$ on Ni foam for VOC oxidation[J]. Applied Catalysis B: Environmental, 2020, 265: 118552.

[68] Zheng Y, Liu Y, Zhou H, et al. Complete combustion of methane over $Co_3O_4$ catalysts: Influence of pH values[J]. Journal of Alloys and Compounds, 2018, 734: 112-120.

[69] Li G Q, Zhang C, Wang Z, et al. Fabrication of mesoporous $Co_3O_4$ oxides by acid treatment and their catalytic performances for toluene oxidation[J]. Applied Catalysis A: General, 2018, 550: 67-76.

[70] Pu Z, Zhou H, Zheng Y, et al. Enhanced methane combustion over $Co_3O_4$ catalysts prepared by a facile precipitation method: Effect of aging time[J]. Applied Surface Science, 2017, 410: 14-21.

[71] Liao Y, Zhang X, Peng R, et al. Catalytic properties of manganese oxide polyhedra with hollow and solid morphologies in toluene removal[J]. Applied Surface Science, 2017, 405: 20-28.

[72] Nguyen dinh M T, Nguyen C C, Truong V U T L, et al. Tailoring porous structure, reducibility and $Mn^{4+}$ fraction of ε -$MnO_2$ microcubes for the complete oxidation of toluene[J]. Applied Catalysis A: General, 2020, 595: 117473.

[73] López J M, Gilbank A L, García T, et al. The prevalence of surface oxygen vacancies over the mobility of bulk oxygen in nanostructured ceria for the total toluene oxidation[J]. Applied Catalysis B: Environmental, 2015, 174-175: 403-412.

[74] Wang Y, Guo L, Chen M, et al. $CoMn_xO_y$ nanosheets with molecular-scale homogeneity: An excellent catalyst for toluene combustion[J]. Catalysis Science & Technology, 2018, 8: 459-471.

[75] Wang J, Yoshida A, Wang P, et al. Catalytic oxidation of volatile organic compound over cerium modified cobalt-based mixed oxide catalysts synthesized by electrodeposition method[J]. Applied Catalysis B: Environmental, 2020, 271: 118941.

[76] Yin K, Chen R, Liu Z. Catalytic removal of toluene over manganese-based oxide

catalysts[J]. Materials Reports, 2020, 34 (23): 23051-23056.

[77] Wang P, Wang J, An X, et al. Generation of abundant defects in Mn-Co mixed oxides by a facile agar-gel method for highly efficient catalysis of total toluene oxidation[J]. Applied Catalysis B: Environmental, 2021, 282: 119560.

[78] Yang W, Peng Y, Wang Y, et al. Controllable redox-induced in-situ growth of $MnO_2$ over $Mn_2O_3$ for toluene oxidation: Active heterostructure interfaces[J]. Applied Catalysis B: Environmental, 2020, 278: 119279.

[79] Mu X, Ding H, Pan W, et al. Research progress in catalytic oxidation of volatile organic compound acetone[J]. Journal of Environmental Chemical Engineering, 2021, 9 (4): 105650.

[80] 代林娜. 锰氧化物的制备及其催化锂 - 氧气电池机理研究 [D]. 济南：山东大学, 2022.

[81] Pulleri J K, Singh S K, Yearwar D, et al. Morphology dependent catalytic activity of $Mn_3O_4$ for complete oxidation of toluene and carbon monoxide[J]. Catalysis Letters, 2020, 151 (1): 172-183.

[82] Li R Z, Zhang L, Zhu S, et al. Layered $\delta$ -$MnO_2$ as an active catalyst for toluene catalytic combustion[J]. Applied Catalysis A: General, 2020, 602: 117715.

[83] Zhao Q, Zhang Y, Liu Q L, et al. Boosting the catalytic performance of volatile organic compound oxidation over platelike $MnO_2$/CoAlO catalyst by weakening the Co-O bond and accelerating oxygen activation[J]. ACS Catalysis, 2023, 13: 1492-1502.

[84] Cheng L, Wang J G, Zhang C, et al. Boosting acetone oxidation efficiency over $MnO_2$ nanorods by tailoring crystal phases[J]. New Journal of Chemistry, 2019, 43: 19126-19136.

[85] Aghbolaghy M, Soltan J, Chen N. Low temperature catalytic oxidation of binary mixture of toluene and acetone in the presence of ozone[J]. Catalysis Letters, 2018, 148 (11): 3431-3444.

[86] 廖银念, 张璇, 牛文浩, 等. 不同形貌氧化锰催化降解甲苯的性能研究 [J]. 环境工程, 2018, 36 (1): 62-66.

[87] Chen J, Chen X, Chen X, et al. Homogeneous introduction of $CeO_y$ into $MnO_x$-based catalyst for oxidation of aromatic VOCs[J]. Applied Catalysis B: Environmental, 2018, 224, 825-835.

[88] Xiong S C, Huang N, Peng Y, et al. Balance of activation and ring-breaking for toluene oxidation over CuO-$MnO_x$ bimetallic oxides[J]. Journal of Hazardous Materials, 2021, 415: 125637-125646.

[89] Li L M, Jing F L, Yan J L, et al. Highly effective self-propagating synthesis of $CeO_2$-doped $MnO_2$ catalysts for toluene catalytic combustion[J]. Catalysis Today, 2017, 297: 167-172.

[90] Dong A Q, Gao S, Wan X, et al. Labile oxygen promotion of the catalytic oxidation of acetone over a robust ternary Mn-based mullite $GdMn_2O_5$[J]. Applied Catalysis B: Environmental, 2020, 271: 118932.

[91] Wang J G, Zhang C, Yang S F, et al. Highly improved acetone oxidation activity over mesoporous hollow nanospherical $Mn_xCo_{3-x}O_4$ solid solutions[J]. Catalysis Science & Technology, 2019, 9: 6379.

[92] 陈辉荣. MOFs 衍生的三维多级孔钴基纳米材料的制备及其催化性能研究 [D]. 广州：华南理工大学，2019.

[93] Han W，Huang X，Lu G，et al. Research progresses in the preparation of Co-based catalyst derived from Co-MOFs and application in the catalytic oxidation reaction[J]. Catalysis Surveys from Asia，2018，23：64-89.

[94] Falcaro P，Ricc R O，Yazdi A，et al. Application of metal and metal oxide nanoparticles@MOFs[J]. Coordination Chemistry Reviews，2016，307：237-254.

[95] Oar-arteta L，Wezendonk T，Sun X，et al. Metal organic frameworks as precursors for the manufacture of advanced catalytic materials[J]. Materials Chemistry Frontiers，2017，1：1709-1745.

[96] Wang S，Wang T，Shi Y，et al. Mesoporous $Co_3O_4$@carbon composites derived from microporous cobalt-based porous coordination polymers for enhanced electrochemical properties in supercapacitors[J]. RSC Advances，2016，6：18465-18470.

[97] Wang S，Wang T，Liu P，et al. Hierarchical porous carbons derived from microporous zeolitic metal azolate frameworks for supercapacitor electrodes[J]. Materials Research Bulletin，2017，88：62-68.

[98] Zhao J H，Tang Z，Dong F，et al. Controlled porous hollow $Co_3O_4$ polyhedral nanocages derived from metal-organic frameworks（MOFs）for toluene catalytic oxidation[J]. Molecular Catalysis，2019，463：77-86.

[99] Wang S，Zhao T T，Li G H，et al. From metal-organic squares to porous zeolite-like supramolecular assemblies[J]. Journal of The American Chemical Society，2010，132：18038-18041.

[100] Stephen R C，Wong-foy A G，Matzger A J. Dramatic tuning of carbon dioxide uptake via metal substitution in a coordination polymer with cylindrical pores[J]. Journal of The American Chemical Society，2008，130：10870-10871.

[101] Dong X，Su Y，Lu T，et al. MOFs-derived dodecahedra porous $Co_3O_4$: An efficient cataluminescence sensing material for $H_2S$[J]. Sensors and Actuators B：Chemical，2018，258：349-357.

[102] Li J R，Wang F K，He C，et al. Catalytic total oxidation of toluene over carbon-supported Cu-Co oxide catalysts derived from Cu-based metal organic framework[J]. Powder Technology，2020，363：95-106.

[103] Jiang Y，Gao J，Zhang Q，et al. Enhanced oxygen vacancies to improve ethyl acetate oxidation over $MnO_x$-$CeO_2$ catalyst derived from MOF template[J]. Chemical Engineering Journal，2019，371：78-87.

[104] Fan C，Zong Z，Zhang X，et al. Rational assembly of functional Co-MOFs via a mixed-ligand strategy: Synthesis，structure，topological variation，photodegradation properties and dye adsorption[J]. Cryst Eng Comm，2018，20：4973-4988.

[105] Zhang X D，Lv X T，Bi F K，et al. Highly efficient $Mn_2O_3$ catalysts derived from Mn-MOFs for toluene oxidation：The influence of MOFs precursors[J]. Molecular Catalysis，2019，482：110701.

[106] Liu X L，Wang J，Zeng J，et al. Catalytic oxidation of toluene over a porous $Co_3O_4$-supported ruthenium catalyst[J]. RSC Advances，2015，5：52066-52071.

[107] Li S J, Lin Y, Wang D, et al. Polyhedral cobalt oxide supported Pt nanoparticles with enhanced performance for toluene catalytic oxidation[J]. Chemosphere, 2021, 263: 127870.

[108] Zhang M Q, Zou S, Peng M S, et al. Enhancement of catalytic toluene combustion over Pt-$Co_3O_4$ catalyst through in-situ metal-organic template conversion[J]. Chemosphere, 2021, 262: 127738.

[109] Li J Q, Li W H, Liu G, et al. Tricobalt tetraoxide-supported palladium catalyst derived from metal organic frameworks for complete benzene oxidation[J]. Catalysis Letters, 2016, 146: 1300-1308.

[110] 郑飞燕. MOFs 衍生的新型催化剂制备及其对 VOCs 催化氧化性能研究 [D]. 天津: 天津大学, 2020.

[111] Song L, Xu T, Gao D, et al. Metal-organic framework (MOF) -derived carbon-mediated interfacial reaction for the synthesis of $CeO_2$-$MnO_2$ catalysts[J]. Chemistry-A European Journal, 2019, 25: 6621-6627.

[112] 林雪婷, 付名利, 贺辉, 等. 以金属有机骨架为牺牲模板制备 $MnO_x$-$CeO_2$ 及其催化氧化甲苯性能 [J]. 物理化学学报, 2018, 34: 719-730.

[113] Jiang Y, Gao J, Zhang Q, et al. Enhanced oxygen vacancies to improve ethyl acetate oxidation over $MnO_x$-$CeO_2$ catalyst derived from MOF template[J]. Chemical Engineering Journal, 2019, 371: 78-87.

[114] Zhao J, Han W, Zhang J, et al. In situ growth of $Co_3O_4$ nano-dodecahedeons on $In_2O_3$ hexagonal prisms for toluene catalytic combustion[J]. Arabian Journal of Chemistry, 2020, 13: 4857-4867.

[115] Luo Y J, Zheng Y, Zuo J, et al. Insights into the high performance of Mn-Co oxides derived from metal-organic frameworks for total toluene oxidation[J]. Journal of hazardous materials, 2018, 349: 119-127.

[116] Fang W, Chen J, Zhou X, et al. Zeolitic imidazolate framework-67-derived $CeO_2$@$Co_3O_4$ core-shell microspheres with enhanced catalytic activity toward toluene oxidation[J]. Industrial & Engineering Chemistry Research, 2020, 59: 10328-10337.

[117] Zhao J H, Han W, Tang Z, et al. Carefully designed hollow $Mn_xCo_{3-x}O_4$ polyhedron derived from in situ pyrolysis of metal-organic frameworks for outstanding low-temperature catalytic oxidation performance[J]. Crystal Growth & Design, 2019, 19: 6207-6217.

[118] Wang L, Sun Y, Zhu Y, et al. Revealing the mechanism of high water resistant and excellent active of CuMn oxide catalyst derived from Bimetal-Organic framework for acetone catalytic oxidation[J]. Journal of Colloid and Interface Science, 2022, 622: 577-590.

[119] Zheng Y F, Zhao Q, Shan C, et al. Enhanced acetone oxidation over the $CeO_2$/$Co_3O_4$ catalyst derived from metal-organic frameworks[J]. ACS Applied Materials & Interfaces, 2020, 12 (25): 28139-28147.

[120] Zheng Y F, Su Y, Pang C H, et, al. Interface-enhanced oxygen vacancies of $CoCuO_x$ catalysts in situ grown on monolithic Cu foam for VOC catalytic oxidation[J]. Environmental Science & Technology, 2022, 56, 3: 1905-1916.

[121] Lin Z, He M, Liu Y, et al. Effect of calcination temperature on the structural and

formaldehyde removal activity of Mn/Fe$_2$O$_3$ catalysts[J]. Research on Chemical Intermediates, 2021, 47（8）：3245-3261.

[122] Zhong J, Zeng Y, Yin Z, et al. Controllable transformation from 1D Co-MOF-74 to 3D CoCO$_3$ and Co$_3$O$_4$ with ligand recovery and tunable morphologies: The assembly process and boosting VOC degradation[J]. Journal of Materials Chemistry A, 2021, 9（11）：6890-6897.

[123] Wang P, Wang J, Shi J, et al. Low content of samarium doped CeO$_2$ oxide catalysts derived from metal organic framework precursor for toluene oxidation[J]. Molecular Catalysis, 2020, 492: 111027.

# 第 2 章
# VOCs 催化氧化反应机理

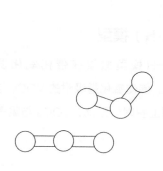

## 2.1 VOCs 催化氧化反应机理概述

甲苯和丙酮等 VOCs 催化氧化的核心即利用催化剂在一定温度下将这些有机气体污染物氧化为 $CO_2$ 和 $H_2O$，达到净化环境的目的。广义上来讲，催化剂的主要作用是吸附目标污染物、降低反应的活化能，使得催化氧化尽可能在较低温度下进行，同时保持较高的反应速率。但是催化剂是如何发挥其作用的，并且目标污染物在反应过程中是如何被降解的一直受到广泛关注，这对催化剂的设计及改性至关重要。

由于 VOCs 种类繁多，催化剂的种类和形态也各异，而且反应条件各不相同，很难形成一种广义的相关性和单一的催化机理，因此目前还没有相对统一的机理来解释挥发性有机污染物的降解，有学者认为晶格氧（$O_{latt}$）或吸附氧（$O_{ads}$）单独起作用，也有学者认为晶格氧和吸附氧均参与了 VOCs 的催化氧化[1]。但有三种机理得到了学者们的广泛认可，包括 Marse-van Krevelen（MVK）模型、Langmuir-Hinshelwood（L-H）模型和 Eley-Rideal（E-R）模型[2]。三种机理之间并没有严格的分界线，均可以合理解释催化剂催化氧化 VOCs 的机理。

### 2.1.1 Marse-van Krevelen（MVK）模型

Marse-van Krevelen 反应机理认为，在催化反应开始前甲苯等挥发性有机物先被吸附到催化剂的孔道结构中，它们在催化剂表面的催化降解涉及氧化、还原和再氧化三个过程。其中氧化反应主要是指甲苯与催化剂中的 O 发生氧化作用，被降解为中间产物；还原是指催化剂中 O 被消耗后导致的催化剂还原；而再氧化即气流中提供的氧被还原催化剂得到的氧化过程。为保证催化氧化反应的稳定进行，各氧化还原反应需保持速率一致。该机理认为晶格氧是催化氧化中主要的活性氧物种，而气相中的氧气实际上并没有参与反应。

### 2.1.2 Langmuir-Hinshelwood（L-H）模型

与 Marse-van Krevelen 模型不同，L-H 模型假设在催化氧化发生之前，VOCs 和活性氧物种均被吸附在催化剂表面。催化氧化是吸附的 VOCs 与吸附的活性氧物种发生反应，生成的产物再从催化剂上脱附。因此，VOCs 与氧气分子吸附在催化剂表面对催化反应至关重要。

### 2.1.3 Eley-Rideal（E-R）模型

该模型认为催化氧化发生在气相中的甲苯等 VOCs 与催化剂吸附的活性氧物种之间。控制步骤为在一个气相分子和一个被吸附的分子之间的反应。

## 2.2 甲苯催化氧化反应机理研究现状

甲苯作为一种典型的苯环类 VOCs，一直以来都是 VOCs 催化氧化研究中首选的目标污染物，近年来，众多研究均围绕甲苯催化氧化展开。为详细探究甲苯等 VOCs 的催化氧化机理，学者们结合动力学模拟、DFT 理论计算和原位红外技术等展开了广泛研究，目前应用较多的主要有 MVK 模型和 L-H 模型。Li Renzhu 等 [3] 利用原位红外光谱技术追踪了 $\delta$-MnO$_2$ 催化氧化甲苯的反应机理，如图 2-1 所示。结合原位红外在不同反应温度下的光谱峰分析可推测，首先，被吸附在催化剂表面的甲苯与 $\delta$-MnO$_2$ 的表面晶格氧发生反应，在不同的反应温度下相继对应生成苯甲醇、苯甲酸和顺丁烯二酸酐，最终分解为二氧化碳和水。该过程中气相中的氧气不断地重新补充到 $\delta$-MnO$_2$ 的晶格氧中，形成了氧循环，为甲苯催化氧化提供了氧动力。该反应机理符合 Marse-van Krevelen 模型。

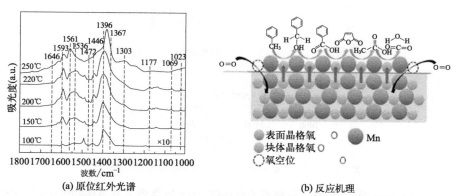

图 2-1　甲苯在 $\delta$-MnO$_2$ 表面的原位红外光谱及反应机理图 [3]

Chen Xi 等 [4] 利用原位红外光谱技术（in situ DRIFTS）探索了 CeO$_2$-MOF/350 在不同温度下降解甲苯的情况。为了进一步研究催化剂表面晶格氧在催化氧化中的角色，同时还做了相同条件下在氮气气氛下的原位红外，结果显示：室温下，甲苯首先吸附在催化剂表面；当反应温度升高至 100℃时，在空气气氛下，甲苯的特征峰消失，一些新键产生 [ 如图 2-2（b）所示 ]，而在氮气气氛下甲苯作为主要物质依然存在，催化剂表面并没有发生氧化反应 [ 如图 2-2（a）所示 ]。说明气流中的氧气可以明显加速甲苯降解，表面吸附氧而不是晶格氧在催化氧化中发挥了主要作用。

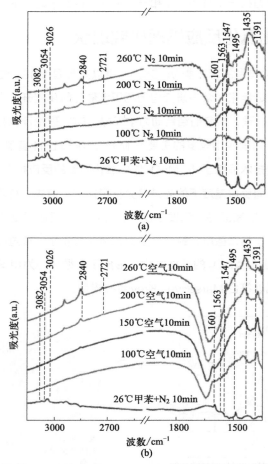

**图 2-2** 甲苯在 $CeO_2$-MOF/350 表面的原位红外光谱图 [4]

Zhao Jiuhu 等 [5] 制备了三种不同形貌的 Co-Mn 复合金属氧化物催化剂，用 X 射线光电子能谱（XPS）对氧的形态进行分析，发现三种催化剂的化学吸附氧含量大小顺序为 HW-$Mn_xCo_{3-x}O_4$ > BIB-$Mn_xCo_{3-x}O_4$ > NP-$Mn_xCo_{3-x}O_4$，与其后续的甲苯催化氧化活性次序一致。而且催化剂的 $H_2$-TPR 图谱显示，HW-$Mn_xCo_{3-x}O_4$ 在 120℃左右有一个还原特征峰，代表在预氧化阶段在催化剂表面生成的活性物种，即分子氧吸附到氧空位上。因此，推断该催化氧化符合 Langmuir-Hinshelwood

（L-H）机理，即甲苯和氧气均先吸附到催化剂表面，再进行氧化反应。

Feng Xinyi 等[6]结合文献调研，利用 $O_2$-TPD 对催化剂表面氧物种的判定和气相色谱-质谱联用（GC-MS）对反应中间产物的检测推测了甲苯在 Co/Sr-CeO₂ 催化剂表面的反应机理，如图 2-3 所示（书后另见彩图）。$O_2$-TPD 证实催化剂表面存在 ads-$O_2^-$ 和 ads-$O^-$。GC-MS 在反应温度为 235℃时检测到了苯，当温度达到 300℃时 $CO_2$ 和 $H_2O$ 为主要产物。说明甲苯在不同温度下发生的氧化反应不一样，这主要取决于氧物种。气流中的氧气分子首先被催化剂上的氧空位捕捉，$Co^{2+}$ 形成活性表面氧物种 $O^-$ 和 $O_2^-$ 等。亲电子的 $O^-$ 和 $O_2^-$ 攻击有机物分子中电子云密度较高的区域，例如烷基芳香环周围的 π 电子区域，使得烷基和苯环之间的 C—C 键断裂。这些断裂的产物又进一步被吸附的（ads-$O_2^-$）催化氧化为 $CO_2$ 和 $H_2O$。催化剂中的 $Co^{3+}/Co^{2+}$ 和 $Ce^{4+}/Ce^{3+}$ 在催化氧化过程中也分别不断进行着转换。

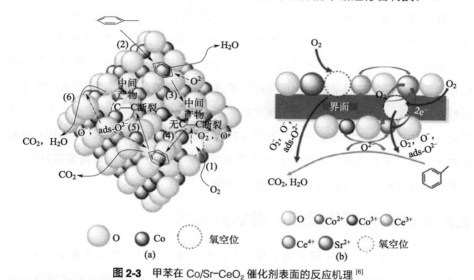

**图 2-3** 甲苯在 Co/Sr-CeO₂ 催化剂表面的反应机理[6]

（1）—气相的氧分子被氧空位和 $Co^{2+}$ 捕获形成活性氧，如 $O_2^-$ 和 $O^-$；（2）—甲苯中的苯基通过大 π 键吸附在 $Co^{2+}$ 上，甲基和苯基与吸附的氧种 $O_2^-$ 和 $O^-$ 发生相互作用；（3）—吸附后的甲苯利用亲核的 $O^{2-}$ 来插入氧，产生了甲苯选择性氧化的非破坏性副产物；（4）—瞬态表面氧如 $O_2^-$ 和 $O^-$ 与碳原子反应，亲电氧化导致 C—C 键的断裂，较弱的 C—C 键首先断裂，生成中间产物苯；（5）—碳原子被 $O^-$ 和 ads-$O^{2-}$ 进一步氧化，迅速形成具有破坏性的产物，包括醇氧化物、羰基化合物和羧酸盐；（6）—这些中间产物最终转化为 $CO_2$ 和 $H_2O$

Zhang Mingyuan 等[7]通过原位红外技术研究发现，催化剂中的晶格氧和气相氧都可以参与甲苯的初始活化，在 Co-MeCN-O 催化剂表面上，气相氧物种可以被转化为表面晶格氧，氧空位补充的气相氧对于催化剂表面甲苯的完全氧化是必不可少的，但仅气相氧可用于甲苯的深度氧化，甲苯催化氧化过程中 Marse-van

Krevelen（MVK）机理和 Langmuir-Hinshelwood（L-H）机理同时起作用，甲苯在催化剂表面降解的主要路径为：甲苯→苄基→苯甲醛→苯甲酸酯→甲酸酯→二氧化碳和水。

Zhong Jinping 等[8]利用原位红外技术证明甲苯在催化氧化过程中降解的主要路径为：甲苯→苯甲醇→苯甲醛→苯甲酸盐→苯→苯酚→苯醌→顺丁烯二酸盐类物质→二氧化碳和水。同时，利用质子转移反应飞行时间质谱仪（PTR-TOF-MS）对降解过程可能存在的中间产物进行精密定性分析，发现上述中间产物和苯环断裂的副产物有：丙酮、乙酸、乙醇、甲醛、甲醇、乙醛等。此外，还利用氮气气氛下的准原位 XPS 技术、原位红外技术和紫外漫反射以及无氧条件下甲苯的转化评价等揭示了表面晶格氧对甲苯的催化降解起决定性作用。

整体来看，Marse-van Krevelen（MVK）机理较广泛地应用于金属氧化物催化氧化甲苯等 VOCs 研究中。但如前所述，目前受到广泛认可的三种催化机理之间并没有严格的分界线，均可以合理解释催化剂催化氧化 VOCs 的机理。因此，在甲苯催化氧化领域，也有学者虽然利用多种技术手段对甲苯降解过程进行了详细的探索研究，但并未对甲苯催化氧化的机理进行严格的划分。加之甲苯催化氧化的过程十分复杂，目前对于甲苯催化氧化机理的研究大多集中于从催化剂氧空位和甲苯降解的中间产物的角度展开，缺乏深入的机理研究。需要进一步利用各种原位表征技术，从甲苯的吸附、扩散、活化及活性氧物种的生成、转化等角度展开研究，为新型高效催化剂的开发提供一定的理论依据。

## 2.3 丙酮催化氧化反应机理研究现状

随着 VOCs 催化氧化研究的不断深入，近年来，针对丙酮等含氧 VOCs，以及甲苯和丙酮等混合 VOCs 的催化氧化逐渐受到关注，也有一些研究围绕此类 VOCs 进行了相关机理研究。

Wang Lei 等[9]利用热解吸－气相色谱－质谱联用技术（TD-GC-MS）和原位红外技术对干燥与水汽状态下，丙酮在 CuMn 氧化物催化剂上的降解机理进行了探索研究，结果表明，在干燥气流中，主要的中间物种和瞬时反应态主要有 $\eta1$（O）（ads）、（$CH_2$）= C（$CH_3$）= O（ads）、$CH_3CHO^\bullet$（ads）、$CH_3COO^\bullet$（ads）和 $HCOO^\bullet$（ads），当水蒸气进入反应体系中时，它促进了烯酸酯配合物和乙醛的解离，促进了甲酸类物种的产生，吸附水产生了活性更强的羟基或表面氧，或是提供了促进表面吸附氧向晶格氧转化的 H-O-H 活性位点，从而促进丙酮的矿化，如图 2-4 所示。该研究同时也揭示了水蒸气对丙酮氧化的影响机理，对设计高耐水性、高活性的丙酮氧化催化剂具有重要意义。

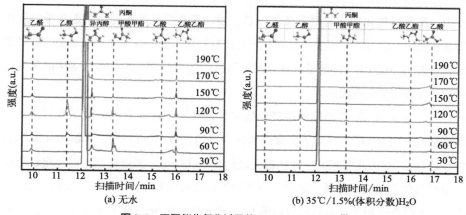

**图 2-4** 丙酮催化氧化过程的 TD-GC-MS 结果 [9]

Zhao Qian 等 [10] 经文献调研发现，有研究认为 VOCs 在金属氧化物上的催化氧化遵循 Marse-van Krevelen（MVK）机理，因此，推测丙酮在整体式催化剂 Co₃O₄@MnOₓ-NF 上的降解路径如下：丙酮分子首先吸附在金属氧化物表面，随后与表面活性氧发生反应，同时，金属氧化物的还原产生氧空位，气相中的氧可以占据氧空位，然后被活化，导致活性氧再生，还原的金属氧化物被再氧化，如图 2-5 所示。在后续研究中，XPS（X 射线光电子能谱）、O₂-TPD（氧程序升温

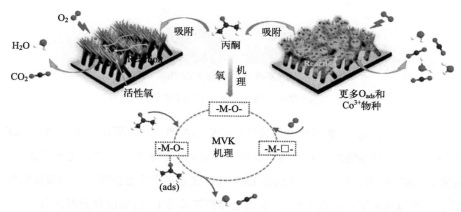

**图 2-5** 丙酮在整体式催化剂 Co₃O₄@MnOₓ-NF 上的降解机理 [10]

脱附）分析和催化活性表明，$Co^{3+}$ 为主导活性位点，表面吸附氧 $O_{ads}$ 是丙酮氧化的主要活性氧。根据 $H_2$-TPR（氢气程序升温还原）、Raman（拉曼光谱）、XPS 和 $O_2$-TPD 的分析结果，与 $Co_3O_4$-NF-10 相比，$Co_3O_4$@$MnO_x$-NF 具有较好的低温还原性，以及较多的氧空位、$Co^{3+}$ 和 $O_{ads}$，因此，有更多的丙酮分子吸附在 $Co^{3+}$ 位点，随后在催化剂上与更多负载的 $O_{ads}$ 发生反应，从而表现出了更显著的催化活性。此外，较好的低温还原性有利于催化剂的再氧化，同时更多的氧空位促进了更多气态 $O_2$ 的活化，伴随着更多表面吸附氧 $O_{ads}$ 的产生，从而使得更多的丙酮分子被转变成二氧化碳和水。

Fu Kaixuan 等[11] 利用原位红外技术分别研究了在有氧和无氧条件下，丙酮在催化剂 Pt-MnNA-P 作用下的降解情况，发现在有 $O_2$ 存在时，丙酮催化氧化的特征峰与无 $O_2$ 时几乎相同，丙酮首先吸附在催化剂上，被催化剂上的晶格氧氧化成甲酸盐和乙酸盐类物质，之后，甲酸盐类物质被吸附态 $O^*$ 进一步氧化成 CO 和 $CO_2$，如图 2-6 所示（书后另见彩图）。由于在原位红外图谱中发现了乙酸盐物种的堆积，因此推测 $CH_3COO^*$ 中的 C—C 键易受 $O^*$ 攻击而生成—$CH_2^*$ 和 $CO_2$，此步骤为丙酮催化氧化的决速步骤。气相中的 $O_2$ 会补充 $O^*$ 在催化反应中的消耗，该反应机理符合 Marse-van Krevelen 模型。

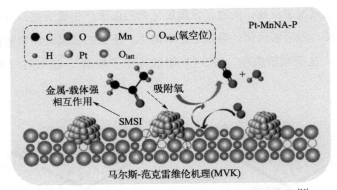

**图 2-6** 丙酮在催化剂 Pt-MnNA-P 作用下的降解示意图[11]

Dong Anqi 等[12] 先是结合原位红外和催化性能发现丙酮在 $GdMn_2O_5$ 催化剂作用下生成的特定的羧酸盐是通过消耗来自催化剂的氧而产生的，进而得出该反应遵循 MVK 机制。基于此，又结合 DFT 计算在原子水平上获得可能的反应机理。图 2-7 模拟展示了丙酮在（001）表面上存在不稳定 $O^*$ 时的能量分解过程：一开始，丙酮通过羰基吸附在暴露的 Mn 原子上，补充了不饱和配位，在表面形成了一个金字塔状的 Mn 中心配体单元。随后，其中一个甲基自发地失去氢原子，碳原子与表面 α 不稳定氧结合，形成表面物质 $CH_3COCH_2^*$。然后，预先存在的不稳定的 $O^*$ 攻击羰基碳，生成亚稳定的中间醋酸物质 $CH_3COO^*$ 和 $CH_2^*$。后者与表面氧原子结合生成甲酸物质 $HCOO^*$，而 $H^*$ 则留在表面氧原子上。接着受到表面 α 不稳定氧的攻击，剩余的完整的乙酸物种上的甲基继续失去氢原子，形成 $CH_2COO^*$。然后，表面物质 $O^*$ 被补充，中间物质 $CH_2COO^*$ 容易受到不稳定氧的攻击，C—C 键彻底断裂，形成甲酸物质，生成 $CO_2$。在整个反应过程中，$H^*$ 与表面氧结合，最终生成 $H_2O$。

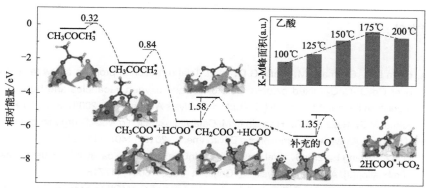

**图 2-7**　丙酮在催化剂 $GdMn_2O_5$（001）表面的氧化反应途径 [12]

Wang Zhiwei 等 [13] 结合热脱附 - 气相色谱 / 质谱联用（TD-GC/MS）、VOC 程序升温脱附（VOC-TPD）、VOC 程序升温氧化（VOC-TPO）和原位红外技术对比研究了单甲苯、单丙酮和甲苯 - 丙酮混合气在 $Pt/TiO_2$ 催化剂上的降解机理，结果显示，甲苯和丙酮共存会使得二者在催化剂上的吸附受到相互抑制，导致吸附量降低，但是并没有改变甲苯和丙酮的活化与氧化过程。对于甲苯，在苯环开环反应之前，有可能会发生两种途径。一种途径是部分吸附的甲苯发生歧化反应生成苯和对二甲苯，对二甲苯进一步发生异构化反应生成邻二甲苯。另一种途径是吸附后的甲苯被表面活性氧依次氧化生成苯甲醇、苯甲醛和苯甲酸。随着反应温度的升高，苯环进一步氧化破裂，生成丁烯酸酐、顺丁二烯酸酐、丙酮和乙酸。最后，小分子有机中间体被完全氧化成 $CO_2$ 和 $H_2O$。而丙酮首先吸附在表面活性位点上，与活性氧反应生成乙酸和甲酸。随着反应温度的升高，乙酸和甲酸被氧化为双齿碳酸盐，然后分解为 $CO_2$ 和 $H_2O$。如上所述，甲苯和丙酮的共存不会改变催化机理。

综上可以看出，由于丙酮的降解过程相比甲苯来说较简单，因此，对于丙酮在催化剂上降解机理的研究也较甲苯更为深入，结合催化性能、色谱–质谱联原位红外和 DFT 等计算手段可以从原子水平上揭示丙酮催化氧化的机理，这也为后续 VOCs 催化氧化机理的研究提供了一种思路。整体上关于甲苯或丙酮等单一 VOCs 催化氧化机理的研究较多，混合 VOCs 降解机理的研究则相对较少。为促进实际工业化应用过程中高活性和强稳定性多组分混合 VOCs 降解催化剂的开发，混合 VOCs 的降解机理是今后需要努力研究的一个方向。

## 参考文献

[1]     Liotta L F, Ousmane M, Carlo G D, et al. Total oxidation of propene at low temperature over $Co_3O_4$-$CeO_2$ mixed oxides: Role of surface oxygen vacancies and bulk oxygen mobility in the catalytic activity[J]. Applied Catalysis A: General, 2008, 347: 81-88.

[2]     Kamal M S, Razzak S A, Hossain M M. Catalytic oxidation of volatile organic compounds（VOCs）-A review[J]. Atmospheric Environment, 2016, 140: 117-134.

[3]     Li R Z, Zhang L, Zhu S, et al. Layered δ-$MnO_2$ as an active catalyst for toluene catalytic combustion[J]. Applied Catalysis A: General, 2020, 602: 117715.

[4]     Chen X, Chen X, Yu E Q, et al. In situ pyrolysis of Ce-MOF to prepare $CeO_2$ catalyst with obviously improved catalytic performance for toluene combustion[J]. Chemical Engineering Journal, 2018, 344: 469-479.

[5]     Zhao J H, Han W, Tang Z, et al. Carefully designed hollow $Mn_xCo_{3-x}O_4$ polyhedron derived from in situ pyrolys of metal-organic frameworks for outstanding low-temperature catalytic oxidation performance[J]. Crystal Growth & Design, 2019, 19: 6207-6217.

[6]     Feng X Y, Guo J, Wen X, et al. Enhancing performance of $Co/CeO_2$ catalyst by Sr doping for catalytic combustion of toluene[J]. Applied Surface Science, 2018, 445: 145-153.

[7]     Zhang M Y, Zou S B, Zhang Q, et al. Macroscopic hexagonal $Co_3O_4$ tubes derived from controllable two-dimensional metal-organic layer single crystals: Formation mechanism and catalytic activity[J]. Inorganic Chemistry, 2020, 59, 5: 3062-3071.

[8]     Zhong J P, Zeng Y K, Zhang M Y, et al. Toluene oxidation process and proper mechanism over $Co_3O_4$ nanotubes: Investigation through in-situ DRIFTS combined with PTR-TOF-MS and quasi in-situ XPS[J]. Chemical Engineering Journal, 2020, 397: 125375.

[9]     Wang L, Sun Y G, Zhu Y B, et al. Revealing the mechanism of high water resistant and excellent active of CuMn oxide catalyst derived from Bimetal-Organic framework for

acetone catalytic oxidation[J]. Journal of Colloid and Interface Science, 2022, 622: 577–590.

[10]  Zhao Q, Zheng Y F, Song C F, et al, Novel monolithic catalysts derived from in-situ decoration of $Co_3O_4$ and hierarchical $Co_3O_4@MnO_x$ on Ni foam for VOC oxidation[J]. Applied Catalysis B: Environmental, 2020, 265: 118552.

[11]  Fu K X, Su Y, Yang L Z, et al. Pt loaded manganese oxide nanoarray-based monolithic catalysts for catalytic oxidation of acetone[J]. Chemical Engineering Journal, 2022 432: 134397.

[12]  Dong A Q, Gao S, Wan X, et al. Labile oxygen promotion of the catalytic oxidation of acetone over a robust ternary Mn-based mullite $GdMn_2O_5$[J] Applied Catalysis B: Environmental, 2020, 271: 118932.

[13]  Wang Z W, Ma P J, Zheng K, et al. Size effect, mutual inhibition and oxidation mechanism of the catalytic removal of a toluene and acetone mixture over $TiO_2$ nanosheet-supported Pt nanocatalysts[J]. Applied Catalysis B: Environmental, 2020, 274: 118963.

# 第3章
# 实验方法和内容

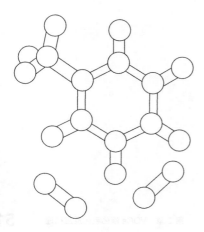

## 3.1 实验药品及仪器

### 3.1.1 化学试剂

本实验中涉及的主要试剂的名称、分子式、纯度和生产厂家等均列于表 3-1 中。

表 3-1  主要实验试剂名称、分子式、纯度和生产厂家

| 试剂名称 | 分子式 | 纯度 | 生产厂家 |
|---|---|---|---|
| 六水合硝酸钴 | $Co(NO_3)_2 \cdot 6H_2O$ | 分析纯 | 上海阿拉丁生化科技股份有限公司 |
| 四水合乙酸钴 | $Co(CH_3COO)_2 \cdot 4H_2O$ | 分析纯 | 国药集团化学试剂有限公司 |
| 50% 硝酸锰水溶液 | $Mn(NO_3)_2$ | 分析纯 | 上海阿拉丁生化科技股份有限公司 |
| 四水合硝酸锰 | $Mn(NO_3)_2 \cdot 4H_2O$ | 分析纯 | 北京伊诺凯科技有限公司 |
| 四水合乙酸锰 | $Mn(CH_3COO)_2 \cdot 4H_2O$ | 分析纯 | 上海阿拉丁生化科技股份有限公司 |
| 咪唑 -4,5- 二羧酸 | $C_5H_2N_2O_4$ | 分析纯 | 国药集团化学试剂有限公司 |
| 1,2- 丙二胺 | $C_3H_{10}N_2$ | 化学纯 | 国药集团化学试剂有限公司 |
| 2- 甲基咪唑 | $C_4H_6N_2$ | 分析纯 | 上海阿拉丁生化科技股份有限公司 |
| 2,5- 二羟基对苯二甲酸 | $C_8H_6O_6$ | 分析纯 | 北京伊诺凯科技有限公司 |
| 对苯二甲酸 | $C_8H_6O_4$ | 分析纯 | 北京伊诺凯科技有限公司 |
| $N,N$- 二甲基甲酰胺 | $C_3H_7NO$ | 分析纯 | 国药集团化学试剂有限公司 |
| 九水合硝酸铁 | $Fe(NO_3)_3 \cdot 9H_2O$ | 分析纯 | 天津市凯通化学试剂有限公司 |
| 三水合硝酸铜 | $Cu(NO_3)_2 \cdot 3H_2O$ | 分析纯 | 天津市科密欧化学试剂开发中心 |
| 六水合硝酸镍 | $Ni(NO_3)_2 \cdot 6H_2O$ | 分析纯 | 上海阿拉丁生化科技股份有限公司 |
| 蒸馏水 | $H_2O$ | 电导率 $\leq 0.1\mu S/cm$ | 太原理工大学煤化工研究所 |
| 无水乙醇 | $C_2H_5OH$ | 分析纯 | 国药集团化学试剂有限公司 |
| 甲醇 | $CH_3OH$ | 分析纯 | 国药集团化学试剂有限公司 |
| 甲苯 | $C_7H_8$ | 分析纯 | 国药集团化学试剂有限公司 |
| 丙酮 | $C_3H_6O$ | 分析纯 | 国药集团化学试剂有限公司 |

### 3.1.2 实验气体

本实验中涉及的主要气体的名称、纯度和生产厂家均列于表 3-2 中。

表 3-2　主要实验气体名称、纯度和生产厂家

| 气体名称 | 纯度 | 生产厂家 |
|---|---|---|
| 高纯氮气 | 99.999% | 安旭鸿云科技发展有限公司 |
| 高纯氢气 | 99.999% | 安旭鸿云科技发展有限公司 |
| 干燥空气 | 99.995% | 安旭鸿云科技发展有限公司 |
| 甲苯标气 | $4000cm^3/m^3$ | 济宁协力特种气体有限公司 |
| 高纯氦气 | 99.999% | 安旭鸿云科技发展有限公司 |
| 甲苯标气 | $1000cm^3/m^3$ | 安旭鸿云科技发展有限公司 |
| 丙酮标气 | $1000cm^3/m^3$ | 安旭鸿云科技发展有限公司 |

### 3.1.3　实验仪器

本实验中涉及的主要仪器（设备）的名称、型号及生产厂家均列于表 3-3 中。

表 3-3　主要实验仪器名称、型号及生产厂家

| 设备名称 | 型号 | 生产厂家 |
|---|---|---|
| 电子分析天平 | AR124CN | 奥豪斯仪器（上海）有限公司 |
| 电热恒温鼓风干燥箱 | PHOT-9070A | 上海精宏实验设备有限公司 |
| 粉末压片机 | 769YP-15A | 天津科器高新技术公司 |
| 超声波清洗器 | CPX3800H-C | 昆山市超声仪器有限公司 |
| 移液枪 | $10 \sim 100\mu L/100 \sim 1000\mu L$ | 大龙兴创实验仪器有限公司 |
| 集热式恒温加热磁力搅拌器 | DF-101s | 巩义市予华仪器有限公司 |
| 离心机 | TG16-WS | 长沙湘仪离心机仪器有限公司 |
| 马弗炉 | Lindberg/Blue M | 赛默飞世尔科技有限公司 |
| 常压微反应装置 | AZ-HPD-300-10 | 天津奥展科技有限公司 |
| 气相色谱仪 | GC-6890A | 北京中科惠分仪器有限公司 |
| 低温冷却液循环泵 | DLSB-5/15 | 杭州瑞佳精密科学仪器有限公司 |

## 3.2　材料表征方法

### 3.2.1　X 射线粉末衍射

本实验中使用德国生产的 X 射线衍射仪来进行样品的 X 射线粉末衍射（XRD）

表征，其型号为 D8 ADVANCE 型，测试条件为 Cu-Kα（λ = 0.15418nm），电压 30kV，电流 15mA，扫描角度在 5°~90°，扫描速率为 8°/min。通过该表征可分析材料成分、物相、材料内部原子或分子的形态或结构及晶格参数等。同时，可利用谢乐方程（Scherrer equation）计算样品晶粒大小（nm），$D = K\lambda / B\cos\theta$，其中 $D$ 为所求的纳米晶粒大小（nm）；$K$ 为常数取 0.89；$\theta$ 为衍射角；$\lambda$ 为 X 射线波长（0.154056nm）；$B$ 为 X 射线衍射峰的半高宽。

### 3.2.2 扫描电子显微镜

扫描电子显微镜（SEM）可用于分析样品的形貌和大小。本书中采用日本日立公司生产的 Hitachi SU8010 型扫描电子显微镜，工作电压为 1~3kV，用来观察材料的形貌特征。样品测试前需进行充分的干燥以去除其表面水分，以免影响测样结果。干燥的样品需粘在导电胶上，通过喷金增加样品的导电性。

### 3.2.3 高倍透射电子显微镜

高倍透射电子显微技术（HRTEM）是利用高性能的透射电子成像、扫描透射成像，用于观察研究材料结构并对样品进行纳米尺度的微分析。本实验样品的微观结构和形貌进一步采用日本电子株式会社的 JEM-2010 高倍透射电子显微镜进行表征，点分辨率 ≤ 0.23nm，线分辨率 = 0.14nm，加速电压 80~200kV。样品在测试前需先通过超声分散在无水乙醇中，后均匀滴加在铜网上，自然晾干后备用。

### 3.2.4 氮气吸脱附表征

通过氮气吸脱附表征（$N_2$-adsorption/desorption）可得到样品的比表面积及孔径分布情况，其中比表面积和孔径分布分别通过 BET（Brunauer-Emmett-Teller）方法和 BJH（Barrett-Joyner-Halenda）法来计算与表示，根据脱附曲线计算孔径分布。本实验中在 BET 测试前，为去除样品表面的水分和杂质等，需先在真空条件 200℃ 下脱气 3h，随后用美国 Micromeritics 公司生产的 TriStar Ⅱ 3020 型多通道气体吸附仪于 -196℃ 温度下进行测试。

### 3.2.5 拉曼光谱表征

拉曼光谱表征（Raman）多用于分析材料表面的缺陷程度。本实验中采用的激光共焦显微拉曼光谱仪由英国 Renishaw 公司所生产，型号为 InVia。在室温条件下测试，入射波长设为 514nm，曝光时间 60s，选 50μm 狭缝宽度，扫描范围是 50 ~ 950cm$^{-1}$。

### 3.2.6 X 射线光电子能谱

X 射线光电子能谱（XPS）可用于分析样品元素的种类和化合价，可对金属氧化物催化剂表面同种金属元素的不同价态及样品表面吸附氧（$O_{ads}$）和表面晶格氧（$O_{latt}$）等进行定量计算。以其不同比例进一步研究其对甲苯和丙酮催化氧化性能的影响。本研究中利用美国 Thermo Fisher Scientific 公司生产的 ESCALAB250 型 X 射线光电子能谱仪对催化剂材料进行表征，Al Ka（1486.6eV）为 X 射线激发源。

### 3.2.7 H$_2$- 程序升温还原 /O$_2$- 程序升温还原

本研究中的 H$_2$- 程序升温还原 /O$_2$- 程序升温还原（H$_2$-TPR/O$_2$-TPD）表征采用美国的 Micromeritics AutoChem II 2920 高性能全自动化学吸附仪进行（麦克默瑞提克仪器公司）。H$_2$-TPR 实验开始前，先称取大约 50mg 的样品于 150℃下用氩气吹扫 1h，以去除样品表面的杂质，之后温度冷却至 50℃，通入 10%（体积分数）H$_2$/Ar（30mL/min），开始温度范围为 50 ~ 900℃的还原程序。通过该表征和获得的催化剂还原温度及氢气消耗量等，来表示催化剂的还原性能。O$_2$-TPD 测试所通气体为 O$_2$/N$_2$，其他与 H$_2$-TPR 类似。

### 3.2.8 元素碳、氢、氮测试

本研究中样品中 C、H、N 元素的分析测试（elemental analysis of C，H，N）采用美国的 Perkin Elmer 240 分析仪。每次准确称取 2.7mg 左右的样品进行测试，每个样品测试 3 次取平均值，尽可能地减小误差。

### 3.2.9 电感耦合等离子体原子发射光谱分析

本实验采用 Aglient 5110 型等离子体发射光谱仪对 Mn 和 Cu 的含量进行电感耦合等离子体原子发射光谱分析（ICP-OES），稳定时间 20s。

### 3.2.10 傅里叶原位红外光谱法

本研究第 5 章和第 6 章中，甲苯和丙酮在催化剂表面催化氧化的反应过程及中间产物等通过傅里叶原位红外光谱法（DRIFTS）进行测定。利用德国布鲁克公司的 VERTEX 80v 型红外光谱仪进行表征。原位红外光谱测试前，先将一定量的样品在 200℃氮气条件下吹扫 1h 以去除表面杂质。待温度降至室温后，通入 1000cm³/m³ 的甲苯气体，直至测出的峰显示不变。随后开始通入空气，设置程序升温，催化氧化开始。分别记录在升温过程中不同反应温度下的红外峰变化情况，可通过不同反应温度下不同的出峰情况来分析反应过程的中间产物，探索甲苯和丙酮催化氧化机理。

## 3.3 催化剂的制备

### 3.3.1 Co/Mn-MOFs 的合成

本研究中 Co-MOFs 的制备主要采用水热法（ZIF-67 除外），将所需药品按一定比例配好装入反应釜中，放入一定温度的烘箱中于高温、高压下反应一定时间后洗涤、烘干。

（1）ZSA-1 的合成

取 0.04g 咪唑 -4,5- 二羧酸和 0.06g 四水合乙酸钴依次加入 23mL 的反应釜中，之后加入 3mL 蒸馏水，搅拌 15min，在搅拌过程中加入 60μL 1,2- 丙二胺。搅拌均匀后将反应釜置于 120℃烘箱中反应 20h，取出后自然冷却至室温，用蒸馏水超声洗涤至只有红色晶体，于室温下自然晾干。最后于 150℃下真空干燥 5h 备用 [1]。

（2）ZIF-67 的合成

分别取 1.75g Co（NO$_3$）$_2$·6H$_2$O 溶解于 12mL 蒸馏水中，21.30g 2- 甲基咪唑溶解于 80mL 蒸馏水中。将二者混合后于室温下搅拌 6h。反应后的混合物离心分离得到紫色沉淀物，分别用蒸馏水和乙醇洗涤 3 次，置于 60℃烘箱中干燥 12h，之后于 150℃下真空干燥 5h 备用 [2]。

（3）Co-MOF-74 的合成

分别取 0.241g 的 2,5- 二羟基对苯二甲酸和 1.1885g 的 Co（NO$_3$）$_2$·6H$_2$O 于 100mL 的 DMF- 乙醇 - 蒸馏水的混合液中（体积比为 1：1：1，其中 DMF 为 N, N- 二甲基甲酰胺）溶解，将混合物搅拌均匀后移至反应釜中，之后将反应釜置于 100℃烘箱中反应 24h 后取出，取出后自然冷却至室温后将产物过滤分离，分别用 DMF 和甲醇洗涤 3 次，于 60℃烘箱中干燥 12h，之后于 150℃下真空干燥 5h 备用 [3]。

（4）Mn-MOF-74 的合成

取 0.13g 的 DHTP 溶解于 60mL 的 DMF- 甲醇 - 水混合物中（体积比为 15：1：1），加入 0.52mL 的 50% 硝酸锰溶液，搅拌 10min，移入聚四氟乙烯内衬反应釜中，在 130℃ 烘箱中反应 24h，自然冷却至室温，用 N,N- 二甲基甲酰胺（DMF）和甲醇分别离心洗涤 3 次，在 60℃ 烘箱中干燥 12h，而后于 150℃ 下真空干燥 5h 备用 [4]。

（5）Mn-BDC 的合成

取 0.62g 四水合乙酸锰和 0.53g H$_2$BDC，超声溶解在 30mL DMF 和乙醇的混合溶液中（体积比为 4：1），将溶液移入 100mL 聚四氟乙烯内衬反应釜中，于 100℃ 烘箱中反应 12h，产物经过滤、乙醇洗涤后，在 110℃ 下干燥 12h[4]。

### 3.3.2 钴氧化物催化剂和锰氧化物催化剂的制备

本研究中的四氧化三钴催化剂均以前期制备的三种 Co-MOF（ZIF-67，Co-MOF-74 和 ZSA-1）为前驱体，在一定温度下，于空气环境中，经马弗炉焙烧制得。

锰氧化物催化剂以前期制备的两种 Mn-MOF（Mn-MOF-74 和 Mn-BDC）为前驱体，在一定温度下于空气环境中经马弗炉焙烧制得。

### 3.3.3 钴基复合金属氧化物催化剂的制备

分别称取一定量的掺杂元素的硝酸盐于烧杯中，随后加入 25mL 无水乙醇，超声均匀后将一定量的 ZSA-1 加入混合液中，调节使得初始的 Co：Mn 值为一定值。室温下磁力搅拌 30min 后，将所得的悬浊液离心分离，用无水乙醇洗三次，置于 60℃ 烘箱中干燥 12h，之后置于马弗炉中在一定温度下焙烧 1h，所得黑色样品密封保存于样品管中备用。

### 3.3.4 锰基复合金属氧化物催化剂的制备

采用浸渍沉淀法制备 CuMnO$_x$-IPM 和 CuMnO$_x$-IPO，采用等体积浸渍法制备 CuMnO$_x$-IIO 催化剂，具体方法详见各章。

## 3.4 催化剂性能研究

### 3.4.1 催化剂活性评价

本书中甲苯催化氧化性能测试在成套的活性评价装置上进行，包括气体配制系统、固定床反应器、程序升温控制程序及气相色谱检测器等。整个装置示意图如图 3-1 所示 [4]。

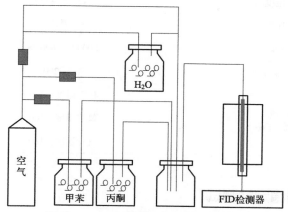

**图 3-1** VOCs 催化氧化反应装置示意图 [4]

本书中催化剂催化氧化甲苯性能的测试均在常压微反应固定床实验装置上进行，反应器为内径 6mm 的不锈钢管，升温过程由程序升温控制程序控制，通过热电偶显示催化剂床层温度。本实验中所用的气体均为高纯气体。甲苯气体在冰水浴鼓泡器中通过一路干燥空气鼓出，丙酮气体由低温冷却循环泵控制温度再通过干燥空气鼓出，之后与一路干燥空气在缓冲瓶中混合形成初始废气。催化剂的质量为 0.1 ~ 0.2g，颗粒大小为 40 ~ 60 目，经压片器压片并过筛得到。通过质量流量计控制各路气体流速，反应的气时空速为 20000 ~ 80000mL/（g·h），通过催化剂用量和气体流速进行控制。

催化活性测试前，先用氮气（30mL/min）在 200℃下对催化剂吹扫 1h，以去除催化剂表面的水蒸气及杂质。随后将温度降至 130℃，停止通氮气，引入稳定持续的甲苯、丙酮或双组分混合气体，待吸附饱和后，开始程序升温。到达每个设定的反应温度稳定 15min 后连续测量 6 次数值，取平均值。反应物和产物浓度由气相色谱 FID 检测器进行检测，其中 FID 检测器的柱室温度为 100℃，氢焰温度为 160℃，如表 3-4 所列，所使用的色谱柱为填充柱（10% PEG-20，2m×4mm）。根据气相色谱测得的峰面积换算相应的甲苯浓度，根据进出口甲苯或丙酮浓度计算相应温度下的转化率。以起燃温度（$T_{10\%}$）、半转化温度（$T_{50\%}$）、90% 转化温度（$T_{90\%}$）和完全转化温度（$T_{100\%}$）作为催化活性的指标。

表3-4 反应活性评价条件

| 反应活性评价条件 | 主要参数 |
|---|---|
| 反应的温度 | 130 ～ 400℃ |
| 反应的压强 | 常压 |
| 体积空速 | 20000 ～ 80000h⁻¹ |
| 催化剂用量和大小 | 50 ～ 200mg |
| 气相色谱<br>氢焰检测器（FID） | 柱室温度：100℃ |
| | 氢焰温度：160℃ |
| | 气化温度：160℃ |

## 3.4.2 催化剂稳定性测试

催化剂的稳定性在实际应用中是一个关键指标，本节中稳定性测试主要让甲苯、丙酮或混合气在完全转化率下持续降解，同时间歇地通入不同体积分数（5.5% 和 10%）的水蒸气以测试催化剂的耐水性。

## 3.4.3 分析和计算方法

为全面评价催化剂催化氧化甲苯的性能，本节中主要涉及甲苯或丙酮转化率、催化反应速率和反应活化能的计算，具体计算过程如下。

（1）甲苯或丙酮转化率

催化剂活性评价中甲苯或丙酮转化率的计算公式如下：

$$X_{VOCs} = \frac{C_{in} - C_{out}}{C_{out}} \times 100\% \qquad (3\text{-}1)$$

式中　$X_{VOCs}$——甲苯或丙酮在某一设定温度下的转化率，%；

　　$C_{in}$，$C_{out}$——甲苯或丙酮的进口和出口浓度，单位为cm³/m³。

（2）催化反应速率

为进一步探讨催化剂催化氧化甲苯或丙酮的活性，引入在某一温度下甲苯或丙酮的消耗速率来进一步做评价，甲苯或丙酮消耗速率的计算公式如下：

$$\gamma_{VOCs} = \frac{v_{VOCs} \times X_{VOCs}}{m_{cat}} \qquad (3\text{-}2)$$

式中　$\gamma_{VOCs}$——甲苯或丙酮的消耗速率，$10^{-7}$mol/（g·s）；

　　$v_{VOCs}$——甲苯或丙酮的气流速率，mol/s；

$X_{VOCs}$——甲苯或丙酮在某一设定温度下的转化率，%；

$m_{cat}$——催化剂的质量，g。

（3）反应活化能

活化能是指化学反应中，由反应物分子到达活化分子所需的最小能量，是反映催化剂活性的一个重要指标。本研究中根据阿伦尼乌斯公式计算各种催化剂的反应活化能，所取的转化率均 < 20%，具体公式如下：

$$\ln\gamma_{VOCs} = -\frac{E_a}{RT} + \ln A \qquad (3\text{-}3)$$

式中　$\gamma_{VOCs}$——甲苯或丙酮的消耗速率，$10^{-7}$mol/（g·s）；

　　　$E_a$——活化能，J/mol；

　　　$T$——反应温度，K；

　　　$R$——通用气体常数，J/（mol·K）；

　　　$A$——指前因子。

## 参考文献

[1]　Wang S, Zhao T T, Li G H, et al. From metal-organic squares to porous zeolite-like supramolecular assemblies[J]. Journal of The American Chemical Society，2010，132：18038-18041.

[2]　Liu X, Wang J, Zeng J, et al. Catalytic oxidation of toluene over a porous $Co_3O_4$-supported ruthenium catalyst[J]. RSC Advances，2015，5：52066-52071.

[3]　Qiu B, Yang C, Guo W, et al. Highly dispersed Co-based Fischer-Tropsch synthesis catalysts from metal-organic frameworks[J]. Journal of Materials Chemistry A，2017，5：8081-8086.

[4]　Chen J, Bai B, Lei J, et al. $Mn_3O_4$ derived from Mn-MOFs with hydroxyl group ligands for efficient toluene catalytic oxidation[J]. Chemical Engineering Science，2022，263：118065.

# 第4章
# MOFs衍生的钴锰基金属氧化物的制备及催化性能研究

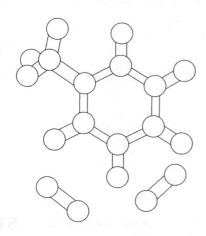

Co₃O₄ 是一种最为有效的催化氧化甲苯的金属氧化物。有研究发现，催化剂 Co₃O₄ 表面的 Co³⁺ 不仅是甲苯催化氧化的活性中心，还是活性氧物种的吸附位点，可以为催化剂提供更多的表面吸附氧，低温还原性能和缺陷位点的含量也对甲苯催化氧化起着至关重要的作用；此外，Co₃O₄ 催化剂的形貌和暴露晶面的作用也不能忽视 [1]。另有研究制备了一系列不同形貌的 Co₃O₄ 用于甲苯催化氧化，发现较大的比表面积、丰富的缺陷结构以及大量的 Co³⁺ 和表面吸附氧等理化特性均对 Co₃O₄ 催化剂优异的甲苯催化氧化性能有着突出贡献 [2]。

因此，实现对甲苯催化氧化活性中心 Co³⁺、表面吸附氧、缺陷位点及孔道结构、比表面积、低温还原性能等理化特性的有效调控，是 Co₃O₄ 催化剂制备过程中要解决的核心问题。为达到这一目的，很多学者从形貌入手，以期通过形貌改变实现对上述结构和理化特性的调控，主要包括八面体等多面体、棒状、盘状、线型、片状、球形及纳米粒子等形貌 [1-4]，制备方法多为水热法和沉淀法等。但是实际上传统的水热法和沉淀法难以实现对 Co₃O₄ 催化剂孔道结构及活性中心的选择性调控。

金属有机框架化合物（MOFs）是由金属团簇和有机配体连接而成的多孔组合聚合物。其比表面积巨大、孔隙丰富，近年来，以 MOFs 为前驱体制备的孔状金属氧化物已发展为一种有前景的催化剂 [5]。以其为前驱体制备的金属氧化物不仅可以保留母体的形貌，而且还可以在制备过程中对其衍生的金属氧化物的颗粒大小、比表面积和孔道结构、低温还原性能等进行有效控制，从而为甲苯催化氧化提供有效的活性位点和缺陷结构 [6-10]，加之 Co-MOFs 种类丰富，相对廉价且易合成，更进一步促使 Co-MOFs 成为制备 Co₃O₄ 的潜在前驱体 [11-13]。

此外，在高温焙烧 MOFs 的过程中，最终所得的金属氧化物的一些物理化学特性可得到有效加强，这些加强的理化特性将有利于促进甲苯催化氧化 [14,15]。Chen Xi 等 [14] 通过煅烧 MIL-101-Cr 成功制备了介孔 Cr₂O₃，研究发现对 MIL-101-Cr 的焙烧有利于在 M-Cr₂O₃ 表面及内部形成 3D 的介孔通道和更丰富的晶格缺陷，并可增大其比表面积，这些结构变化均可有效促进甲苯催化氧化。就 MOFs 的组成而言，有机配体对 MOFs 的配位键生成、形貌、孔径大小、维度和拓扑结构等均有至关重要的影响，尤其是对具有相同金属离子的 MOFs 来说，这种影响更为明显 [16,17]。尽管 Co-MOFs 种类丰富，但以其为母体制备 Co₃O₄ 催化剂催化氧化甲苯的研究大多集中于最常见的 ZIF-67[9,18,19]。研究面过于局限，而且并未对催化剂源头 Co-MOFs 本身的优质特性及组成等与其衍生的 $Co_3O_4$ 的结构和特性之间的关系进行深入研究及利用，这对甲苯催化氧化至关重要。

而锰氧化物也是最为有效的 VOCs 过渡金属氧化物催化剂之一。不同组成、不同形貌的锰氧化物催化剂的 VOCs 催化氧化性能会因其不同的活性位点、孔道结构等有较大差异。研究发现，$Mn_3O_4$ 材料由于其稳定的尖晶石结构能提供丰富的 $Mn^{3+}$ 和布朗斯特酸性位点，更易获得更高的 VOCs 催化活性[20,21]。如 Kim 等将 $MnO_2$、$Mn_2O_3$ 和 $Mn_3O_4$ 等锰氧化物用于甲苯的催化氧化，发现其催化活性由高到低的顺序为 $Mn_3O_4$、$Mn_2O_3$、$MnO_2$[22]。然而，$Mn_3O_4$ 在合成过程中随着温度的升高易发生氧化，粒径为 18nm 及以下的锰氧化物遵循 $MnO \rightarrow Mn_3O_4 \rightarrow Mn_8O_5 \rightarrow Mn_2O_3$ 的氧化顺序，其他粒径的 $Mn_3O_4$ 则易被一步氧化为 $Mn_2O_3$[23]。因此，实现对锰氧化物催化剂的稳定合成和有效调控是催化剂制备过程中要解决的核心问题。

Mn-MOFs 种类丰富，成了制备锰氧化物催化剂的有效前驱体[18]。然而在已报道的材料中发现，许多 Mn-MOFs 材料在热解过程中通常会生成价态较高的 $Mn_2O_3$ 材料，催化活性较低。Zhang Xiaodong 等[24] 将 Mn-MIL-100、Mn-MOF-74 和 Mn-BTC 三种不同的 Mn-MOFs 在 700℃空气或者氩气氛围下进行焙烧，均得到了 $Mn_2O_3$ 氧化产物，并且最优的催化剂 Mn-100-Ar-O 在质量空速为 60000mL/（g·h）、甲苯浓度为 1000cm³/m³ 的条件下 90% 转化温度高达 265℃。实际上，前驱体 MOFs 材料的配体官能团和热解条件会显著影响产物的组成，如 Fe-MIL-88 在 400℃氩气气氛下热解可制得 $Fe_3O_4$，Fe-MIL-101 在 550℃空气气氛下热解可制得 $Fe_2O_3$，因此通过调控 Mn-MOFs 的组成和热解条件衍生得到不同锰氧化物，制备催化活性更高的锰氧化物颇有前景[25,26]。

因此，本章选取了三种具有不同形貌和组成的 Co-MOFs：正十二面体的 ZIF-67（N- 配体）、棒状的 MOF-74（O- 配体）和正八面体的 ZSA-1（N-O- 配体）。将这三种 MOFs 在同一温度下煅烧制备 M-$Co_3O_4$，利用 X 射线衍射（XRD）、扫描电子显微镜（SEM）、高分辨透射电子显微镜（HRTEM）、$N_2$- 吸脱附、$H_2$-程序升温还原（$H_2$-TPR）、拉曼光谱技术（Raman）和 X 射线光电子能谱（XPS）等技术分析研究了材料的结构和特性。系统对比研究其甲苯催化氧化活性，分析母体 MOFs 的形貌和组成对其衍生的金属氧化物 M-$Co_3O_4$-350 的甲苯催化活性的影响。

而对于 Mn-MOFs，选取了对苯二甲酸和羟基修饰的对苯二甲酸两种配体构建的 Mn-MOFs 即 Mn-MOF-74（配体：2,5-二羟基对苯二甲酸，$C_8H_6O_6$）和 Mn-BDC（配体：$C_8H_4O_4$，$H_2BDC$）为前驱体，通过对焙烧温度的调控分别制备得到了一系列锰氧化物催化剂，并通过多种技术手段研究分析了催化剂的结构和特性。系统对比了不同的锰氧化物对甲苯和丙酮的催化氧化活性，分析母体 Mn-MOFs 的组成对催化剂的甲苯和丙酮催化活性的影响。

# 4.1 以不同 Co-MOFs 为前驱体制备的钴氧化物及其催化氧化性能

## 4.1.1 研究内容

（1）Co-MOFs 的合成

本节选取三种具有不同形貌和配体的 Co-MOFs，分别为 ZIF-67、MOF-74 和 ZSA-1。本章中 Co-MOFs 的制备主要采用水热法（ZIF-67 除外），将所需药品按一定比例配好装入反应釜中，放入一定温度的烘箱中，高温、高压下反应一定时间后洗涤、烘干，具体方法详见 3.3.1 部分。

（2）四氧化三钴催化剂的制备

本书分别以 ZIF-67、MOF-74 和 ZSA-1 为前驱体，在空气氛围中于 350℃条件下焙烧 1h 制备 M-$Co_3O_4$，焙烧过程中升温速率为 1℃/min，焙烧完成后以 5℃/min 的降温速率冷却至室温，取出后密封保存，备用。以三种不同 Co-MOFs 为母体焙烧得到的样品分别命名为 ZIF-67-$Co_3O_4$-350、MOF-74-$Co_3O_4$-350 和 ZSA-1-$Co_3O_4$-350。

（3）样品表征

本节对所制备的 ZIF-67-$Co_3O_4$-350、MOF-74-$Co_3O_4$-350 和 ZSA-1-$Co_3O_4$-350 样品进行了一系列表征，主要包括 XRD、SEM、HRTEM、$N_2$ 吸脱附、Raman、$H_2$-TPR 以及 XPS。对 ZIF-67、MOF-74 和 ZSA-1 进行了 XRD 和 SEM 表征。

（4）催化剂活性评价

本节评价了 ZIF-67-$Co_3O_4$-350、MOF-74-$Co_3O_4$-350 和 ZSA-1-$Co_3O_4$-350 样品的甲苯催化氧化活性，具体的操作同 3.4.1 部分，所涉及计算同 3.4.3 部分。

（5）催化剂稳定性测试

本节对 ZIF-67-Co$_3$O$_4$-350、MOF-74-Co$_3$O$_4$-350 和 ZSA-1-Co$_3$O$_4$-350 样品均进行了稳定性测试，分别在其甲苯催化氧化活性测试中对应的 $T_{50\%}$ 和 $T_{90\%}$ 两个温度下持续测试 24h，具体方法同 3.4.2 部分。

## 4.1.2 结果与讨论

### 4.1.2.1 结构分析

图 4-1 分别展示了三种 Co-MOFs（ZIF-67、MOF-74 和 ZSA-1）的 XRD 图谱，三种 Co-MOFs 特征峰均与其对应的标准 XRD 拟合图谱相一致，说明本研究中均依据文献成功合成 ZIF-67、MOF-74 和 ZSA-1，为后续催化剂的制备提供了纯相的母体 Co-MOFs。图 4-2 展示了母体 Co-MOFs（ZIF-67、MOF-74 和 ZSA-1）的扫描电镜图。由图 4-2（a）可以直观看出 ZIF-67 的形貌为十二面体，由图 4-2（b）可以看出 MOF-74 为棒状结构，图 4-2（c）显示 ZSA-1 的形貌为正八面体，均和文献中所报道的形貌一致。

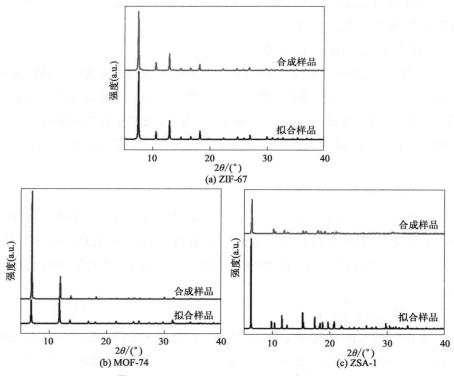

**图 4-1** ZIF-67、MOF-74 和 ZSA-1 的 XRD 图

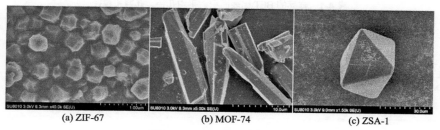

(a) ZIF-67　　　　　　(b) MOF-74　　　　　　(c) ZSA-1

图 4-2　Co-MOFs 的 SEM 图

图 4-3 是 ZIF-67-Co$_3$O$_4$-350、MOF-74-Co$_3$O$_4$-350 和 ZSA-1-Co$_3$O$_4$-350 的 X 射线衍射图谱。其中三种样品均显示出 31.4°、36.9°、38.2°、44.8°、59.4°和 65.3°（2$\theta$）的 峰，分别对应（220）、（311）、（222）、（400）、（422）、（511）和（440）晶面[22]，与图中 Co$_3$O$_4$ 的标准卡对应（PDF-#-43-1003），三种催化剂均可确定为纯的四氧化三钴的晶相结构。所不同的是，与 ZIF-67-Co$_3$O$_4$-350 和 MOF-74-Co$_3$O$_4$-350 对应的峰相比，ZSA-1-Co$_3$O$_4$-350 的峰较宽且峰强较弱，说明 ZSA-1-Co$_3$O$_4$-350 有更小的纳米粒径。而 MOF-74-Co$_3$O$_4$ 与 ZIF-67-Co$_3$O$_4$ 相比，其 X 射线衍射峰也在宽度上相对更宽，强度上更弱，这也说明催化剂 MOF-74-Co$_3$O$_4$-350 的颗粒尺寸小于 ZIF-67-Co$_3$O$_4$-350。具体的颗粒大小数值经谢乐公式计算而得，详见表 4-1。可以看出，在三种催化剂中，ZSA-1-Co$_3$O$_4$-350 的纳米粒径确实最小，为 15.8nm。较小粒径的 Co$_3$O$_4$ 催化剂可以为反应提供更多的缺陷位点，在甲苯催化氧化中提高催化剂的利用率[14]。

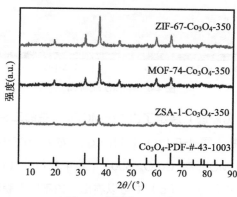

图 4-3　样品的 XRD 图

表 4-1　样品的 BET 比表面积、平均孔径、孔容和粒径

| 样品 | BET 比表面积 /( m²/g) | 平均孔径 /nm | 孔容 /( cm³/g) | 粒径 /nm |
|---|---|---|---|---|
| ZIF-67-Co₃O₄-350 | 31.4 | 15.1 | 0.12 | 17.0 |
| MOF-74-Co₃O₄-350 | 32.2 | 17.2 | 0.16 | 16.4 |
| ZSA-1-Co₃O₄-350 | 63.4 | 19.1 | 0.30 | 15.8 |

图 4-4 展示了 M-Co₃O₄-350 的 SEM 图，与图 4-2 中所对应的母体 Co-MOFs 的形貌对比可以很直观地看出，M-Co₃O₄-350 均完整保留了其母体 Co-MOFs 的形貌。三种催化剂 ZIF-67-Co₃O₄-350、MOF-74-Co₃O₄-350 和 ZSA-1-Co₃O₄-350 的形貌分别为十二面体、棒状和正八面体，说明母体 Co-MOFs 在350℃下空气气氛中煅烧后均可将形貌很好地保留下来，与文献中的报道一致。这些宏观形貌的催化剂均由大量的 Co₃O₄ 纳米晶粒组成，主要的纳米粒子堆积形成孔状结构的金属氧化物，这将有利于甲苯在催化剂表面的吸附以及后续的催化传质[27]。

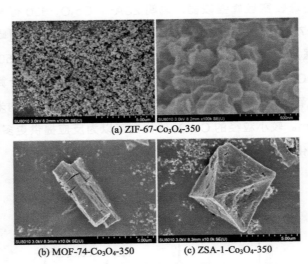

(a) ZIF-67-Co₃O₄-350

(b) MOF-74-Co₃O₄-350　　(c) ZSA-1-Co₃O₄-350

图 4-4　样品的 SEM 图

图 4-5（文后另见彩图）展示了由 Co-MOFs 衍生的三种四氧化三钴催化剂的 HRTEM 图，其中，图 4-5（a）、（d）、（g）为 ZIF-67-Co₃O₄-350，图 4-5（b）、（e）、（h）为 MOF-74-Co₃O₄-350，图 4-5（c）、（f）、（i）为 ZSA-1-Co₃O₄-350。从图 4-5（a）~（c）中可以看出，由不同形貌和配体的 Co-MOFs

衍生的 M-Co$_3$O$_4$-350 均呈现孔状纳米结构，包括催化剂内部的孔径，这些孔状结构由大量的 Co$_3$O$_4$ 纳米颗粒堆积而成，呈无规则分布状态，这进一步证明了 SEM 分析中的推测[13,27-29]。对于晶格条纹的分布，如图 4-5（d）和（g）所示，ZIF-67-Co$_3$O$_4$-350 表面有（311）晶面（其晶格条纹间距为 0.24nm）。图 4-5（e）和（h）中显示，有（002）和（110）晶面分布在催化剂 MOF-74-Co$_3$O$_4$-350 表面，其对应的晶格条纹间距分别为 0.4nm 和 0.467nm[30]。而图 4-5（f）和（i）中，晶格间距和其对应晶面如下：0.24nm——（311）晶面、0.28nm——（220）晶面和 0.467nm——（110）晶面[3]。与 XRD 图谱中特征峰所对应的晶面相一致。ZSA-1-Co$_3$O$_4$-350 上晶格条纹显示其表面暴露着（110）晶面[3]。已有研究证明，与其他晶面相比（110）晶面能提供更多的 Co$^{3+}$ 以及展现出更高的反应活性[31-33]。

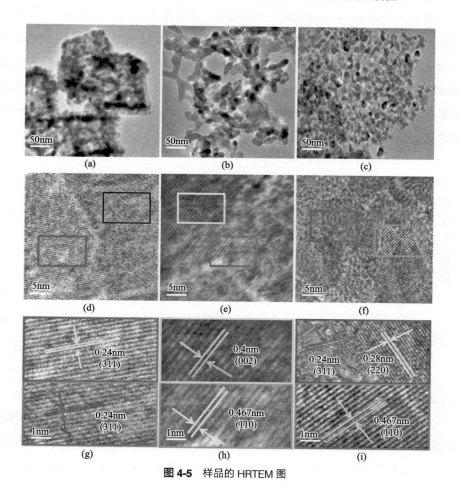

**图 4-5** 样品的 HRTEM 图

如图 4-6 的氮气吸脱附曲线显示，ZIF-67-Co₃O₄-350、MOF-74-Co₃O₄-350 和 ZSA-1-Co₃O₄-350 均有 H3- 型滞后环，是典型的 IV 型等温线，证明这三种催化剂均为介孔结构，三种催化剂的孔径分布也说明了同样的结论。由表 4-1 中也可以看出，与其他两种催化剂相比，ZSA-1-Co₃O₄-350 催化剂具有最大的比表面积（63.4m²/g）和孔容（0.30cm³/g），较大的孔容和比表面积可能会提供更丰富的活性位点，而较小的纳米粒径可以减少甲苯及产物的传输路径，提高反应速率，提高催化剂的利用率[28]。此外，ZSA-1-Co₃O₄-350 的平均孔径相对较大，大于 MOF-74-Co₃O₄-350 和 ZIF-67-Co₃O₄-350 的孔径，并且如图 4-6 的孔径分布图所示，ZIF-67-Co₃O₄-350 和 MOF-74-Co₃O₄-350 孔径在 2 ~ 50nm 之间分布较为平均，平均孔径大小分别为 15.1nm 和 17.2nm。而 ZSA-1-Co₃O₄-350 的孔径呈类正态分布图形，在 25nm 左右的孔径分布较集中，平均孔径大小为 19.1nm，在一定范围内，较大的孔径有利于甲苯在吸附和催化氧化过程中在 ZSA-1-Co₃O₄-350 表面的质量传递及扩散作用。这说明，不同前驱体 Co-MOF 焙烧生成的 Co₃O₄ 催化剂的孔道结构和比表面积均不相同，在催化反应中不同孔道结构对甲苯的吸附、传质和扩散所发挥的作用也不尽相同。可通过对母体 MOFs 的选择实现对金属氧化物衍生物孔结构和比表面积的有效调控。

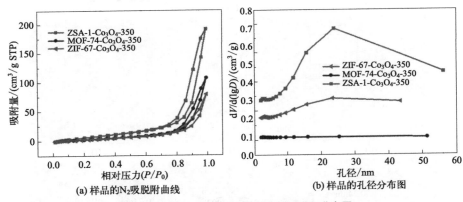

(a) 样品的 N₂ 吸脱附曲线    (b) 样品的孔径分布图

**图 4-6** 样品的 N₂ 吸脱附曲线和样品的孔径分布图

### 4.1.2.2 催化剂表面成分和还原性能

图 4-7 为样品的 X 射线光电子能谱图。如图所示，Co 2p 的 XPS 图谱显示主要有 781eV（Co 2p₃/₂）和 796eV（Co 2p₁/₂）两个峰。对这两个峰进行分峰拟合，数据显示：780.1eV、784.5eV 和 785eV 对应 Co³⁺，而 781.5eV、788eV

和796.5eV则对应Co²⁺[2,3,34]。对本章中各催化剂表面Co 2p的XPS进行分峰拟合，基于对应的分峰面积大小，计算了相应的Co³⁺/Co²⁺（相对原子比）列于表4-2中，可以看出，各催化剂Co³⁺/Co²⁺的大小顺序为：ZSA-1-Co₃O₄-350（1.77）＞MOF-74-Co₃O₄-350（1.49）＞ZIF-67-Co₃O₄-350（1.34）。此外，由Co 2p的XPS图还可以看出，三种催化剂中Co²⁺的结合能按如下数值有一定程度的正向移动：ZIF-67-Co₃O₄-350（781.2eV和796eV），MOF-74-Co₃O₄-350（781.4eV和796.2eV），ZSA-1-Co₃O₄-350（781.6eV和796.5eV），说明ZSA-1-Co₃O₄-350中Co原子周围的电子密度较低，或Co有失去电子向更高价态转变的可能性[35]，这些均可促使生成更多更高价态的钴离子，而高价态的Co³⁺恰恰是甲苯催化氧化的活性中心，Co₃O₄催化剂中丰富的Co³⁺有利于促进甲苯催化氧化。

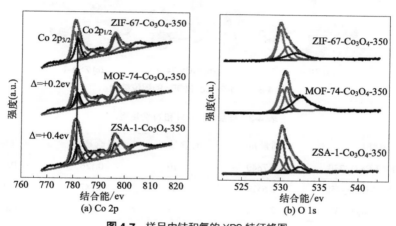

**图4-7** 样品中钴和氧的XPS特征峰图

**表4-2** XPS中样品表面元素分布情况表

| 样品 | Co³⁺/% | Co²⁺/% | Co³⁺/Co²⁺（含量比） | O_ads/% | O_latt/% | O_ads/O_latt（含量比） |
|---|---|---|---|---|---|---|
| ZIF-67-Co₃O₄-350 | 57.18 | 42.82 | 1.34 | 38.27 | 61.73 | 0.65 |
| MOF-74-Co₃O₄-350 | 59.84 | 40.16 | 1.49 | 45.36 | 54.64 | 0.83 |
| ZSA-1-Co₃O₄-350 | 63.92 | 36.08 | 1.77 | 53.92 | 46.08 | 1.17 |

基于从不同母体Co-MOFs配体及组成的角度来解释Co²⁺结合能的正向移动，本节分别拟合了三种Co-MOFs即ZIF-67（N-配体）、MOF-74（O-配体）和ZSA-1（N-O-配体）的配位结构，如图4-8所示。此外，还测定了三种

M-Co$_3$O$_4$-350 的 C、H 和 N 元素含量，由表 4-3 的具体数值可以看出，在质量几乎相同的情况下，ZSA-1-Co$_3$O$_4$-350 的 C 和 N 含量最高，为 0.63%，相比之下 ZIF-67-Co$_3$O$_4$-350 为 0.13%，MOF-74-Co$_3$O$_4$-350 为 0.24%。因此，与其他两种催化剂相比，在 ZSA-1-Co$_3$O$_4$-350 中更多的具有高电负性的 C 和 N 元素会与元素 Co 竞争电子，这样就会导致 Co 原子周围电子密度降低，或增加了 Co 失电子转向更高价态的可能性，使 ZSA-1-Co$_3$O$_4$-350 中含有更多的 Co$^{3+}$[35]。换句话说，母体 Co-MOFs 有机配体中 C 和 N 元素的存在会促使在其衍生的 Co$_3$O$_4$ 中生成更多的 Co$^{3+}$，而 Co$^{3+}$ 往往是甲苯等 VOCs 的活性中心。

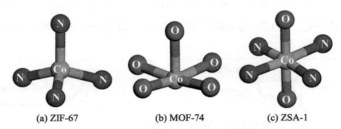

(a) ZIF-67          (b) MOF-74          (c) ZSA-1

**图 4-8** 前驱体 Co-MOFs 的配位结构

**表 4-3** 样品的 C、H 和 N 含量表

| 样品 | 质量 /mg | C 含量 /% | H 含量 /% | N 含量 /% |
|---|---|---|---|---|
| ZIF-67-Co$_3$O$_4$-350 | 2.7840 | 0.10 | 0.126 | 0.03 |
| MOF-74-Co$_3$O$_4$-350 | 2.6510 | 0.24 | 0.187 | 0.00 |
| ZSA-1-Co$_3$O$_4$-350 | 2.7660 | 0.59 | 0.338 | 0.04 |

由各样品 O 1s 的 XPS 拟合分峰情况可得，三种样品表面均有表面吸附氧（O$_{ads}$ 主要包括 O$^{2-}$、O$^-$ 和 O$_2^{2-}$）和晶格氧（O$_{latt}$ 主要包括 O$^{2-}$），其中 O$_{ads}$ 的结合能为 530.8eV 和 531.2eV，而 O$_{latt}$ 的结合能为 529.9eV[36,37]。此外，催化剂 ZIF-67-Co$_3$O$_4$-350 和 ZSA-1-Co$_3$O$_4$-350 表面还有羟基或水分子类物质（532.1eV），MOF-74-Co$_3$O$_4$ 表面还有化学吸附的水（533eV）[3,34,36]。如表 4-2 所列，三个样品的 O$_{ads}$/O$_{latt}$ 大小顺序为：ZSA-1-Co$_3$O$_4$-350（1.17）＞MOF-74-Co$_3$O$_4$-350（0.83）＞ZIF-67-Co$_3$O$_4$-350（0.65）。也可从母体 Co-MOFs 配体的角度按顺序大小表示为：ZSA-1-Co$_3$O$_4$-350（N-O- 配体）＞MOF-74-Co$_3$O$_4$-350（O- 配体）＞ZIF-67-Co$_3$O$_4$-350（N- 配体）。很明显，母体 Co-MOFs 有机配体中 O 元素的存

在可使最终 $Co_3O_4$ 中 $O_{ads}$ 的含量更丰富，而众多研究表明 $O_{ads}$ 对甲苯催化氧化发挥着重要作用。XPS 的分析研究表明，母体 Co-MOFs 中不同的有机配体和组成会影响其衍生的 $Co_3O_4$ 催化剂中 $Co^{3+}/Co^{2+}$ 值和 $O_{ads}/O_{latt}$ 值的大小，这两个指标在甲苯催化氧化中起着重要作用。

图 4-9 中展示了样品 ZIF-67-$Co_3O_4$-350、MOF-74-$Co_3O_4$-350 和 ZSA-1-$Co_3O_4$-350 的拉曼光谱图，三个样品中 $Co_3O_4$ 纳米晶粒的典型特征峰显而易见，分别为图中对应的 $F_{2g}^{(1)}$、$E_{2g}$、$F_{2g}^{(2)}$、$F_{2g}^{(3)}$ 和 $A_{1g}$[38,39]。以 ZIF-67-$Co_3O_4$-350 的特征峰作为参考，可以看出 MOF-74-$Co_3O_4$-350 和 ZSA-1-$Co_3O_4$-350 的特征峰均有一定程度的红移现象（向结合能更低的方向偏移），表明这两个样品中存在更多的晶格缺陷，这可能是由于剩余应力或晶格扭曲而产生的，在催化反应中，有利于吸附氧转变成活性氧，氧气可由于晶格缺陷移动而产生更多的氧空位，在甲苯催化氧化中形成氧循环[40-42]。有研究表明，更多的氧空位可以在甲苯催化氧化过程中活化或产生更多的氧化物，从而有效促进甲苯催化降解[43-45]。此外，催化剂的拉曼特征峰向更小的光谱峰位置移动，说明其具有更小的纳米晶粒[46]。由图 4-9 可以推断出 ZSA-1-$Co_3O_4$-350 具有最小的纳米粒径，而 ZIF-67-$Co_3O_4$-350 的纳米粒径最大。这也进一步证实了 XRD 分析中根据谢乐公式计算所得的结果。该结果也说明可通过对母体 Co-MOFs 的选择或设计来调控所得 $Co_3O_4$ 催化剂中晶格缺陷及氧空位含量，Co-MOFs 有机配体中 O 元素的存在可以在一定程度上促进金属氧化物催化剂中晶格缺陷及氧空位的生成，从而促进甲苯催化氧化。

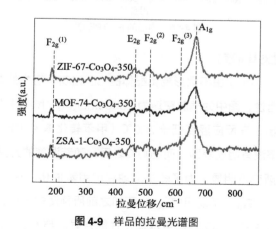

**图 4-9** 样品的拉曼光谱图

催化剂的还原性能会对其催化氧化性能产生影响，为进一步探索各催化剂的还原性能，本节采用 H₂-TPR 技术对其进行了表征。图 4-10 展示了各样品的 H₂-TPR 图，其中 ZSA-1-Co₃O₄-350 在 294℃处的还原特征峰代表的是 Co 元素从 Co³⁺ 到 Co²⁺ 的还原过程[28,47]。分别比 MOF-74-Co₃O₄-350 和 ZIF-67-Co₃O₄-350 对应的温度低 6℃和 34℃。从图 4-10 中还可以看出，ZSA-1-Co₃O₄-350 在 294℃处的还原特征峰峰强明显大于其他两种催化剂，说明在其表面有更丰富的 Co³⁺，可促进甲苯催化氧化，正如上述 XPS 分析中所证实的一样。380℃处的还原峰是 ZSA-1-Co₃O₄-350 中的 Co 元素从 Co²⁺ 到 Co⁰ 的特征峰[28,47]，与 MOF-74-Co₃O₄-350（397℃）和 ZIF-67-Co₃O₄-350（395℃）在此处对应的还原温度相比，ZSA-1-Co₃O₄-350 的还原温度依然较低，说明其具有较好的还原性能。众所周知，还原温度越高，说明催化剂越难被还原。因此，可以推断母体 Co-MOFs 不同形貌和配体组成可以影响其衍生的 M-Co₃O₄-350 催化剂的还原性能。

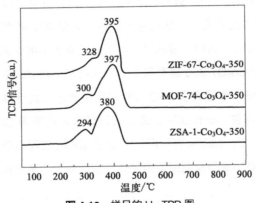

**图 4-10** 样品的 H₂-TPR 图

### 4.1.2.3 催化活性对比研究

图 4-11（a）展示了由不同形貌和配体的 Co-MOFs 衍生的 M-Co₃O₄-350 对甲苯催化氧化的活性，图中为气时空速为 20000mL/（g·h）时各催化剂对甲苯的转化率，可以看出，在反应温度低于 200℃（甲苯转化率 < 10%）时，三种催化剂对甲苯的转化率没有明显差别，而 200℃之后，随着温度的升高，催化剂对甲苯转化率的差异逐渐变得明显。为了较全面地评价甲苯催化活性，表 4-4 列出了各催化剂对应的 $T_{10\%}$、$T_{50\%}$、$T_{90\%}$ 和 $T_{100\%}$。正如之前所预测的一样，不同形貌和组成的 Co-MOFs 所衍生的 Co₃O₄，其甲苯催化性能各异。与 MOF-74-Co₃O₄-350 和 ZIF-67-Co₃O₄-350 相比，衍生于母体配体中既含 N 又含 O 的 ZSA-1-Co₃O₄-350

催化剂展现出了最优异的催化性能，其甲苯转化率在239℃和245℃时分别达到90%和100%。比MOF-74-Co₃O₄-350相对应的值分别低9℃和10℃，比ZIF-67-Co₃O₄-350相对应的值分别低15℃和22℃。

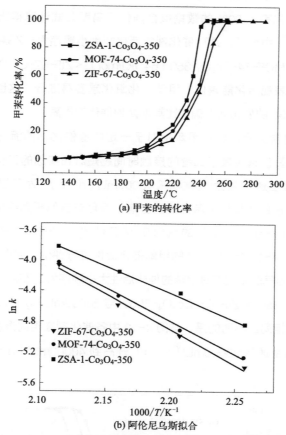

(a) 甲苯的转化率

(b) 阿伦尼乌斯拟合

图4-11  M-Co₃O₄-350催化剂对应的甲苯的转化率和阿伦尼乌斯拟合 [ 其中甲苯浓度为 1000cm³/m³，GHSV = 20000mL/（g·h）]

表4-4  各样品的甲苯催化活性及表观活化能

| 样品 | GHSV /[mL/(g·h)] | 不同甲苯转化率对应的温度 /℃ | | | | 表观活化能 /( kJ/mol ) |
|---|---|---|---|---|---|---|
| | | $T_{10\%}$ | $T_{50\%}$ | $T_{90\%}$ | $T_{100\%}$ | |
| ZIF-67-Co₃O₄-350 | 20000 | 207 | 240 | 254 | 267 | 71.4 |
| MOF-74-Co₃O₄-350 | | 205 | 238 | 248 | 255 | 64.1 |
| ZSA-1-Co₃O₄-350 | | 200 | 232 | 239 | 245 | 59.8 |

众所周知，催化反应中，常态的甲苯分子需由一定的能量激发至活化态才能进行催化反应，而活化能即是这个过程所需的最小能量。因此，催化反应中也常常用催化剂的表观活化能 $E_a$ 来表示其催化活性。图 4-11（b）中分别对衍生于三种不同形貌和组成的 Co-MOFs 的 M-Co$_3$O$_4$-350 催化剂的甲苯转化率进行了拟合，通过利用甲苯转化率 < 20% 的数据拟合阿伦尼乌斯公式计算得出每种催化剂的活化能。如表 4-4 中显示，几种催化剂的活化能大小顺序为：ZSA-1-Co$_3$O$_4$-350（59.8kJ/mol）< MOF-74-Co$_3$O$_4$-350（64.1kJ/mol）< ZIF-67-Co$_3$O$_4$-350（71.4kJ/mol）。催化剂的表观活化能越低，甲苯催化氧化越容易进行。这也进一步证实了 ZSA-1-Co$_3$O$_4$-350 的催化活性确实比其他两种催化剂更高。

气时空速的含义是反应物甲苯相对于一定质量催化剂的流速，间接反映二者的接触程度，其值越大表示二者的接触时间越短。在实际的工程应用中，甲苯催化氧化的气时空速一般为 10000 ～ 40000mL/（g·h），为了进一步研究不同气时空速对催化剂催化氧化甲苯性能的影响，而且与其他研究结果做对比，本节又选择了在 40000mL/（g·h）的气时空速下对 ZIF-67-Co$_3$O$_4$-350、MOF-74-Co$_3$O$_4$-350 和 ZSA-1-Co$_3$O$_4$-350 的甲苯催化活性进行评价。如图 4-12 所示，三种催化剂在选定的气时空速下对甲苯的催化活性大小顺序为：ZSA-1-Co$_3$O$_4$-350 > MOF-74-Co$_3$O$_4$-350 > ZIF-67-Co$_3$O$_4$-350。与 20000mL/（g·h）的气时空速下的催化活性趋势相同。不同的是，与图 4-12 中各催化剂在相同温度下的甲苯转化率相比，在气时空速从 20000mL/（g·h）升高到 40000mL/（g·h）的过程中，

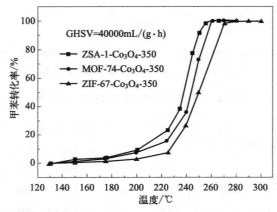

**图 4-12** 甲苯在不同气时空速下于 ZIF-67-Co$_3$O$_4$-350、MOF-74-Co$_3$O$_4$-350 和 ZSA-1-Co$_3$O$_4$-350 催化剂上的转化率

三种催化剂对甲苯的转化率均降低。结合表 4-4 和表 4-5 中的具体数据可以看出，40000mL/（g·h）气时空速条件下，催化剂 ZIF-67-Co$_3$O$_4$-350、MOF-74-Co$_3$O$_4$-350 和 ZSA-1-Co$_3$O$_4$-350 的 $T_{90\%}$ 分别比 20000mL/（g·h）时高 12℃、8℃和 10℃。这说明，气时空速越高，甲苯在同一催化剂上催化氧化达到一定降解率所需的温度越高，意味着催化剂的催化活性越差。

表 4-5　各样品在气时空速为 40000mL/（g·h）时的甲苯催化活性

| 样品 | 不同甲苯转化率对应的温度 /℃ | | | |
| --- | --- | --- | --- | --- |
| | $T_{10\%}$ | $T_{50\%}$ | $T_{90\%}$ | $T_{100\%}$ |
| ZIF-67-Co$_3$O$_4$-350 | 202 | 250 | 266 | 290 |
| MOF-74-Co$_3$O$_4$-350 | 210 | 244 | 256 | 270 |
| ZSA-1-Co$_3$O$_4$-350 | 226 | 238 | 249 | 260 |

为了更全面深入地探讨催化剂的甲苯催化活性，本节分别计算了各催化剂在两个温度下的反应速率，一个相对较高温度（240℃，甲苯转化率相对较高）和一个相对较低温度（180℃，甲苯转化率相对较低，低于 20%）。由图 4-13 可以看出，衍生于不同形貌和配体的母体 Co-MOFs 的三种 Co$_3$O$_4$ 催化剂在两个温度下的反应速率均不同，在较低温度 180℃下整体的反应速率均较低，其中 ZSA-1-Co$_3$O$_4$-350 呈现出了较高的反应速率，但是三者的差别并不明显。但是在较高温度 240℃下，三种催化剂对甲苯的消耗速率均明显增快，而且三者之间的差异也变得更明显。这可能是因为在较低温度下，只有少量的甲苯分子由常态变为了活化态进而参与催化反应，而在较高温度时，更高的能量让更多的甲苯变为活化态，从而使得反应速率变快，而由表 4-4 可以看出，三种催化剂中 ZSA-1-Co$_3$O$_4$-350 的反应活化能最小，这意味着在同样的温度下，与其他两种催化剂相比，在 ZSA-1-Co$_3$O$_4$-350 作用下会有更多的甲苯分子由常态变为活化态参与反应，因此其催化氧化甲苯的反应速率更快。ZIF-67-Co$_3$O$_4$-350、MOF-74-Co$_3$O$_4$-350 和 ZSA-1-Co$_3$O$_4$-350 三种催化剂在此温度下对甲苯的消耗速率分别为 $4.29 \times 10^{-7}$mol/（g·h）、$4.74 \times 10^{-7}$mol/（g·h）和 $8.53 \times 10^{-7}$mol/（g·h），ZSA-1-Co$_3$O$_4$-350 催化剂的反应速率明显高于其他两种催化剂，这也进一步证实了其催化性能更高。

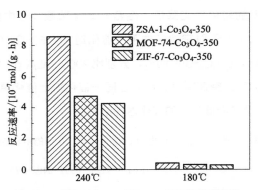

**图 4-13** 催化剂在 240℃和 180℃下的反应速率

根据上述分析可以发现，不同 Co-MOFs 的形貌和组成等对其衍生的 Co₃O₄ 催化剂的孔道结构等物理化学特性及甲苯催化性能都有很大的影响。XRD 分析中三种催化剂对应的不同的 X 射线衍射峰峰宽和峰强度说明 ZIF-67-Co₃O₄-350、MOF-74-Co₃O₄-350 和 ZSA-1-Co₃O₄-350 三种催化剂的晶粒大小不同，而较小的粒径更有利于提高甲苯催化氧化效率[14]。高倍透射电镜 HRTEM 对催化剂的微观形貌表征表明，三种 M-Co₃O₄-350 晶格条纹对应的晶面均与 XRD 衍射特征峰所对应的晶面相对应，而且 ZSA-1-Co₃O₄-350 上显示出（110）晶面，可以提供更多的 $Co^{3+}$ 和氧空位[3,32]。较高的比表面积和孔容均意味着催化剂 M-Co₃O₄-350 可能有更多的缺陷位点。此外，相对较大的孔径可以促进甲苯在吸附和催化氧化过程中的质量传递。XPS 分峰拟合显示，来源于不同母体 Co-MOFs 的三种 M-Co₃O₄-350，其 $Co^{3+}/Co^{2+}$ 值和 $O_{ads}/O_{latt}$ 值各不相同，而先前的研究已证明 Co₃O₄ 催化剂中 $Co^{3+}$ 和 $O_{ads}$ 对提高催化剂性能有促进作用[2]。$H_2$-TPR 分析中也说明这三种催化剂有不同的低温还原性能，这也与甲苯催化氧化密切相关[48]。其中，衍生于正八面体，配体中既含 N 又含 O 的 ZSA-1 的 ZSA-1-Co₃O₄-350 由于具有较小的纳米粒径、更多的晶格缺陷和氧空位、较大的比表面积和孔容、丰富的 $Co^{3+}$ 和 $O_{ads}$ 以及较强的低温还原性能，从而对甲苯催化氧化展现出了优异性能。

### 4.1.2.4 催化剂稳定性对比研究

稳定性在催化剂的实际应用中有重大意义。为对比研究三种催化剂的稳定性，本章分别选取三种催化剂甲苯转化率为 50% 的温度（232℃、238℃和 240℃）和 100% 的温度（260℃、270℃和 280℃），连续测定相应温度下各催化剂对甲苯的转化率。如图 4-14 所示，催化剂 ZSA-1-Co₃O₄-350 和 MOF-74-Co₃O₄-350 在前 24h 的稳定性测试中，甲苯转化率基本保持在 50% 左右，上下浮动的幅度较小，而 ZIF-67-Co$_3$O$_4$-350 的甲苯转化率在 50% 左右上下浮动较大，说明其在 240℃ 温度条件下稳定性不是特别理想。

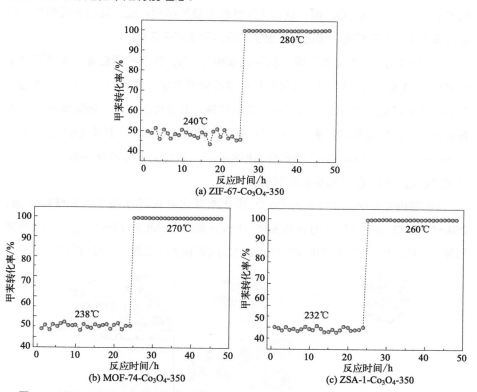

图 4-14　样品的稳定性测试图 [ 其中甲苯浓度为 1000cm$^3$/m$^3$，GHSV = 20000mL/（g·h）]

为进一步探索 Co-MOFs 衍生的三种催化剂在较高温度下的稳定性，在较低温度下连续反应 24h 后将 ZSA-1-Co$_3$O$_4$-350、MOF-74-Co$_3$O$_4$-350 和 ZIF-67-Co$_3$O$_4$-350 的测试温度分别升高到 260℃、270℃和 280℃（在对应的温度下，各催化剂对甲苯的转化率均为 100%），在之后持续的 24h 测试中，三种催化剂对甲苯的转化率均持续保持在 100%。明显可以看出，三种催化剂均是在较高温度下的催化稳定性更高。总之，三种 M-Co$_3$O$_4$-350 在不同温度下连续 48h 的稳定性测试中均表现出了较好的稳定性，说明 Co-MOFs 煅烧而成的 Co$_3$O$_4$ 可成为一种有应用前景的甲苯氧化催化剂。

综上，本部分分别选取了三种不同形貌和组成的 Co-MOFs，即 ZIF-67（十二面体，N- 配体）、MOF-74（棒状，O- 配体）和 ZSA-1（正八面体，N-O- 配体）作为前驱体，在 350℃下于空气氛围中煅烧，成功制备了三种钴基催化剂 ZIF-

67-Co$_3$O$_4$-350、MOF-74-Co$_3$O$_4$-350 和 ZSA-1-Co$_3$O$_4$-350 用于甲苯催化氧化（图 4-15），得出以下结论：

① 不同 Co-MOFs 在同一条件下煅烧生成的 M-Co$_3$O$_4$-350 催化剂具有不同的 Co$^{3+}$/Co$^{2+}$ 值、O$_{ads}$/O$_{latt}$ 值、低温还原性能及缺陷结构，此外其比表面积和孔径等孔道结构也各不相同，因而展现出了不同的甲苯催化活性。

② 母体 Co-MOFs 的不同形貌及组成中 C、N、O 的不同含量，导致其衍生的催化剂 M-Co$_3$O$_4$-350 的孔道结构和组成等物理化学特性各异。母体 Co-MOFs 配体中的氧可促进 Co$_3$O$_4$ 催化剂中活性氧物种和氧空位的生成，而配体中 C 和 N 在催化剂中的残留又可促使催化剂生成更多高价态的钴离子。其中 ZSA-1 衍生的 ZSA-1-Co$_3$O$_4$-350 具有较大的比表面积和孔径、较好的低温还原性能，同时具有丰富的缺陷结构、Co$^{3+}$ 和表面吸附氧。

③ 不同 Co-MOFs 衍生的 Co$_3$O$_4$ 催化剂催化氧化甲苯的活性高低顺序为：ZSA-1-Co$_3$O$_4$-350（母体为正八面体，N-O- 配体）＞MOF-74-Co$_3$O$_4$-350（母体为棒状结构，O- 配体）＞ZIF-67-Co$_3$O$_4$-350（母体为十二面体，N- 配体）。

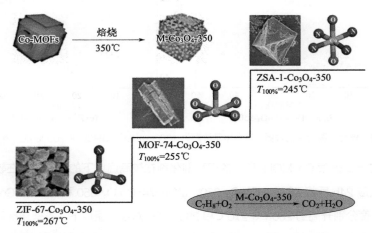

图 4-15　不同形貌和配体的 Co-MOFs 衍生的 Co$_3$O$_4$ 催化剂催化氧化甲苯

## 4.2　以不同 Mn-MOFs 为前驱体制备的锰氧化物及其催化氧化性能

### 4.2.1　研究内容

（1）Mn-MOFs 的合成

本节以 2,5- 二羟基对苯二甲酸（DHTP）和对苯二甲酸（H$_2$BDC）作配体的

Mn-MOF-74 和 Mn-BDC 为前驱体，前驱体具体制备过程详见 3.3.1 部分。

（2）锰氧化物催化剂的制备

本节中，分别以 Mn-MOF-74 和 Mn-BDC 为前驱体在空气氛围中焙烧 1h 制备锰氧化物催化剂，升温速率为 1℃/min，而后冷却至室温，取出后密封保存备用。调节焙烧的温度得到不同的锰氧化物催化剂，将 Mn-MOF-74 在 200℃、300℃、400℃ 和 500℃ 下焙烧得到 $MnO_x$-MOF-74-200、$Mn_3O_4$-MOF-74-300、$Mn_3O_4$-MOF-74-400 和 $Mn_2O_3$-MOF-74-500，将 Mn-BDC 分别在 300℃ 和 400℃ 下进行焙烧，得到 $MnO_x$-BDC-300 和 $Mn_2O_3$-BDC-400。

（3）样品表征

本节对所制备的 $Mn_3O_4$-MOF-74-300、$Mn_3O_4$-MOF-74-400、$Mn_2O_3$-MOF-74-500 和 $Mn_2O_3$-BDC-400 进行了一系列表征，包括 XRD、SEM、TEM、$N_2$ 吸脱附、$H_2$-TPR、$O_2$-TPD 和 XPS，所涉及的仪器规格及操作详见 3.2 部分。

（4）催化剂活性评价

本节对 $Mn_3O_4$-MOF-74-300、$Mn_3O_4$-MOF-74-400、$Mn_2O_3$-MOF-74-500、$Mn_2O_3$-BDC-400 和商业的 $Mn_3O_4$ 进行了单一甲苯催化活性评价以筛选出性能最优的甲苯催化剂，并对性能最佳的催化剂进行了单一丙酮催化活性评价，具体操作同 3.4.1 部分的描述，所涉及计算同 3.4.3 部分相关内容。

（5）催化剂稳定性测试

本节中对性能最佳的催化剂在完全催化氧化的温度下间歇通入 5.5%（体积分数，下同）和 10% 的水蒸气的条件下进行了 70h 的单一甲苯与单一丙酮稳定性测试，具体方法同 3.4.2 部分。

## 4.2.2 结果与讨论

### 4.2.2.1 催化剂的结构表征

图 4-16 分别展示了 Mn-MOF-74 和 Mn-BDC 的 XRD 图谱，其特征峰均与对应的标准 XRD 拟合图谱或文献报道一致，说明本研究根据文献成功合成了 Mn-MOF-74 和 Mn-BDC，为后续催化剂的制备提供了纯相的母体 Mn-MOFs。图 4-17 分别展示了 Mn-MOF-74 和 Mn-BDC 的扫描电镜图，可以直观地看出本研究所制得的 Mn-MOF-74 的形貌为棒状，Mn-BDC 为片状，与文献中所报道的形貌一致，这也进一步证明了 Mn-MOF-74 和 Mn-BDC 材料的成功合成，为后续

催化剂的成功制备提供了前提条件[49]。

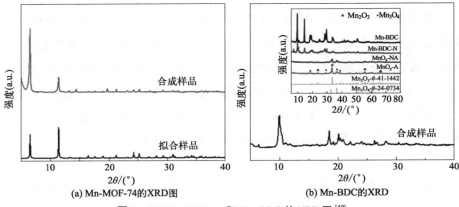

(a) Mn-MOF-74的XRD图

(b) Mn-BDC的XRD

图 **4-16** Mn-MOF-74 和 Mn-BDC 的 XRD 图[49]

(a)                    (b)

图 **4-17** Mn-MOF-74（a）和 Mn-BDC（b）的 SEM 图

图 4-18 是 Mn-MOF-74 和 Mn-BDC 在不同温度下焙烧后所得产物的 X 射线衍射图谱。由图 4-18（a）可知，$MnO_x$-BDC-300 和 $MnO_x$-MOF-74-200 均由于焙烧温度较低，未能形成对应的锰氧化物。而如图 4-18（b）所示，将 Mn-MOF-74 分别在 300℃和 400℃条件下焙烧 1h 后的样品均展示出 18.0°、28.8°、32.3°、36.1°和 59.8°（2θ）的峰，对应于 $Mn_3O_4$ 的（101）、（112）、（103）、（211）和（224）晶面，与图中 $Mn_3O_4$ 的标准卡（PDF-#-24-0734）对应，可确定为 $Mn_3O_4$ 的晶相结构。与前述不同的是，将 Mn-MOF-74 在 500℃下焙烧和将 Mn-BDC 在 400℃下焙烧所得到的样品均展示出 23.1°、32.9°、38.2°、49.3°和 55.1°（2θ）的峰，对应于 $Mn_2O_3$ 的（211）、（222）、（400）、（413）和（044）晶面，与图中 $Mn_2O_3$ 的标准卡（PDF-#-24-0508）对应，可确定为 $Mn_2O_3$ 的晶相结构，详见图 4-18（c）。这表明本实验以 Mn-MOF-74 和 Mn-BDC 两种不同的 Mn-MOFs

前驱体，成功通过调控不同的焙烧温度制备得到 $Mn_3O_4$ 和 $Mn_2O_3$ 等不同的锰金属氧化物材料，更说明了 MOFs 热解过程中的还原或氧化环境和温度是决定产物氧化价态的关键因素[50]。

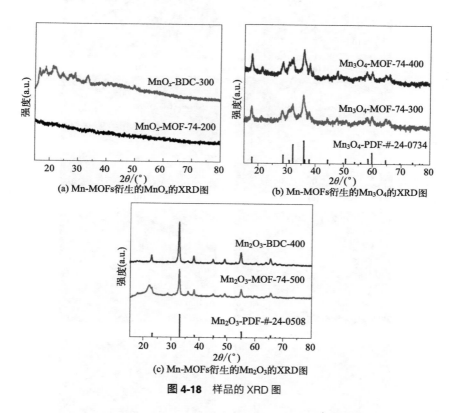

(a) Mn-MOFs衍生的$MnO_x$的XRD图

(b) Mn-MOFs衍生的$Mn_3O_4$的XRD图

(c) Mn-MOFs衍生的$Mn_2O_3$的XRD图

**图 4-18** 样品的 XRD 图

图 4-19 展示了热解 Mn-MOFs 后所得样品的 SEM 图像。$Mn_3O_4$-MOF-74-300、$Mn_3O_4$-MOF-74-400、$Mn_2O_3$-MOF-74-500 和 $Mn_2O_3$-BDC-400 四种催化剂均被焙烧成小纳米微粒，其中，部分纳米微粒被堆积成原先 Mn-MOFs 前驱体的形貌。为进一步展示 $Mn_3O_4$-MOF-74-300 催化剂的微观晶格图像，本实验对其进行了 HRTEM 的测试，所得结果被展示在图 4-20（书后另见彩图）中。由图可以看出，$Mn_3O_4$-MOF-74-300 的确是由大量的小纳米微粒堆积组成的，这与 SEM 的推测结果一致。在进一步的 HRTEM 图像中，可观测到大量间距为 0.248nm 的晶格条纹，对应 $Mn_3O_4$ 的（211）晶面，还有部分（101）、（220）、（105）晶面，均与前述 $Mn_3O_4$ 的 XRD 结果一致。

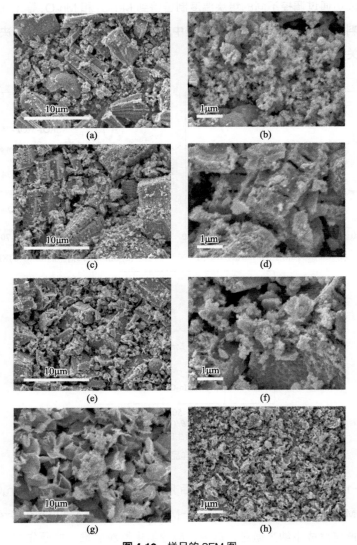

**图 4-19** 样品的 SEM 图

（a，b）$Mn_3O_4$-MOF-74-300；（c，d）$Mn_3O_4$-MOF-74-400；（e，f）$Mn_2O_3$-MOF-74-500；
（g，h）$Mn_2O_3$-BDC-400

图 4-21 展示了催化剂的氮气吸脱附曲线，发现 $Mn_3O_4$-MOF-74-300、
$Mn_3O_4$-MOF-74-400、$Mn_2O_3$-MOF-74-500 和 $Mn_2O_3$-BDC-400 均有明显的滞后
环，为典型的Ⅳ型等温线，表明这四种催化剂均为介孔结构。四种催化剂的比表面
积顺序分别为 $Mn_3O_4$-MOF-74-300（$99m^2/g$）> $Mn_3O_4$-MOF-74-400（$90m^2/g$）>
$Mn_2O_3$-BDC-400（$50m^2/g$）> $Mn_2O_3$-MOF-74-500（$39m^2/g$），这表明 Mn-MOFs

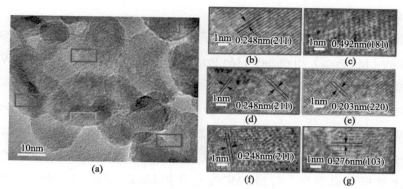

图 4-20  Mn₃O₄-MOF-74-300 的 HRTEM 图像

前驱体在较低温度下焙烧所得的催化剂可以展示出相对较高的比表面积，从而有更丰富的活性位点，提高反应速率，提高催化剂的利用率[51]。

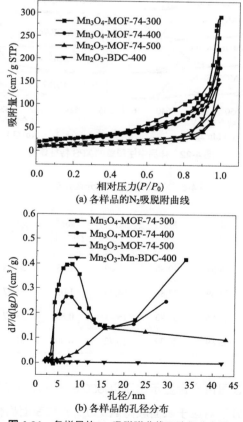

(a) 各样品的N₂吸脱附曲线

(b) 各样品的孔径分布

图 4-21  各样品的 N₂ 吸脱附曲线及孔径分布图

#### 4.2.2.2 催化剂的表面成分和还原性能

图 4-22 展示了样品的 X 射线光电子能谱图。由图可知，Mn 2p 的 XPS 图谱在 642eV（Mn 2p$_{3/2}$）和 653eV（Mn 2p$_{1/2}$）处展示了两个主峰，对 643eV 处峰进行拟合，得到结合能在 642.6 ~ 643eV、641.3 ~ 642eV 和 640.4 ~ 640.9eV 范围内的三个峰，分别对应于 Mn$^{4+}$、Mn$^{3+}$、Mn$^{2+}$。将峰面积占比列于表 4-6 中，对比可得 Mn$^{3+}$/Mn$^{4+}$ 值由高到低分别为 Mn$_3$O$_4$-MOF-74-300（1.15）> Mn$_3$O$_4$-MOF-74-400（1.01）> Mn$_2$O$_3$-BDC-400（0.90）> Mn$_2$O$_3$-MOF-74-500（0.85）。由以上数据可以看出，与 Mn-MOFs 衍生的 Mn$_2$O$_3$ 相比，Mn-MOFs 衍生的 Mn$_3$O$_4$ 更容易生成较丰富的 Mn$^{3+}$，而表面 Mn$^{3+}$ 的大量存在可增大催化剂表面的电子传递速率，有利于活性氧的吸附、活化、形成和转移[52,53]。

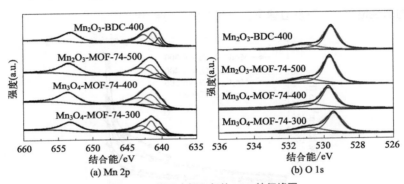

**图 4-22** 样品中锰和氧的 XPS 特征峰图

**表 4-6** XPS 中样品表面元素分布情况

| 样品 | Mn$^{2+}$ /% | Mn$^{3+}$ /% | Mn$^{4+}$ /% | Mn$^{3+}$ /Mn$^{4+}$ 值 | O$_{ads}$/% | O$_{latt}$/% | O$_{ads}$/O$_{latt}$ 值 |
|---|---|---|---|---|---|---|---|
| Mn$_3$O$_4$-MOF-74-300 | 35.51 | 40.80 | 23.69 | 1.15 | 34.28 | 65.72 | 0.52 |
| Mn$_3$O$_4$-MOF-74-400 | 37.39 | 37.88 | 24.73 | 1.01 | 33.57 | 66.43 | 0.51 |
| Mn$_2$O$_3$-MOF-74-500 | 45.66 | 38.93 | 15.41 | 0.85 | 28.67 | 71.33 | 0.40 |
| Mn$_2$O$_3$-BDC-400 | 43.89 | 39.39 | 16.72 | 0.90 | 31.67 | 68.33 | 0.46 |

对 O 1s 的 XPS 图谱拟合显示出了以 530.8 ~ 531.4eV 和 529.4 ~ 529.9eV 为中心的两个峰，分别对应于表面吸附氧（O$_{ads}$）和表面晶格氧（O$_{latt}$）。催化剂

的吸附氧与晶格氧的比例由高到低分别为 Mn$_3$O$_4$-MOF-74-300（0.52）> Mn$_3$O$_4$-MOF-74-400（0.51）> Mn$_2$O$_3$-BDC-400（0.46）> Mn$_2$O$_3$-MOF-74-500（0.40）。同样可以看出，Mn-MOFs 衍生的 Mn$_3$O$_4$ 比 Mn$_2$O$_3$ 更容易生成较丰富的表面吸附氧。有研究显示，催化剂的表面吸附氧在氧化反应中发挥了重要作用[54]。更高比例的表面吸附氧可以快速吸附和激活催化剂的表面吸附氧物种，有利于 VOCs 的催化氧化[55]。

图 4-23（a）和（b）分别展示了样品的 H$_2$-TPR 曲线和 O$_2$-TPD 曲线，以测试催化剂的可还原性能和氧物种。在 H$_2$-TPR 中，所有样品的还原峰的出现可归因于 Mn$^{4+}$ → Mn$^{3+}$ → Mn$^{2+}$ 的连续还原过程，其中，Mn$_3$O$_4$-MOF-74-300 和 Mn$_3$O$_4$-MOF-74-400 催化剂展示出了更高的吸氢量和更低的初始还原温度，表明本研究制备的 Mn$_3$O$_4$ 相比于 Mn$_2$O$_3$ 有更高的可还原性[56]。同时，Mn$_3$O$_4$-MOF-74-300 催化剂有最低的初始还原温度，在 202℃ 和 243℃ 处的还原特征峰的峰强明显大于其他催化剂。进一步对四种催化剂 H$_2$-TPR 的谱峰中 400℃ 前的特征峰进行积分，得到耗氢数据：Mn$_3$O$_4$-MOF-74-400（12000μmol/g）> Mn$_3$O$_4$-MOF-74-300（11360μmol/g）> Mn$_2$O$_3$-MOF-74-500（10860μmol/g）> Mn$_2$O$_3$-BDC-400（10510μmol/g）。说明 Mn$_3$O$_4$-MOF-74-300 也有相对较高的氢消耗量，整体上说明其表面有更高的低温还原性能，可以促进 VOCs 的催化氧化[57]。

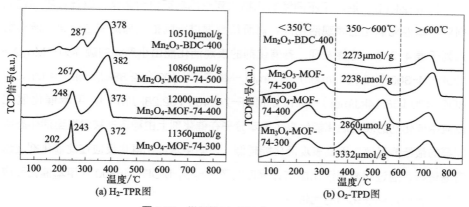

**图 4-23** 样品的 H$_2$-TPR 和 O$_2$-TPD 图

由各催化剂的 O$_2$-TPD 特征峰拟合数据可以看出，Mn-MOFs 衍生的 MnO$_x$ 催化剂的氧脱附量由高到低的顺序为：Mn$_3$O$_4$-MOF-74-300（3332μmol/g）> Mn$_3$O$_4$-MOF-74-400（2860μmol/g）> Mn$_2$O$_3$-BDC-400（2273μmol/g）> Mn$_2$O$_3$-

MOF-74-500（2238μmol/g）。说明 Mn-MOFs 衍生的 $Mn_3O_4$ 比 $Mn_2O_3$ 有更高的氧脱附量。将三种样品的 $O_2$-TPD 曲线划分为三个区域，分别对应于 350℃以下的表面吸附氧物种、350 ~ 600℃的表面晶格氧物种和 600℃以上的体相晶格氧。显然，所有样品都在 350℃以下区域和 350 ~ 600℃区域展示出了明显的脱附峰，并且 $Mn_3O_4$-MOF-74-300 催化剂有最低的脱附温度和最大的脱附峰强，说明 $Mn_3O_4$-MOF-74-300 样品具有更丰富的表面吸附氧和晶格氧，说明其有更高的氧迁移率，有利于 VOCs 催化氧化[58,59]。

### 4.2.2.3 催化剂单一甲苯活性对比研究

图 4-24（a）展示了不同 Mn-MOFs 在不同温度下焙烧衍生得到的锰氧化物对甲苯催化氧化的活性，可以看出，在 250℃时所有催化剂都可实现甲苯的完全催化氧化。两种 $Mn_3O_4$ 都可在 200℃以下实现 10% 的甲苯转化，说明本实验制得的 $Mn_3O_4$ 相比 $Mn_2O_3$ 有着较高的甲苯催化活性。各催化剂对应的 $T_{10\%}$、$T_{50\%}$、$T_{90\%}$ 和 $T_{100\%}$ 列于表 4-7 中，对比发现，不同 MOFs 前驱体在不同温度下焙烧得到的催化剂性能各异，Mn-MOF-74 在 300℃下焙烧得到的 $Mn_3O_4$ 有更高的催化性能，可分别在 209℃和 218℃时达到 50% 和 90% 的甲苯转化率，比 $Mn_3O_4$-MOF-74-400 的对应温度值分别低 6℃和 10℃，比 $Mn_2O_3$-BDC-400 的对应温度值分别低 17℃和 19℃，比 $Mn_2O_3$-MOF-74-500 的对应温度值分别低 21℃和 25℃。

图 4-24（b）展示了不同锰氧化物的阿伦尼乌斯拟合结果，以计算不同催化剂对甲苯催化氧化的表观活化能。对所得数据进行阿伦尼乌斯拟合计算，所得结果列于表 4-7 中。计算发现，各催化剂的表观活化能由小到大的顺序为：$Mn_3O_4$-MOF-74-300（48.76kJ/mol）< $Mn_3O_4$-MOF-74-400（52.88kJ/mol）< $Mn_2O_3$-BDC-400（58.14kJ/mol）< $Mn_2O_3$-MOF-74-400（82.28kJ/mol）。甲苯催化氧化反应中催化剂的表观活化能代表了甲苯分子在催化剂上由稳定态被激发至活化态所需要的最低能量值，因此表观活化能越低，表明甲苯催化氧化反应在此催化剂上越容易进行，通过对表观活化能的计算证明了 $Mn_3O_4$-MOF-74-300 在甲苯催化反应中相比其他几种催化剂的优越性。

图 4-24（c）展示了不同锰氧化物在较低温度（150℃）和较高温度（220℃）时的反应速率。对比研究发现，在较低温度时几种催化剂的反应速率差别不明显，而在较高温度时，$Mn_3O_4$-MOF-74-300 展示了最高的反应速率 [0.245μmol/（g·s）]，远远高于 $Mn_3O_4$-MOF-74-400[0.168μmol/（g·s）]、$Mn_2O_3$-MOF-

74-500[0.054μmol/（g·s）]和Mn₂O₃-BDC-400[0.073μmol/（g·s）]，这进一步
证明了Mn₃O₄-MOF-74-300是本实验中最优的甲苯催化氧化催化剂。这可能
是由于Mn₃O₄-MOF-74-300相比于其他催化剂有着不同的物理化学性质。在
XRD测试中，Mn₃O₄-MOF-74-300展示了较宽的衍射峰，表明其具有较小的纳
米尺寸。通过BET测试证明了其有最大的比表面积，表明在反应过程中Mn₃O₄-
MOF-74-300更易进行物质的转移、扩散。XPS测试证明了Mn₃O₄-MOF-74-300
表面存在大量有利于电子转移的$Mn^{3+}$，$H_2$-TPR证明其有最低的还原温度，$O_2$-
TPD证明其具有更多的吸附氧和晶格氧，表明反应过程中Mn₃O₄-MOF-74-300
更容易进行电子转移、物质活化等过程。综上所述，以Mn-MOF-74为前驱体在
300℃下焙烧得到的Mn₃O₄-MOF-74-300是最优的甲苯催化氧化催化剂。对比近
几年已报道的锰氧化物催化剂催化氧化甲苯的工作，如表4-8所列，发现本工作
所制备得到的Mn₃O₄-MOF-74-300展现出了较高的催化活性。

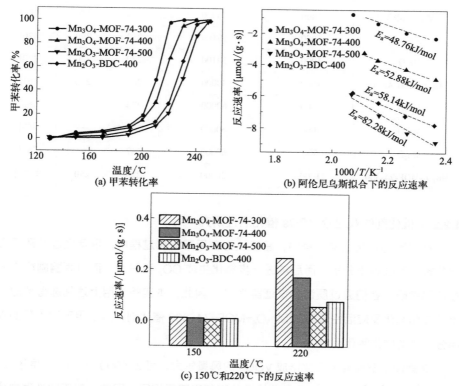

图4-24 样品的甲苯转化率、阿伦尼乌斯拟合以及150℃和220℃下的反应速率[其中甲苯浓度为
1000cm³/m³，GHSV = 20000mL/（g·h）]

表4-7 各样品的甲苯催化活性及表观活化能

| 样品 | GHSV /[mL/(g·h)] | 不同甲苯转化率对应的温度/℃ | | | | 表观活化能 /(kJ/mol) |
|---|---|---|---|---|---|---|
| | | $T_{10\%}$ | $T_{50\%}$ | $T_{90\%}$ | $T_{100\%}$ | |
| Mn₃O₄-MOF-74-300 | | 187 | 209 | 218 | 230 | 48.76 |
| Mn₃O₄-MOF-74-400 | 20000 | 191 | 215 | 228 | 240 | 52.88 |
| Mn₂O₃-MOF-74-500 | | 205 | 230 | 243 | 250 | 82.28 |
| Mn₂O₃-BDC-400 | | 204 | 226 | 237 | 250 | 58.14 |

表4-8 样品 Mn₃O₄-MOF-74-300 与文献报道相关材料的甲苯催化活性对比

| 催化剂 | 甲苯浓度 /(cm³/m³) | GHSV/[mL/(g·h)] | $T_{90\%}$/℃ | $T_{100\%}$/℃ | 参考文献 |
|---|---|---|---|---|---|
| Mn₃O₄-MRM | 1000 | 60000 | 273 | 325 | [60] |
| Mn₃O₄-MPM | 1000 | 60000 | 310 | 350 | [60] |
| Mn₃O₄-MSM | 1000 | 60000 | 334 | 350 | [60] |
| Mn₃O₄ | 1000 | 19100 | 250 | 290 | [20] |
| Mn₂O₃ | 1000 | 19100 | 270 | 330 | [20] |
| Mn₂O₃-100-Ar-O | 1000 | 30000 | 265 | 270 | [61] |
| Mn₂O₃ | 1000 | 60000 | 274 | — | [62] |
| Mn₂O₃ | 1000 | 60000 | 282 | — | [63] |
| Mn₂O₃ | 500 | 60000 | 237 | — | [64] |
| Mn₃O₄-MOF-74-300 | 1000 | 20000 | 228 | 250 | 本工作 |

#### 4.2.2.4 催化剂的双组分 VOCs 催化活性研究

在甲苯的催化反应过程中，普遍认为在甲苯氧化过程中，甲苯经过开环后会被分解为丙酮等小分子，而后被进一步氧化生成 $CO_2$ 和 $H_2O$，而且丙酮副产物的存在已被研究者们通过质谱测试证实[65-67]。因此，本实验选用上述优选得到的对甲苯催化氧化反应活性最高的 Mn₃O₄-MOF-74-300 催化剂，用于甲苯和丙酮的双组分气体的催化氧化反应。

文献调研发现常见工业排放 VOCs 的风量较大，可达 40000m³/h，浓度较低，可低至 50cm³/m³ 以下，不同工业的排放特征也不尽相同，因此一般工业处理中会根据排放特点采用不同技术组合处理。以制药行业为例，宜采用减风增浓等浓缩技术提高 VOCs 浓度后净化处理，因此本节在气时空速 20000 ~ 80000mL/（g·h）下对 1000cm³/m³ 的单一甲苯、单一丙酮和浓度比为 1:1 的甲苯丙酮双组分混合气进行了催化氧化研究。图 4-25 展示了不同气时空速下 Mn₃O₄-MOF-74-300 催化剂对 1000cm³/m³ 甲苯、1000cm³/m³ 丙酮的转化率，对应的 $T_{10\%}$、$T_{50\%}$、$T_{90\%}$ 和 $T_{100\%}$ 列于表 4-9 中。根据实验结果可知，在不同的气时空速下，Mn₃O₄-MOF-74-300 催化剂对甲苯和丙酮的转化率各不相同。相同温度下，Mn₃O₄-MOF-74-300 催化剂对甲苯和丙酮的转化率逐渐降低。由表 4-9 可知，气时空速为 80000mL/（g·h）时甲苯的 $T_{90\%}$ 分别比 20000mL/（g·h）和 40000mL/（g·h）时升高了 48℃和 26℃，丙酮的 $T_{90\%}$ 分别升高了 63℃和 24℃。这表明，气时空速越高，催化剂降解甲苯和丙酮所需的温度越高。

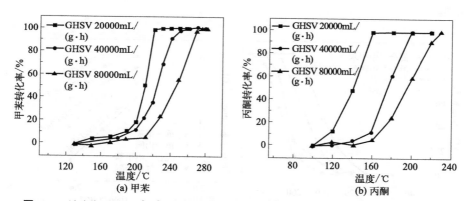

**图 4-25** 浓度为 1000cm³/m³ 的单一甲苯和丙酮在不同气时空速下于 Mn₃O₄-MOF-74-300 催化剂上的转化率

**表 4-9** Mn₃O₄-MOF-74-300 催化剂在不同气时空速下对单一甲苯和丙酮的催化活性

| VOCs 种类 | 浓度 /（cm³/m³） | GHSV/[mL/（g·h）] | 不同转化率对应的温度 /℃ | | | |
|---|---|---|---|---|---|---|
| | | | $T_{10\%}$ | $T_{50\%}$ | $T_{90\%}$ | $T_{100\%}$ |
| 甲苯 | 1000 | 20000 | 187 | 209 | 218 | 230 |
| | | 40000 | 193 | 224 | 240 | 260 |
| | | 80000 | 215 | 246 | 266 | 273 |
| 丙酮 | 1000 | 20000 | 114 | 140 | 156 | 180 |
| | | 40000 | 154 | 175 | 195 | 200 |
| | | 80000 | 166 | 194 | 219 | 230 |

图 4-26 展示了在气时空速为 40000mL/（g·h）的条件下 Mn₃O₄-MOF-74-300 催化剂分别对 500cm³/m³ 甲苯、500cm³/m³ 丙酮以及浓度分别为 500cm³/m³ 的甲苯和丙酮的双组分混合气的转化性能、阿伦尼乌斯拟合和反应速率，对应的 $T_{10\%}$、$T_{50\%}$、$T_{90\%}$、$T_{100\%}$ 和活化能列于表 4-10 中。对比研究发现，双组分混合气中，甲苯和丙酮的反应转化率与单一 VOCs 相比均有所下降，甲苯的 $T_{50\%}$ 和 $T_{90\%}$ 分别上升了 10℃和 9℃，丙酮的 $T_{50\%}$ 和 $T_{90\%}$ 分别上升了 23℃和 22℃，催化剂上混合气反应的表观活化能也有所提升，相同条件下的反应速率略有下降。这可能是由于在催化剂 Mn₃O₄-MOF-74-300 上甲苯和丙酮的吸附位点相同，产生了强烈的竞争吸附效应，这与其他研究者们的结果一致[65]。因此，有必要对其进行改性研究，进一步提升 Mn₃O₄-MOF-74-300 催化剂对甲苯和丙酮混合气的催化氧化活性。

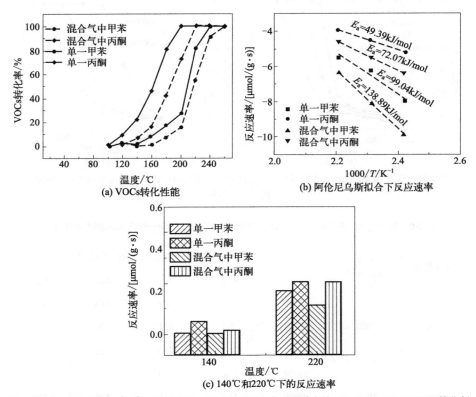

**图 4-26** 浓度为 500cm³/m³ 的单一甲苯、单一丙酮和双组分混合气在 Mn₃O₄-MOF-74-300 催化剂上的转化率、阿伦尼乌斯拟合以及 140℃和 220℃下的反应速率

**表 4-10** Mn₃O₄-MOF-74-300 催化剂对单一甲苯、丙酮和混合气的活性对比

| VOCs 种类 | 浓度 /( cm³/ m³ ) | GHSV /[mL/( g · h )] | 不同转化率对应温度 /℃ | | | | 表观活化能 /( kJ/mol ) |
|---|---|---|---|---|---|---|---|
| | | | $T_{10\%}$ | $T_{50\%}$ | $T_{90\%}$ | $T_{100\%}$ | |
| 单一甲苯 | 500 | 40000 | 165 | 208 | 230 | 240 | 99.04 |
| 单一丙酮 | 500 | | 120 | 162 | 190 | 200 | 49.39 |
| 混合气中的甲苯 | 500 | | 187 | 218 | 239 | 260 | 138.89 |
| 混合气中的丙酮 | 500 | | 148 | 185 | 212 | 220 | 72.07 |

#### 4.2.2.5 催化剂稳定性研究

图 4-27 展示了气时空速 20000mL/( g · h )的条件下，Mn₃O₄-MOF-74-300 催化剂对单一甲苯和单一丙酮催化氧化的 70h 连续反应稳定性测试结果。选取催化剂催化单一甲苯和单一丙酮转化率为 100% 的温度对其进行测试，结果表明：Mn₃O₄-MOF-74-300 催化剂在前 65h 都能保持接近 100% 的转化率不变；65h 后甲苯的催化活性明显下降；在第 70 小时时，转化率已下降到 80% 左右。对其通入 5.5%（体积分数，下同）和 10% 的水蒸气可以发现，5.5% 的水蒸气对甲苯催化的影响不大，2h 后甲苯转化率稳定在 100% 左右。10% 的水蒸气对甲苯催化的影响较大，在通入水蒸气的 12h 期间，甲苯转化率逐渐下降，当撤去水蒸气后，甲苯转化率明显降低，2h 后转化率恢复至 100%。对丙酮的稳定性测试结果表明，在 180℃下丙酮催化的稳定性良好，对其通入 5.5%（体积分数，下同）和 10% 的水蒸气后，丙酮转化率变化不明显，70h 内均可以将丙酮持续稳定转化。这说明优选得到的 Mn₃O₄-MOF-74-300 催化剂能对甲苯和丙酮进行稳定、高效转化，具有较好的实际应用潜力。

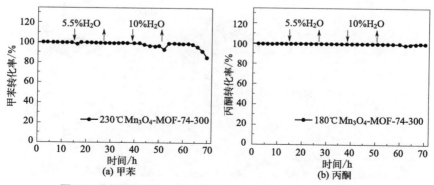

**图 4-27** 浓度为 1000cm³/m³ 的单一甲苯和丙酮的 70h 稳定性测试

本部分分别以 Mn-MOF-74 和 Mn-BDC 为前驱体，在空气氛围下，通过对焙烧温度的调控，成功地制备了 Mn₃O₄-MOF-74-300、Mn₃O₄-MOF-74-400、Mn₂O₃-MOF-74-500 和 Mn₂O₃-BDC-400 四种锰氧化物催化剂（如图 4-28 所示），对它们进行甲苯催化氧化性能研究，以优选出最佳的催化剂用于甲苯和丙酮双组分混合气催化氧化，得出以下结论：

① Mn-MOFs 材料在不同温度下焙烧可制备得到不同的锰氧化物催化剂，Mn-MOF-74 在 300 ℃和 400 ℃下的焙烧产物为尖晶石结构的 Mn₃O₄ 材料，在 500 ℃下的焙烧产物为 Mn₂O₃，Mn-BDC 在 400 ℃下的焙烧产物为 Mn₂O₃。

② Mn₃O₄-MOF-74-300 催化剂由于较高的比表面积、稳定的结构、较高浓度的 Mn³⁺、丰富的活性氧物种和较好的低温还原性能，有较高的 VOCs 催化氧化活性 [20000mL/（g·h）气时空速下，甲苯的 $T_{90\%}$ 为 228 ℃]。催化剂的甲苯催化氧化活性顺序由高到低为 Mn₃O₄-MOF-74-300、Mn₃O₄-MOF-74-400、Mn₂O₃-BDC-400 和 Mn₂O₃-MOF-74-500。

③ 在 Mn₃O₄-MOF-74-300 催化剂对甲苯和丙酮双组分混合气的催化氧化中，甲苯和丙酮的催化活性相较于单一甲苯和单一丙酮的活性明显下降。Mn₃O₄-MOF-74-300 催化剂对混合气中甲苯的 $T_{50\%}$ 和 $T_{90\%}$ 分别比单一甲苯升高了 10 ℃和 9 ℃，对混合气中丙酮的 $T_{50\%}$ 和 $T_{90\%}$ 分别比单一丙酮升高了 23 ℃和 22 ℃。

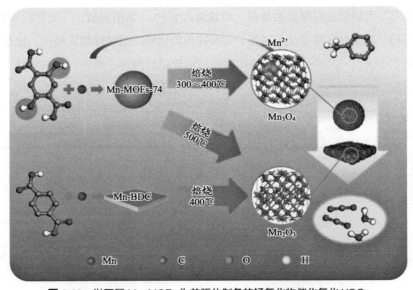

**图 4-28** 以不同 Mn-MOFs 为前驱体制备的锰氧化物催化氧化 VOCs

## 参考文献

[1]  Liu W, Liu R, Zhang H, et al. Fabrication of $Co_3O_4$ nanospheres and their catalytic performances for toluene oxidation: The distinct effects of morphology and oxygen species[J]. Applied Catalysis A: General, 2020, 597: 117539.

[2]  Ren Q M, Mo S P, Feng Z, et al. Controllable synthesis of 3D hierarchical $Co_3O_4$ nanocatalysts with various morphologies for the catalytic oxidation of toluene[J]. Journal of Materials Chemistry A, 2018, 6: 498-509.

[3]  Zhang Q, Peng M S, Chen B, et al. Hierarchical $Co_3O_4$ nanostructures in-situ grown on 3D nickel foam towards toluene oxidation[J]. Molecular Catalysis, 2018, 454: 12-20.

[4]  Yan Q, Li X, Zhao Q, et al. Shape-controlled fabrication of the porous $Co_3O_4$ nanoflower clusters for efficient catalytic oxidation of gaseous toluene[J]. Journal of hazardous materials, 2012, 209-210: 385-391.

[5]  Han W, Huang X, Lu G, et al. Research progresses in the preparation of Co-based catalyst derived from Co-MOFs and application in the catalytic oxidation reaction[J]. Catalysis Surveys from Asia, 2018, 23: 64-89.

[6]  Oar-arteta L, Wezendonk T, Sun X, et al. Metal organic frameworks as precursors for the manufacture of advanced catalytic materials[J]. Materials Chemistry Frontiers, 2017, 1: 1709-1745.

[7]  Wang S, Wang T, Shi Y, et al. Mesoporous $Co_3O_4$@carbon composites derived from microporous cobalt-based porous coordination polymers for enhanced electrochemical properties in supercapacitors[J]. RSC Advances, 2016, 6: 18465-18470.

[8]  Wang S, Wang T, Liu P, et al. Hierarchical porous carbons derived from microporous zeolitic metal azolate frameworks for supercapacitor electrodes[J]. Materials Research Bulletin, 2017, 88: 62-68.

[9]  Zhao J, Tang Z, Dong F, et al. Controlled porous hollow $Co_3O_4$ polyhedral nanocages derived from metal-organic frameworks (MOFs) for toluene catalytic oxidation[J]. Molecular Catalysis, 2019, 463: 77-86.

[10] Zhao W T, Zhang Y Y, Wu X W, et al. Synthesis of Co-Mn oxides with double-shelled nanocages for low-temperature toluene combustion[J]. Catalysis Science & Technology, 2018, 8: 4494-4502.

[11] Wang S, Zhao T T, Li G H, et al. From metal-organic squares to porous zeolite-like supramolecular assemblies[J]. Journal of The American Chemical Society, 2010, 132: 18038-18041.

[12] Stephen R C, Wong-foy A G, Matzger A J. Dramatic tuning of carbon dioxide uptake via metal substitution in a coordination polymer with cylindrical pores[J]. Journal of The American Chemical Society, 2008, 130: 10870-10871.

[13] Dong X, Su Y, Lu T, et al. MOFs-derived dodecahedra porous $Co_3O_4$: An efficient cataluminescence sensing material for $H_2S$[J]. Sensors and Actuators B: Chemical, 2018, 258: 349-357.

[14] Chen X, Chen X, Cai S, et al. Catalytic combustion of toluene over mesoporous

Cr$_2$O$_3$-supported platinum catalysts prepared by in situ pyrolysis of MOFs[J]. Chemical Engineering Journal, 2018, 334: 768-779.

[15] Das R, Pachfule P, Banerjee R, et al. Metal and metal oxide nanoparticle synthesis from metal organic frameworks（MOFs）: Finding the border of metal and metal oxides[J]. Nanoscale, 2012, 4: 591-599.

[16] Jorge Gascon A C, Kapteijn F, Xamena F X L. Metal organic framework catalysis: Quo vadis?[J]. ACS Catalysis, 2014, 4: 361-378.

[17] Chen W, Wu C. Synthesis, functionalization, and applications of metal-organic frameworks in biomedicine[J]. Dalton transactions, 2018, 47: 2114-2133.

[18] Liu X, Wang J, Zeng J, et al. Catalytic oxidation of toluene over a porous Co$_3$O$_4$-supported ruthenium catalyst[J]. RSC Advances, 2015, 5: 52066-52071.

[19] Chen K, Bai S L, Li H Y, et al. The Co$_3$O$_4$ catalyst derived from ZIF-67 and their catalytic performance of toluene[J]. Applied Catalysis A: General, 2020（599）: 117614.

[20] Piumetti M, Fino D, Russo N. Mesoporous manganese oxides prepared by solution combustion synthesis as catalysts for the total oxidation of VOCs[J]. Applied Catalysis B: Environmental, 2015, 163: 277-287.

[21] Ma M, Zhu Q, Jiang Z, et al. Achieving toluene efficient mineralization over K/a-MnO$_2$ via oxygen vacancy modulation[J]. Journal of Colloid and Interface Science, 2021, 598: 238-249.

[22] Kim S C, Shim W G. Catalytic combustion of VOCs over a series of manganese oxide catalysts[J]. Applied Catalysis B: Environmental, 2010, 98（3-4）: 180-185.

[23] Pike J, Hanson J, Zhang L, et al. Synthesis and redox behavior of nanocrystalline hausmannite（Mn$_3$O$_4$）[J]. Chemistry of materials, 2007, 19（23）: 5069-5616.

[24] Zhang X D, Lv X, Bi F, et al. Highly efficient Mn$_2$O$_3$ catalysts derived from Mn-MOFs for toluene oxidation: The influence of MOFs precursors[J]. Molecular Catalysis, 2020, 482: 110701.

[25] Li Z, Hu X, Li B, et al. MOF-derived Fe$_3$O$_4$ hierarchical nanocomposites encapsulated by carbon shells as high-performance anodes for Li-storage systems[J]. Journal of Alloys and Compounds, 2021, 875: 159906.

[26] Peña-Velasco G, Hinojosa-Reyes L, Morán-Quintanilla G A, et al. Synthesis of heterostructured catalyst coupling MOF derived Fe$_2$O$_3$ with TiO$_2$ for enhanced photocatalytic activity in anti-inflammatory drugs mixture degradation[J]. Ceramics International, 2021, 47（17）: 24632-24640.

[27] Chen J, Mu X, Du M, et al. Porous rod-shaped Co$_3$O$_4$ derived from Co-MOF-74 as high-performance anode materials for lithium ion batteries[J]. Inorganic Chemistry Communications, 2017, 84: 241-245.

[28] Li C, Chen T, Xu W, et al. Mesoporous nanostructured Co$_3$O$_4$ derived from MOF template: A high-performance anode material for lithium-ion batteries[J]. Journal of Materials Chemistry A, 2015, 3: 5585-5591.

[29] Chen S R, Xue M, Li Y Q, et al. Rational design and synthesis of Ni$_x$Co$_{3-x}$O$_4$ nanoparticles derived from multivariate MOF-74 for supercapacitors[J]. Journal of Materials Chemistry A, 2015, 3: 20145-20152.

[30] Su D, Dou S, Wang G. Single crystalline $Co_3O_4$ nanocrystals exposed with different crystal planes for $Li-O_2$ batteries[J]. Scientific reports, 2014, 4: 5767.

[31] Mo S P, Li S D, Xiao H L, et al. Low-temperature CO oxidation over integrated Penthorum chinense-like $MnCo_2O_4$ arrays anchored on three-dimensional Ni foam with enhanced moisture resistance[J]. Catalysis Science & Technology, 2018, 8: 1663-1676.

[32] Mo S P, Li S D, Ren Q M, et al. Vertically-aligned $Co_3O_4$ arrays on Ni foam as monolithic structured catalysts for CO oxidation: Effect of morphological transformation[J]. Nanoscale, 2018, 10: 7746-7758.

[33] Wang K, Cao Y, Hu J, et al. Solvent-free chemical approach to synthesize various morphological $Co_3O_4$ for CO oxidation[J]. ACS applied materials & interfaces, 2017, 9: 16128-16137.

[34] Mo S P, Zhang Q, Ren Q M, et al. Leaf-like Co-ZIF-L derivatives embedded on $Co_2AlO_4$/Ni foam from hydrotalcites as monolithic catalysts for toluene abatement[J]. Journal of hazardous materials, 2019, 364: 571-580.

[35] He W, Han L, Hao Q, et al. Fluorine-anion-modulated electron structure of nickel sulfide nanosheet arrays for alkaline hydrogen evolution[J]. ACS Energy Letters, 2019: 2905-2912.

[36] Ren Q M, Feng Z T, Mo S P, et al. $1D-Co_3O_4$, $2D-Co_3O_4$, $3D-Co_3O_4$ for catalytic oxidation of toluene[J]. Catalysis Today, 2019, 332: 160-167.

[37] Peng R S, Sun X B, Li S, et al. Shape effect of $Pt/CeO_2$ catalysts on the catalytic oxidation of toluene[J]. Chemical Engineering Journal, 2016, 306: 1234-1246.

[38] Cheng G, Kou T, Zhang J, et al. $O_2^{2-}/O^-$ functionalized oxygen-deficient $Co_3O_4$ nanorods as high performance supercapacitor electrodes and electrocatalysts towards water splitting[J]. Nano Energy, 2017, 38: 155-166.

[39] Zhao S, Hu F, Li J. Hierarchical core-shell $Al_2O_3$@Pd-CoAlO microspheres for low-temperature toluene combustion[J]. ACS Catalysis, 2016, 6: 3433-3441.

[40] 赵玖虎. $Co_3O_4$ 基催化材料合成及应用于 VOCs 催化消除 [D]. 兰州: 兰州理工大学, 2019.

[41] Irene lopes N E H, Guerba H, Davidson G W A A. Size-induced structural modifications affecting $Co_3O_4$ nanoparticles patterned in SBA-15 silicas[J]. Chemistry of Materials, 2006, 18: 5826-5828.

[42] Lou Y, Wang L, Zhao Z, et al. Low-temperature CO oxidation over $Co_3O_4$-based catalysts: Significant promoting effect of $Bi_2O_3$ on $Co_3O_4$ catalyst[J]. Applied Catalysis B: Environmental, 2014, 146: 43-49.

[43] Jiang Y, Gao J, Zhang Q, et al. Enhanced oxygen vacancies to improve ethyl acetate oxidation over $MnO_x-CeO_2$ catalyst derived from MOF template[J]. Chemical Engineering Journal, 2019, 371: 78-87.

[44] Hu F, Peng Y, Chen J, et al. Low content of $CoO_x$ supported on nanocrystalline $CeO_2$ for toluene combustion: The importance of interfaces between active sites and supports[J]. Applied Catalysis B: Environmental, 2019, 240: 329-336.

[45] Zhang Q, Peng M S, Li J, et al. Highly efficient mesoporous $MnO_2$ catalysts for the total toluene oxidation: Oxygen-vacancy defect engineering and involved[J]. Applied Catalysis B: Environmental, 2020, 264: 118464.

[46] Xu J F, Ji W, Shen Z X, et al. Raman spectra of CuO nanocrystals[J]. Journal of Raman Spectroscopy, 1999, 30: 413-415.

[47] 宋慧军. MOFs 基过渡金属氧化物 $Co_3O_4$ 的制备与 CO 催化氧化性能的研究 [D]. 乌鲁木齐: 新疆大学, 2019.

[48] Xie S, Deng J, Zang S, et al. Au-Pd/3DOM $Co_3O_4$: Highly active and stable nanocatalysts for toluene oxidation[J]. Journal of Catalysis, 2015, 322: 38-48.

[49] Zheng Y, Liu Q, Shan C, et al. Defective ultrafine $MnO_x$ nanoparticles confined within a carbon matrix for low-temperature oxidation of volatile organic compounds[J]. Environmental Science Technology, 2021, 55（8）: 5403-5411.

[50] Bulavchenko O A, Vinokurov Z S, Afonasenko T N, et al. The activation of $MnO_x$-$ZrO_2$ catalyst in CO oxidation: Operando XRD study[J]. Materials Letters, 2022, 315: 131961.

[51] Chen J, Bai B, Lei J, et al. $Mn_3O_4$ derived from Mn-MOFs with hydroxyl group ligands for efficient toluene catalytic oxidation[J]. Chemical Engineering Science, 2022, 263: 118065.

[52] Wang P, Wang J, An X, et al. Generation of abundant defects in Mn-Co mixed oxides by a facile agar-gel method for highly efficient catalysis of total toluene oxidation[J]. Applied Catalysis B: Environmental, 2021, 282: 119560.

[53] Zhou G, Lan H, Wang H, et al. Catalytic combustion of PVOCs on $MnO_x$ catalysts[J]. Journal of Molecular Catalysis A: Chemical, 2014, 393: 279-288.

[54] Zhang X, Ma Z, Song Z, et al. Role of cryptomelane in surface-adsorbed oxygen and Mn chemical valence in $MnO_x$ during the catalytic oxidation of toluene[J]. Journal of Physical Chemistry C, 2019, 123（28）: 17255-17264.

[55] Huang R, Luo L, Hu W, et al. Insight into the pH effect on the oxygen species and Mn chemical valence of Co-Mn catalysts for total toluene oxidation[J]. Catalysis Science & Technology, 2022, 12（13）: 4157-4168.

[56] Liu Q, Zhao Q, Luo M, et al. Dendritic mesoporous silica nanosphere supported highly dispersed Pd-$CoO_x$ catalysts for catalytic oxidation of toluene[J]. Molecular Catalysis, 2022, 519: 112123.

[57] 雷娟. Co-MOF 为前驱体制备的钴基金属氧化物及其甲苯催化氧化性能研究 [D]. 太原: 太原理工大学, 2021.

[58] 孙宇航. Pt/$Mn_3O_4$ 的甲苯催化氧化性能与反应机理研究 [D]. 广州: 华南理工大学, 2021.

[59] Wu S, Liu H, Huang Z, et al. $Mn_1Zr_xO_y$ mixed oxides with abundant oxygen vacancies for propane catalytic oxidation: Insights into the contribution of Zr doping[J]. Chemical Engineering Journal, 2023, 452: 139341.

[60] Pulleri J K, Singh S K, Yearwar D, et al. Morphology dependent catalytic activity of $Mn_3O_4$ for complete oxidation of toluene and carbon monoxide[J]. Catalysis Letters, 2020, 151（1）: 172-183.

[61] Zhang X, Lv X, Bi F, et al. Highly efficient $Mn_2O_3$ catalysts derived from Mn-MOFs for toluene oxidation: The influence of MOFs precursors[J]. Molecular Catalysis, 2020, 482: 110701.

[62] Sihaib Z, Puleo F, Garcia-Vargas J M, et al. Manganese oxide-based catalysts for

toluene oxidation[J]. Applied Catalysis B: Environmental, 2017, 209: 689-700.

[63]  Yang W, Peng Y, Wang Y, et al. Controllable redox-induced in-situ growth of $MnO_2$ over $Mn_2O_3$ for toluene oxidation: Active heterostructure interfaces[J]. Applied Catalysis B: Environmental, 2020, 278: 119279.

[64]  Zhang X, Wu Y, Qin C, et al. $MnO_x$ catalyst with high‐efficiency degradation behavior of toluene: Effect of cryptomelane[J]. ChemistrySelect, 2022, 7 (5): 1-9.

[65]  Wang Z, Ma P, Zheng K, et al. Size effect, mutual inhibition and oxidation mechanism of the catalytic removal of a toluene and acetone mixture over $TiO_2$ nanosheet-supported Pt nanocatalysts[J]. Applied Catalysis B: Environmental, 2020, 274: 118963.

[66]  Zhong J, Zeng Y, Zhang M, et al. Toluene oxidation process and proper mechanism over $Co_3O_4$ nanotubes: Investigation through in-situ DRIFTS combined with PTR-TOF-MS and quasi in-situ XPS[J]. Chemical Engineering Journal, 2020, 397: 125375.

[67]  Zhang X, Bi F, Zhu Z, et al. The promoting effect of $H_2O$ on rod-like $MnCeO_x$ derived from MOFs for toluene oxidation: A combined experimental and theoretical investigation[J]. Applied Catalysis B: Environmental, 2021, 297: 120393.

# 第5章
# 焙烧条件对以ZSA-1为前驱体制备Co₃O₄催化剂催化氧化甲苯的影响

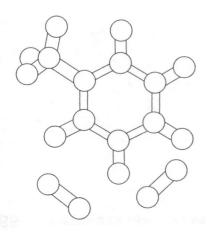

Co₃O₄ 是最有效的甲苯催化氧化的催化剂之一。Ngamou 和 Bahlawane[1] 通过对比研究几种苯系物物质的键解离焓，二甲苯（377kJ/mol）＜甲苯（1549kJ/mol）＜苯（1946.8kJ/mol），表明苯环的断裂是甲苯催化氧化的决速步骤，而 Co₃O₄ 八面体配位的 $Co^{3+}$ 还原为 $Co^{2+}$ 的过程对苯环的完全氧化起着至关重要的作用。边缘连接的八面体配位的 $Co^{3+}$ 具有较高的还原性能，易在较低温度下与 $Co^{2+}$ 发生电子转移，该氧化还原循环也可以为催化过程提供丰富的活性氧物种。而众多研究也表明 $Co^{3+}$ 是甲苯催化氧化的活性中心，此外，Co₃O₄ 催化剂的孔道结构、比表面积、低温还原性能和表面活性氧物种等均对甲苯催化氧化起着重要作用[2]。而上一章的研究也证实在同一温度下煅烧不同形貌和组成的 Co-MOFs 可以生成对甲苯催化氧化具有不同活性的 Co₃O₄，这主要归结于催化剂孔道结构和组成等理化特性的不同。

而有研究表明，焙烧温度、升温速率和焙烧时长等会对同种 MOFs 衍生的金属氧化物的结构和性能产生影响。Chen Kai 等[3] 以 ZIF-67 为前驱体，分别在 5 个温度条件（300℃、350℃、400℃、450℃和500℃）下煅烧制备 Co₃O₄ 用于甲苯催化氧化，研究煅烧温度对所得催化剂的理化特性及催化活性的影响，结果表明在一定范围内随着焙烧温度的升高，所得催化剂比表面积减小、晶粒变大、$Co^{3+}$/$Co^{2+}$ 值和 $O_{ads}$/$O_{latt}$ 值先增大后减小，在 400℃下煅烧所得的 Co₃O₄-400 催化活性最高，在 240℃时可将 1000cm³/m³ 的甲苯完全降解。Zhao Jiuhu 等[4] 分别选择 1℃/min 和 10℃/min 的升温速率升温到 350℃，又以 1℃/min 的升温速率升温到 600℃焙烧 Mn@ZIF-67，分别制备了 HW、BIB 和 NP 三种催化剂，研究升温速率和焙烧温度对催化剂的结构及性能的影响，结果表明二者均会直接影响所得催化剂的形貌，催化剂 HW 和 BIB 分别为中空十二面体结构和核壳十二面体结构，而催化剂 NP 为纳米粒子，而催化剂的形貌和结构又会在很大范围内影响催化剂的理化特性，从而影响其甲苯催化氧化活性及稳定性，其中 1℃/min 升温速率和 350℃温度条件下制备的催化剂 HW 由于具有较高的 $Co^{2+}$/$Co^{3+}$ 值、BET 比表面积、表面吸附氧浓度和较强的元素之间的相互作用等，因而其催化活性最佳。

因此，本章以上一章研究中对甲苯催化氧化性能最佳的 Co₃O₄ 的母体 ZSA-1 为前驱体，通过调控煅烧条件（如温度、焙烧时间及升温速率等）制备了一系列正八面体介孔结构的 Co₃O₄ 催化剂，用于甲苯催化氧化，系统考察了焙烧条件对所得催化剂结构及性能的影响。通过 XRD、SEM、HRTEM、N₂- 吸脱附、H₂-TPR 和 XPS 等技术分析研究了材料的结构及特性。结果表明，通过控制煅烧条件，可以实现对所得催化剂物理化学特性的有效调控。同时，还利用原位红外光谱技术研究了甲苯在 ZSA-1-Co₃O₄-350 催化剂上的降解机理，吸附的甲苯先后被氧化为苯甲醇、苯甲酸和顺丁烯二酸盐类物质，最终被完全分解为二氧化碳和水。

## 5.1 研究内容

### 5.1.1 Co₃O₄ 催化剂的制备

本章制备了一系列不同焙烧条件下以 ZSA-1 为前驱体的催化剂。

① 不同焙烧温度下制备的 3 种催化剂，其制备的具体过程为：将一定量的 ZSA-1 放入马弗炉中，空气氛围下分别于 250℃、350℃ 和 450℃ 温度下焙烧，升温速率为 1℃/min，到达指定温度后保持 1h，之后以 5℃/min 的降温速率冷却至室温，取出密封保存备用。3 个温度下得到的样品分别命名为 ZSA-1-X-250、ZSA-1-Co₃O₄-350 和 ZSA-1-Co₃O₄-450。

② 不同焙烧时长下制备 Co₃O₄ 催化剂：升温速率为 1℃/min，在 350℃ 条件下焙烧 3h，命名为 ZSA-1-Co₃O₄-350-3h。

③ 不同升温速率对催化剂的影响：另外选取 5℃/min 和 10℃/min 两个升温速率在 350℃ 下焙烧 1h，命名为 ZSA-1-Co₃O₄-350-5 和 ZSA-1-Co₃O₄-350-10。

根据参考文献中 ZSA-1 的热重分析（图 5-1）可以看出：ZSA-1 在 35 ～ 180℃ 之间有一个失重阶段，而在 180 ～ 300℃ 之间基本保持稳定。随后在 300 ～ 430℃ 之间出现第二阶段的失重，对应 1,2-丙二胺和有机配体的释放，在 430℃ 后其失重曲线一直保持直线状态，因此，在第一阶段失重后本实验选取

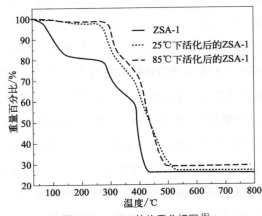

**图 5-1** ZSA-1 的热重分析图 [5]

250℃为 ZSA-1 的一个暂时稳定状态温度，350℃为其迅速失重过程中的一个中间状态温度，450℃为其最终稳定状态温度[5,6]。

### 5.1.2 样品表征

本章对所制备的 ZSA-1-X-250、ZSA-1-Co$_3$O$_4$-350 和 ZSA-1-Co$_3$O$_4$-450 样品进行了一系列表征，主要包括 XRD、SEM、TEM、N$_2$ 吸脱附、XPS 和 H$_2$-TPR。对 ZSA-1 进行了 XRD 和 SEM 表征。所涉及仪器的规格及操作详见 3.2 部分。

### 5.1.3 催化剂活性评价

本章评价了 ZSA-1-X-250、ZSA-1-Co$_3$O$_4$-350 和 ZSA-1-Co$_3$O$_4$-450 样品的甲苯催化氧化活性，具体的操作同 3.4.1 部分描述，所涉及计算同 3.4.3 部分。

### 5.1.4 催化剂稳定性测试

本章中对活性测试中性能最好的样品 ZSA-1-Co$_3$O$_4$-350 进行了稳定性测试，分别在 232℃和 260℃两个温度下持续测试 24h，具体方法同 3.4.2 部分。

### 5.1.5 催化剂降解甲苯的机理研究

本章中对活性测试中性能最好的样品 ZSA-1-Co$_3$O$_4$-350 进行了傅里叶原位红外光谱表征，涉及的仪器规格及操作过程详见 3.2.10 部分。

## 5.2 结果与讨论

### 5.2.1 结构分析

以 ZSA-1 为前驱体在不同温度下制备的催化剂的 XRD 图如图 5-2 所示。其中，催化剂 ZSA-1-Co$_3$O$_4$-350 和 ZSA-1-Co$_3$O$_4$-450 均展示了 31.4°、36.9°、38.2°、44.8°、59.4°和 65.3°（2$\theta$）的峰，分别对应（220）晶面、（311）晶面、（222）晶面、（400）晶面、（422）晶面、（511）晶面和（440）晶面[7]，均能与图中的标准卡（Co$_3$O$_4$-PDF-#-43-1003）数据相对应，而且没有其他杂峰出现，因此 350℃和 450℃下煅烧制备的催化剂均可确定为纯的 Co$_3$O$_4$ 的晶相结构。由图 5-2 可看出，与 ZSA-1-Co$_3$O$_4$-450 相比，ZSA-1-Co$_3$O$_4$-350 的 X 射线衍射峰较宽且峰强相对较弱，说明 ZSA-1 在 350℃下煅烧得到的催化剂的纳米晶粒更小。为验证此推测，通过谢乐公式计算具体的颗粒大小，所得数值详见表 5-1，可见在几种催化剂中 ZSA-1-Co₃O₄-350 颗粒最小（15.8nm）。值得注意的是，ZSA-1-X-250 既没有显示出 Co₃O₄ 的特征峰，也没有 ZSA-1 的特征峰，这可能是因为 250℃下的焙烧产物仅仅是介于 Co₃O₄ 和 ZSA-1 之间的一种中间体。在该温度条件下，ZSA-1 的 Co—O 键和 Co—N 键断裂，但是用于合成 Co₃O₄ 的新键还未生成，因此，ZSA-1-X-250 可能处于一种无孔的无定形状态。总之，在 250℃下煅烧 ZSA-1 并未生成 CO₃O₄ 催化剂，在 350℃和 450℃下煅烧均生成了 Co₃O₄ 催化剂。

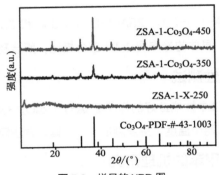

图 5-2　样品的 XRD 图

表 5-1　样品 BET 比表面积、平均孔径、孔容和粒径

| 样品 | BET 比表面积 /( m²/g ) | 平均孔径 /nm | 孔容 /( cm³/g ) | 粒径 /nm |
|---|---|---|---|---|
| ZSA-1-X-250 | 2.5 | 5.4 | 0.003 | — |
| ZSA-1-Co₃O₄-350 | 63.4 | 19.1 | 0.30 | 15.8 |
| ZSA-1-Co₃O₄-450 | 15.3 | 27.8 | 0.11 | 22.2 |

ZSA-1 在 250℃、350℃和 450℃下煅烧所得的样品的 SEM 图如图 5-3 所示，可以看出不论是在高倍率还是低倍率下，3 个温度下所得样品均完整地保留了母体的正八面体结构，这与文献中所得出的结论一致。如图 5-3（a）、（d）、（g）显示，催化剂 ZSA-1-X-250 的表面较为光滑，而图 5-3（b）、（e）、（h）和图 5-3（c）、（f）、（i）显示 ZSA-1-Co₃O₄-350 和 ZSA-1-Co₃O₄-450 的表面则相对更粗糙，其中 ZSA-1-Co₃O₄-450 的表面还出现了较为明显的裂痕。这可能是因为在相对较低的 250℃条件下，ZSA-1 的有机链分解并碳化，填充在母体正八面体的骨架结构中，但并未生成新的晶相结构，所以最终生成的 ZSA-1-X-250 保留了母体较为光滑的

正八面体外表面和无定形状态（XRD 中的分析可证实此推论）。而当焙烧温度提高到350℃时，氧化进一步发生，生成大量的 $Co_3O_4$ 纳米晶粒并释放出大量的 $CO_2$，促进在 ZSA-1-$Co_3O_4$-350 催化剂表面和内部生成介孔结构，从而使得其表面较为粗糙，这不仅有利于甲苯吸附和催化氧化过程中的传质，而且还可以为催化反应提供更多的缺陷位点。已有研究表明，固体钴化合物晶格中的空位可参与催化反应[8,9]，因此 ZSA-1-$Co_3O_4$-350 可能具有更高的催化活性。当温度高达 450℃ 时，ZSA-1的有机链进一步断裂，更多的 $CO_2$ 释放，从而导致 ZSA-1-$Co_3O_4$-450 晶粒组成的正八面体的孔结构遭到破坏，其结构局部坍塌，正如图 5-3（c）所示。

**图 5-3** 样品的 SEM 图
（a）、（d）、（g）—ZSA-1-X-250；（b）、（e）、（h）—ZSA-1-$Co_3O_4$-350；（c）、（f）、（i）—
ZSA-1-$Co_3O_4$-450

图 5-4（文后另见彩图）还进一步展示了 ZSA-1 在不同温度下煅烧所得的ZSA-1-$Co_3O_4$-$T$ 的微观晶格条纹。不同于 ZSA-1-$Co_3O_4$-350[ 图 5-4（b）] 和ZSA-1-$Co_3O_4$-450[ 图 5-4（c）]，催化剂 ZSA-1-X-250[ 图 5-4（a）] 的晶面上只分布着少量的晶格条纹，这也进一步证实了该催化剂的无定形结构。图 5-4（g）中的晶格间距为 0.24nm，对应 $Co_3O_4$ 的（311）晶面。而图 5-4（h）中展示

的 3 个晶格间距及对应晶面与上一章中相同，同样证明了 ZSA-1-Co₃O₄-350 催化剂上分布着（110）晶面[10]。而图 5-4（i）中 ZSA-1-Co₃O₄-450 晶面展示出一系列呈 60°或 120°角度交错分布的（220）晶格条纹，证明了（111）晶面的存在[10]。这些催化剂的晶格条纹所对应晶面与 XRD 图谱中特征峰所对应的晶面相一致。其中 ZSA-1-Co₃O₄-350 暴露有（110）晶面，可以提供更多的 $Co^{3+}$ 和氧空位，有文献报道显示，（110）晶面是众多催化反应的有效晶面，与其他晶面相比，（110）晶面具有较强的反应性，对甲苯催化氧化有较高活性[11-13]。

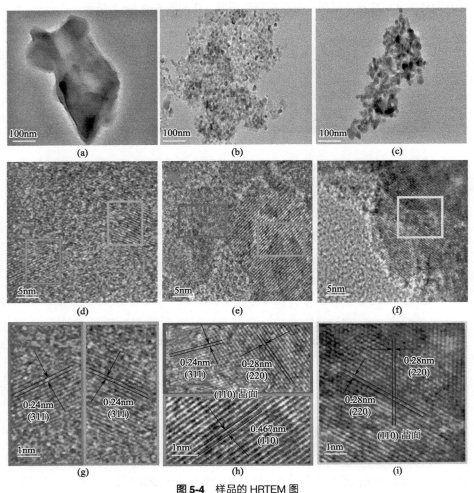

**图 5-4** 样品的 HRTEM 图
（a）、（d）、（g）—ZSA-1-X-250；（b）、（e）、（h）—ZSA-1-Co₃O₄-350；
（c）、（f）、（i）—ZSA-1-Co₃O₄-450

样品的 $N_2$ 吸脱附等温曲线及孔径分布情况如图 5-5 所示，可以看出 ZSA-1-X-250 的 $N_2$ 吸脱附等温曲线几乎呈平线，这意味着它几乎没有吸附 $N_2$，说明其比表面积较小。如表 5-1 所列，ZSA-1-X-250 的比表面积仅为 2.5m²/g，孔容也特别小，这进一步证实了 XRD 分析中得出的 ZSA-1-X-250 无孔的特性及无定形状态。而催化剂 ZSA-1-$Co_3O_4$-350 和 ZSA-1-$Co_3O_4$-450 分别在相对压力为 0.75 ~ 1.0、0.85 ~ 1.0 范围内的等温线形式，也证明了它们均为介孔结构，与 XRD 中的分析一致。表 5-1 中数据显示，与其他催化剂相比，ZSA-1-$Co_3O_4$-350 有相对较大的平均孔径，这在甲苯的吸附、催化氧化和产物的解吸过程中将有利于反应物与产物的质量传递，较小的纳米粒径和较大的孔容可以缩短甲苯传输的距离，使其更快达到反应的活性位点，提高反应速率。此外，ZSA-1-$Co_3O_4$-350 还具有最高的比表面积和孔容，可能会为甲苯催化氧化提供更多的活性位点，这也与 XRD 中的结论相一致。这些也都进一步说明在以 ZSA-1 为前驱体制备 $Co_3O_4$ 的过程中，可通过对焙烧温度的调变来调控所得 $Co_3O_4$ 的比表面积和孔径大小等孔道特性。

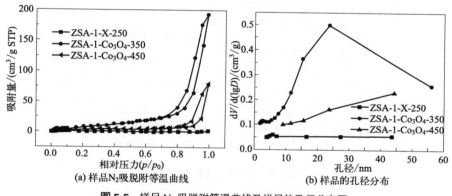

**图 5-5** 样品 $N_2$ 吸脱附等温曲线及样品的孔径分布图

## 5.2.2 催化剂表面成分和还原性能

为了进一步探究以 ZSA-1 为前驱体在不同温度下焙烧所得的 ZSA-1-$Co_3O_4$-$T$ 催化剂中各元素的价态分布情况，图 5-6 对各催化剂中 Co 和 O 两种元素的 XPS 特征峰进行拟合，其中 780.1eV 和 784.5eV 左右的特征峰与 $Co^{3+}$ 对应，而 781.5eV 和 796.5eV 左右的特征峰则对应 $Co^{2+}$[10,14,15]。基于各催化剂表面 Co 2p

的 XPS 分峰拟合的峰面积大小，本节计算了相应的 $Co^{3+}/Co^{2+}$（相对原子比）列于表 5-2 中，可以看出各催化剂 $Co^{3+}/Co^{2+}$ 的大小顺序为 ZSA-1-Co$_3$O$_4$-350（1.77）> ZSA-1-Co$_3$O$_4$-450（1.47）> ZSA-1-X-250（0.42），这说明 ZSA-1-Co$_3$O$_4$-350 表面确实含有更多的 $Co^{3+}$，进一步证实了 HRTEM 中的推测。

O 1s 的 XPS 图谱中，529.9eV 代表表面晶格氧（$O_{latt}$），而 530.8eV 和 531.2eV 对应表面吸附氧（$O_{ads}$）[16,17]。此外，在 ZSA-1-X-250 和 ZSA-1-Co$_3$O$_4$-350 的表面还出现了表面羟基类物质或吸附的水分子（532.1eV），ZSA-1-Co$_3$O$_4$-450 表面存在化学吸附水（533eV）[10,15,16]。3 种催化剂的 $O_{ads}/O_{latt}$ 大小顺序如表 5-2 显示：ZSA-1-Co$_3$O$_4$-350（1.17）> ZSA-1-Co$_3$O$_4$-450（0.86）> ZSA-1-X-250（0.82）。以上数据也表明，ZSA-1 的焙烧温度可以影响 ZSA-1-Co$_3$O$_4$-$T$ 的 $Co^{3+}/Co^{2+}$ 和 $O_{ads}/O_{latt}$。

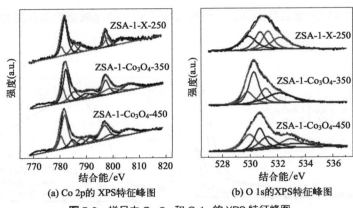

(a) Co 2p 的 XPS 特征峰图      (b) O 1s 的 XPS 特征峰图

**图 5-6** 样品中 Co 2p 和 O 1s 的 XPS 特征峰图

**表 5-2** 样品表面元素分布情况

| 样品 | $Co^{3+}$/% | $Co^{2+}$/% | $Co^{3+}/Co^{2+}$ | $O_{ads}$/% | $O_{latt}$/% | $O_{ads}/O_{latt}$ |
|---|---|---|---|---|---|---|
| ZSA-1-X-250 | 29.70 | 70.30 | 0.42 | 45.05 | 54.95 | 0.82 |
| ZSA-1-Co$_3$O$_4$-350 | 63.92 | 36.08 | 1.77 | 53.92 | 46.08 | 1.17 |
| ZSA-1-Co$_3$O$_4$-450 | 59.49 | 40.51 | 1.47 | 46.24 | 53.76 | 0.86 |

图 5-7 展示了几种催化剂的 $H_2$-TPR 曲线，可进一步分析其还原性能。显而易见的是，ZSA-1-Co$_3$O$_4$-350 的 $H_2$-TPR 曲线分别在 294℃和 380℃出现了 2 个

还原峰，分别对应着 Co 元素从 $Co^{3+}$ 还原为 $Co^{2+}$（$Co_3O_4+H_2 \longrightarrow 3CoO+H_2O$）和从 $Co^{2+} \longrightarrow Co^0$（$CoO+H_2 \longrightarrow Co+H_2O$）的还原过程[2,15,16]。而其他催化剂只有从 $Co^{2+}$ 到 $Co^0$ 的还原峰。说明与其他催化剂相比，ZSA-1-$Co_3O_4$-350 表面确实有更多的 $Co^{3+}$，为前期 HRTEM 和 XPS 分析中得到的结论提供了更强有力的证据。丰富的 $Co^{3+}$ 有利于甲苯催化氧化反应。因为氧化还原电子对 $Co^{2+}/Co^{3+}$ 和活性氧对甲苯催化氧化反应来说是必不可少的。电子在氧化还原电子对 $Co^{2+}/Co^{3+}$ 之间的转移为催化循环及活性氧的供应提供了保障。最重要的是，依据电中性原理，较高价态金属离子比例的提高，可以促进与金属离子相邻近的氧的化学势及反应性[14,18]。对于还原峰出现的位置，催化剂 ZSA-1-X-250（487℃）和 ZSA-1-$Co_3O_4$-450（420℃）均高于 ZSA-1-$Co_3O_4$-350（380℃）[15,19,20]。众所周知，$H_2$-TPR 曲线中，还原峰出现的温度越高，意味着催化剂越难被还原。因此，与其他催化剂相比，ZSA-1-$Co_3O_4$-350 有更强的还原性能，这将有利于促进甲苯催化反应。文献报道显示催化剂的粒径尺寸越小，还原性能越优异。因此，ZSA-1-$Co_3O_4$-350 较好的还原性能可在一定程度上归结于其较小的晶粒尺寸[2]。

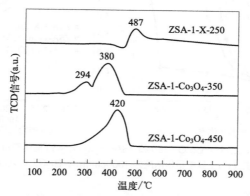

图 5-7　催化剂 ZSA-1-X-250、ZSA-1-$Co_3O_4$-350 和 ZSA-1-$Co_3O_4$-450 的 $H_2$-TPR 图

## 5.2.3 催化活性测试

图 5-8（a）展示了甲苯在本实验中所合成的 $Co_3O_4$（ZSA-1-$Co_3O_4$-$T$）催化氧化作用下的转化率，从图中可以看出，当催化氧化温度低于 200℃时甲苯转化率 < 10%，在相同温度下几种催化剂的催化性能之间的差别并不十分明显；之后随着温度升高，催化剂 ZSA-1-$Co_3O_4$-350 和 ZSA-1-$Co_3O_4$-450 迅速将甲苯降

解，而 ZSA-1-X-250 在一定温度范围内对甲苯的降解率并没有随着温度的升高有明显提升。为全面对比研究各催化剂降解甲苯的活性，其起燃温度（$T_{10\%}$）、半转化温度（$T_{50\%}$）、90% 转化温度（$T_{90\%}$）和完全转化温度（$T_{100\%}$）均详细列于表 5-3 中。可以看出，ZSA-1-Co$_3$O$_4$-350 在其中表现出了最优异的催化性能，其分别在 239℃和 245℃时达到 90% 和 100% 的甲苯转化率。位于其后的是催化剂 ZSA-1-Co$_3$O$_4$-450 的催化活性，其分别在 254℃和 260℃时达到 90% 和 100% 的甲苯转化率。而 ZSA-1-X-250 对应的 $T_{90\%}$ 和 $T_{100\%}$ 远高于 ZSA-1-Co$_3$O$_4$-350。ZSA-1-X-250 在 319℃下完成了对甲苯的完全催化氧化。表 5-4 中罗列了一系列已报道的钴基金属氧化物的催化活性，可以看出，在相同的测试条件下 ZSA-1-Co$_3$O$_4$-350 催化剂依然表现出了优异的甲苯催化氧化活性。说明以 ZSA-1 为前驱体，调控其焙烧温度是一条制备 MOFs 衍生的高催化活性催化剂的有效途径。

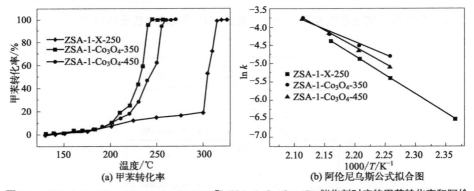

**图 5-8** ZSA-1-X-250、ZSA-1-Co$_3$O$_4$-350 和 ZSA-1-Co$_3$O$_4$-450 催化剂对应的甲苯转化率和阿伦尼乌斯公式拟合图（b）[ 其中甲苯浓度为 1000cm$^3$/m$^3$，GHSV = 20000mL/（g·h）]

**表 5-3 各样品的甲苯催化活性及表观活化能**

| 样品 | GHSV /[mL/（g·h）] | 不同甲苯转化率对应的温度 /℃ | | | | 表观活化能 /（kJ/mol） |
| --- | --- | --- | --- | --- | --- | --- |
| | | $T_{10\%}$ | $T_{50\%}$ | $T_{90\%}$ | $T_{100\%}$ | |
| ZSA-1-X-250 | 20000 | 211 | 304 | 313 | 319 | 86.9 |
| ZSA-1-Co$_3$O$_4$-350 | | 200 | 232 | 239 | 245 | 59.8 |
| ZSA-1-Co$_3$O$_4$-450 | | 201 | 242 | 254 | 260 | 76.7 |

表 5-4　各样品 ZSA-1-Co$_3$O$_4$-$T$ 及之前报道的相关材料的甲苯催化活性及测试条件

| 催化剂 | 甲苯浓度 /( cm$^3$/m$^3$ ) | GHSV /[mL/( g·h ) ] | $T_{90\%}$ /℃ | $T_{100\%}$ /℃ | 参考文献 |
|---|---|---|---|---|---|
| Co$_3$O$_4$ NS | 1000 | 20000 | — | 300 | [10] |
| Co$_3$O$_4$ NW | 1000 | 20000 | — | 280 | [10] |
| Co$_3$O$_4$ NC | 1000 | 20000 | — | 270 | [10] |
| Co$_3$O$_4$-HT | 1000 | 20000 | 260 | — | [21] |
| Co$_3$O$_4$ 微球 | 1000 | 20000 | 285 | — | [22] |
| 7.4Au/Co$_3$O$_4$ | 1000 | 20000 | 250 | — | [22] |
| 6.4Au/ 块状 Co$_3$O$_4$ | 1000 | 20000 | 277 | — | [23] |
| Co$_3$O$_4$ | 1000 | 20000 | 245 | — | [24] |
| Co$_3$O$_4$-1.00 | 1000 | 15000 | 244 | — | [25] |
| ZSA-1-Co$_3$O$_4$-350 | 1000 | 20000 | 239 | 245 | 本工作 |
| ZSA-1-Co$_3$O$_4$-450 | 1000 | 20000 | 254 | 260 | 本工作 |

图 5-8（b）中分别对 3 种催化剂的甲苯转化率进行了拟合，利用甲苯转化率 < 20% 的数据拟合阿伦尼乌斯公式计算得出每种催化剂的活化能。由表 5-3 中的数据可知，3 种催化剂活化能的大小顺序为：ZSA-1-Co$_3$O$_4$-350（59.8kJ/mol）< ZSA-1-Co$_3$O$_4$-450（76.7kJ/mol）< ZSA-1-X-250（86.9kJ/mol）。相 比 之 下，ZSA-1-Co$_3$O$_4$-350 的活化能最低，说明在催化剂 ZSA-1-Co$_3$O$_4$-350 的催化作用下，甲苯催化氧化发生所需克服的能量障碍最小，意味着在同一温度下，会有更多的甲苯分子表面由常态变为氧化态从而参与反应，从而使得催化剂展现出更高的催化活性。

图 5-9 描述了气时空速 GHSV 对甲苯在 ZSA-1-Co$_3$O$_4$-350 上的转化率的影响。从图中可以看出，在同种催化剂的作用下，气时空速从 20000mL/（ g·h ）升高到 40000mL/（ g·h ）再到 80000mL/（ g·h ）的过程中，同一温度下，ZSA-1-Co$_3$O$_4$-350 催化剂对甲苯的转化率逐渐降低，意味着其对甲苯的催化活性逐渐降低。由表 5-5 可以看出，当气时空速为 20000mL/（ g·h ）时，催化剂对应的 $T_{50\%}$ 和 $T_{90\%}$ 分别为 232℃和 239℃，分别比气时空速为 40000mL/（ g·h ）的 $T_{50\%}$ 和 $T_{90\%}$ 低 6℃和 10℃，比气时空速为 80000mL/（ g·h ）时的对应温度低 21℃和 30℃，这说明气时空速越高，甲苯催化氧化达到一定降解率所需的温度越高，催化剂的催化活性越差。

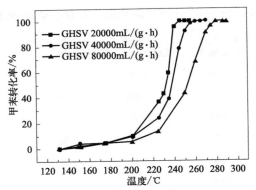

**图 5-9** 甲苯在不同气时空速下于 ZSA-1-Co$_3$O$_4$-350 上的转化率（甲苯浓度为 1000cm$^3$/m$^3$）

**表 5-5** ZSA-1-Co$_3$O$_4$-350 在不同气时空速下对甲苯的催化活性

| 样品 | GHSV /[mL/(g·h)] | 不同甲苯转化率对应的温度 /℃ | | | |
| --- | --- | --- | --- | --- | --- |
| | | $T_{10\%}$ | $T_{50\%}$ | $T_{90\%}$ | $T_{100\%}$ |
| ZSA-1-Co$_3$O$_4$-350 | 20000 | 200 | 232 | 239 | 245 |
| | 40000 | 202 | 238 | 249 | 260 |
| | 80000 | 215 | 253 | 269 | 280 |

为进一步对比研究各催化剂的催化活性，本实验选取一个对于甲苯催化氧化来说相对较高的温度（250℃，甲苯转化率相对较高）和一个相对较低的温度（180℃，甲苯转化率相对较低，< 20%），研究了 ZSA-1-X-250、ZSA-1-Co$_3$O$_4$-350 和 ZSA-1-Co$_3$O$_4$-450 三种催化剂在这 2 个条件下的甲苯消耗速率。如图 5-10 所示，3 种催化剂在较低温度（180℃）下的反应速率较为接近，虽然

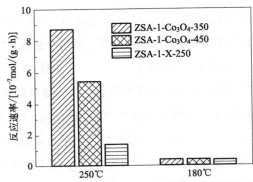

**图 5-10** 催化剂在 250℃和 180℃下的反应速率 [ 其中甲苯浓度为 1000cm$^3$/m$^3$，GHSV = 20000mL/(g·h)]

ZSA-1-Co$_3$O$_4$-350 催化剂的反应速率略高,但整体上彼此之间的差别不是十分明显。但是在较高温度下,3 种催化剂对甲苯催化氧化的反应速率明显加快,而且三者之间的差别显著增强,其中,催化剂 ZSA-1-Co$_3$O$_4$-350 对甲苯的催化速率明显高于 ZSA-1-X-250 和 ZSA-1-Co$_3$O$_4$-450,这也进一步证实了其在 3 种催化剂中有最好的甲苯催化活性,与之前的分析一致。

根据上述对催化剂结构、表面成分和还原性能的对比研究可知,与母体 ZSA-1 在 250 ℃和 450 ℃下煅烧所得的 2 个催化剂 ZSA-1-X-250 和 ZSA-1-Co$_3$O$_4$-450 相比,ZSA-1-Co$_3$O$_4$-350 具有一些独特的孔道结构和更为突出的物理化学特性。其中,催化剂 ZSA-1-Co$_3$O$_4$-350 在 XRD 图谱分析中显示出较宽且峰强较弱的 X 射线衍射峰,说明其纳米晶体颗粒较小,可以使催化剂在催化氧化过程中得到充分利用,更有利于促进甲苯催化氧化[7]。SEM 图片显示虽然 3 个温度下煅烧所得的催化剂均较完整地保留了其母体 ZSA-1 的正八面体结构,但与其他 2 个温度下煅烧所得的催化剂相比,ZSA-1-Co$_3$O$_4$-350 在煅烧过程中生成了更为粗糙的表面,意味着其表面有更丰富的孔结构和更多的缺陷结构,可以为甲苯催化氧化提供更多的活性位点。HRTEM 的微观形貌显示,ZSA-1-Co$_3$O$_4$-350 表面暴露有(110)晶面,(110)晶面可提供更多的 Co$^{3+}$ 和氧空位。Co$^{3+}$ 可以为甲苯催化氧化提供更多的活性中心,而丰富的氧空位在氧循环中扮演着重要角色,可以促进更多活性氧物种的生成,从而有利于促进甲苯催化降解[10,11]。此外,XPS 的分峰拟合结果也显示 ZSA-1-Co$_3$O$_4$-350 有更高的 Co$^{3+}$/Co$^{2+}$ 值和 O$_{ads}$/O$_{latt}$ 值,之前已有研究表明,Co$_3$O$_4$ 的高催化活性在很大程度上取决于有更多的 Co$^{3+}$ 和表面吸附氧(O$_{ads}$)[14]。H$_2$-TPR 的分析也证明了 ZSA-1-Co$_3$O$_4$-350 具有较强的低温还原性能,这也与甲苯催化氧化有密切联系[15]。

除煅烧温度外,母体 Co-MOFs 的煅烧时长也对催化剂的结构和性能有影响。因此,在与前期样品升温速率一样的条件下,笔者又选择了催化活性最高的 350 ℃温度条件,煅烧 3h,制备了 ZSA-1-Co$_3$O$_4$-350-3h 用于甲苯催化氧化,来探究煅烧时长对催化剂催化活性的影响,结果如图 5-11(a)所示。从图 5-11(a)中可以看出,在 220 ℃即甲苯转化率大约为 29% 之前,ZSA-1-Co$_3$O$_4$-350-3h 比 ZSA-1-Co$_3$O$_4$-350-1h 展现出更高的甲苯催化活性。但是,在 220 ℃后,随着温度的升高,ZSA-1-Co$_3$O$_4$-350-1h 的甲苯催化活性迅速升高,如前所述,在 239 ℃即可将甲苯完全转化为二氧化碳和水。而 ZSA-1-Co$_3$O$_4$-350-3h 对甲苯的降解率随温度的升高增加得不及 ZSA-1-Co₃O₄-350-1h 快，257℃时对甲苯的降解率可达 90%，270℃时才可将甲苯完全降解，比 ZSA-1-Co₃O₄-350-1h 的对应温度高了 31℃。

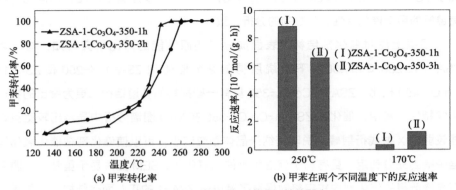

(a) 甲苯转化率          (b) 甲苯在两个不同温度下的反应速率

**图 5-11**　不同焙烧时长对催化活性的影响

　　为进一步对比研究母体 MOFs 的不同焙烧时长对所得催化剂催化活性的影响，本实验同样选取一个对于甲苯催化氧化来说相对较高的温度（250℃，甲苯转化率相对较高）和一个相对较低的温度（170℃，甲苯转化率相对较低，低于 20%），计算了甲苯催化氧化反应速率，或者是甲苯消耗速率。由图 5-11（b）可以看出，在较低温度 170℃时，ZSA-1 焙烧 3h 所得的催化剂 ZSA-1-Co₃O₄-350-3h 对甲苯的消耗速率相对更快，为 $1.25×10^{-7}$mol/（g·h），而 ZSA-1-Co₃O₄-350-1h 对甲苯的消耗速率仅为 $0.36×10^{-7}$mol/（g·h）。而在 250℃下，后者的甲苯消耗速率明显提高并超过前者，ZSA-1-Co₃O₄-350-1h 对甲苯的消耗速率为 $8.74×10^{-7}$/mol/（g·h），比 ZSA-1-Co₃O₄-350-3h 对甲苯的消耗速率 [$2.21×10^{-7}$mol/（g·h）] 高。

　　整体上来讲，相同条件下母体 ZSA-1 的焙烧时长对所得催化剂的甲苯催化活性的影响十分明显，以 1℃/min 的升温速率升温到 350℃，较长的焙烧时间不利于甲苯催化氧化，除起燃温度（$T_{10\%}$）降低外，半转化温度、90% 转化温度和 100% 转化温度均升高，甲苯催化活性整体变差，这可能是因为较长时间的焙烧使 ZSA-1 内部的有机链断裂得更彻底，使催化剂在生成过程中内部的孔道等进一步坍塌，不利于甲苯的吸附和传质等。

　　为了更全面地研究焙烧条件对 ZSA-1 衍生的 Co₃O₄ 催化剂催化氧化甲苯性能的影响，本节选择前期性能最佳的样品所对应的温度（350℃）和时长（1h），分别选择了 1℃/min、5℃/min 和 10℃/min 3 个升温速率，制备了 ZSA-1-Co$_3$O$_4$-350-1、ZSA-1-Co$_3$O$_4$-350-5 和 ZSA-1-Co$_3$O$_4$-350-10 三种催化剂用于甲苯催化氧化。如图 5-12（a）中三种催化剂对甲苯的转化率所示，焙烧温度对催化剂催化氧化甲苯的活性有一定影响。在 200℃ 之前，三种催化剂在同一温度下对甲苯的转化率几乎没有差别，说明 3 个升温速率下所得的催化剂对甲苯的起燃温度几乎一样。之后随着温度的升高，三者对甲苯的转化率逐渐产生差距。升温速率分别为 1℃/min、5℃/min 和 10℃/min 下所得催化剂达到 50% 甲苯降解率所需的温度分别为 232℃、233℃ 和 232℃，整体的差异也不明显，但三者达到 90% 的甲苯降解率所需的温度分别为 239℃、246℃ 和 245℃，而达到 100% 的完全转化率所需的温度分别为 245℃、260℃ 和 260℃。升温速率为 1℃/min 的催化剂可以在较低温度下对甲苯达到较高的转化率，说明其催化活性相对更高。升温速率为 10℃/min 的催化剂活性略高于 5℃/min 的催化剂，但整体上差别并不显著。

图 5-12（b）所示为三种升温速率下所得催化剂在一个对于甲苯催化氧化来说相对较高的温度（240℃，甲苯转化率相对较高）和一个相对较低的温度（180℃，甲苯转化率相对较低，低于 20%）下的甲苯消耗速率图。可以明显看出，整体上三种催化剂的反应速率趋势与甲苯转化率的趋势一致，升温速率为 1℃/min 的催化剂在两个温度下均对甲苯展现出了较高的反应速率，在 240℃ 时这种优势更为明显，其对甲苯的消耗速率为 $8.52\times10^{-7}$mol/(g·h)，而升温速率为 5℃/min 和 10℃/min 的催化剂在 240℃ 时对甲苯的消耗速率分别为 $6.51\times10^{-7}$mol/(g·h) 和 $7.11\times10^{-7}$mol/(g·h)。

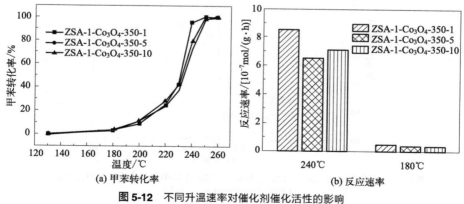

(a) 甲苯转化率      (b) 反应速率

**图 5-12** 不同升温速率对催化剂催化活性的影响

由上述分析可以看出，对于同一种前驱体MOFs，以不同的升温速率升到同一温度焙烧相同时长所得到的催化剂对甲苯的催化氧化活性各不相同，说明升温速率也是影响催化剂催化活性的一个因素，这与前期文献的报道相一致[26]。但是对于不同的金属氧化物前驱体来说，升温速率对最终所得催化剂活性的影响各不相同，也没有特定的规律性。但整体上来看，较低的升温速率（1℃/min）下所得的催化剂对甲苯的催化活性更高，这可能是因为在此焙烧温度下，母体MOFs在转化成金属氧化物的过程中孔的构造更适合甲苯的吸附和传质，也可以为其催化氧化提供更多的活性位点。

### 5.2.4 催化剂稳定性测试

本实验中选取232℃（甲苯转化率为50%）和260℃（甲苯转化率为100%）对在催化活性评价中催化性能最好的 ZSA-1-Co₃O₄-350 催化剂进行长时间稳定性测试，以探索其催化稳定性。如图5-13所示，232℃条件下，连续的24h中甲苯转化率基本维持在50%左右，虽略有波动但基本保持稳定。稳定运行24h后，将床层温度升至260℃继续反应，甲苯转化率在之后的24h中一直稳定保持在100%。由图5-13可以清晰看出，ZSA-1-Co₃O₄-350 在相对较高的温度下能更稳定地进行甲苯催化氧化反应。综上可得，ZSA-1-Co₃O₄-350 对甲苯的催化性能优异，有潜在的应用前景。

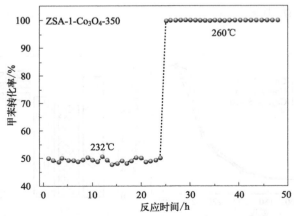

**图5-13** 样品 ZSA-1-Co₃O₄-350 的稳定性测试图 [ 其中甲苯浓度为 1000cm³/m³，GHSV = 20000mL/(g·h) ]

## 5.3 催化剂催化氧化甲苯的机理研究

图 5-14 为 ZSA-1-$Co_3O_4$-350 在不同温度下催化氧化甲苯的原位红外光谱图。如图所示，在室温下，先向催化剂中通一定时间的甲苯，此过程中不通氧气，以保证甲苯快速吸附在催化剂表面，之后分别选取 100℃、150℃、200℃、230℃为中间反应温度来观察甲苯催化氧化的中间产物，而前期的催化活性评价中显示，ZSA-1-$Co_3O_4$-350 在 245℃时即可将甲苯完全降解为 $CO_2$ 和 $H_2O$，因此此处选择了比完全降解温度（$T_{100\%}$）还高的温度 260℃来观察甲苯在较高温度下的产物。

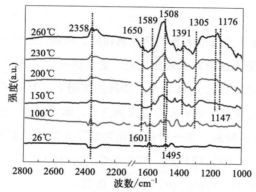

**图 5-14** 样品 ZSA-1-$Co_3O_4$-350 在不同温度下催化氧化甲苯的原位红外光谱图

如图 5-14 所示，室温（26℃）下甲苯在催化剂上吸附一定时间后所测出的图谱中，1495$cm^{-1}$ 和 1601$cm^{-1}$ 两处峰均代表苯环，说明甲苯已经吸附在催化剂上 [27]。这些峰在 100℃以下一直存在，温度达到 150℃以后消失，说明在 150℃时甲苯即开始进行催化氧化反应。C—O 振动峰（1650$cm^{-1}$）在 100℃开始出现，表明有一定的苯甲醇出现 [28,29]。1391$cm^{-1}$ 和 1508$cm^{-1}$ 处的峰在温度升高至 150℃时开始出现，这两个峰分别代表苯甲酸之类的羧酸盐类物质和顺丁烯二酸盐类物质 [8,28]，顺丁烯二酸盐类物质的出现说明甲苯的苯环在此时已经开始断裂。从图中还可以明显看出，随着温度的升高，1508$cm^{-1}$ 处的峰越来越大，表明在温度升高过程中有越来越多的顺丁烯二酸盐类物质生成。150℃后出现了醛酮类物质的特征峰（1147$cm^{-1}$ 和 1176$cm^{-1}$），并随着温度的升高逐渐变大，说明此过程中苯甲酸和顺丁烯二酸盐类物质进一步被分解为短链的醛酮类物质 [27]。在温度由 150℃升高到 260℃的过程中，2358$cm^{-1}$ 处的峰也逐渐变大，说明在此过程中，随着甲苯的催化氧化，有越来越多的 $CO_2$ 生成。此外，代表羟基或 $H_2O$ 的峰（ $1589cm^{-1}$ ）在温度达到 260℃ 时出现[27]，证明甲苯在更高温度下被完全氧化为了 $CO_2$ 和 $H_2O$。由上述分析可知，ZSA-1-$Co_3O_4$-350 催化氧化甲苯过程中生成的主要中间产物有苯甲醇、苯甲酸和顺丁烯二酸盐类物质，而甲苯催化氧化的最终产物为 $CO_2$ 和 $H_2O$。

图 5-15 拟合展示了甲苯在催化剂 ZSA-1-$Co_3O_4$-350 上催化氧化的过程。如图所示，甲苯和气流中的氧气首先被吸附在催化剂 ZSA-1-$Co_3O_4$-350 上，当甲苯吸附饱和后开始升温进行甲苯催化氧化反应。气体中提供的氧气与催化剂上的晶格氧和氧空位之间发生一系列的反应，转化生成活性氧物种，从而在整个催化氧化过程中形成氧循环（ $O_{2gas} \rightleftharpoons O_{2ads} \rightleftharpoons O_{2ads}^- \rightleftharpoons 2O_{ads}^- + V_o \rightleftharpoons O_{ads}^{2-} \rightleftharpoons 2O_{latt}^{2-}$ ），为甲苯催化氧化提供大量的活性氧物质。而催化剂中的 $Co^{3+}/Co^{2+}$ 电对之间通过电子转移不断发生着氧化还原反应，这又进一步促进了反应过程中的氧循环，在催化剂的活性中心 $Co^{3+}$ 和活性氧物种的作用下，甲苯在温度条件为 100℃ 时开始催化降解为苯甲醇。随着反应温度的升高，苯甲醇进一步被分解为苯甲酸，之后苯甲酸中的苯环断裂，进一步被氧化为顺丁烯二酸盐类物质，当温度达到 245℃ 后被完全氧化为 $CO_2$ 和 $H_2O$。ZSA-1-$Co_3O_4$-350 催化剂对甲苯的催化氧化机理符合 Langmuir-Hinshelwood（L-H）模型。

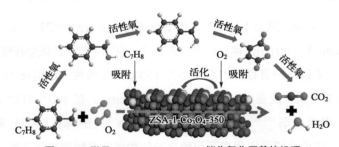

**图 5-15** 样品 ZSA-1-$Co_3O_4$-350 催化氧化甲苯的机理

本章选取上一章研究中在相同焙烧条件下对甲苯催化氧化活性最高的催化剂的母体 Co-MOFs（ZSA-1）作为前驱体，分别在 250℃、350℃ 和 450℃ 下焙烧制备三种催化剂 ZSA-1-X-250、ZSA-1-$Co_3O_4$-350 和 ZSA-1-$Co_3O_4$-450（如图 5-16 所示），用于甲苯催化氧化研究。此外，还探索了焙烧时长和升温速率等焙烧条件对 ZSA-1 衍生的催化剂的结构和性能的影响，得出了以下结论：

① 正八面体 ZSA-1 的焙烧条件与最终所得催化剂的结构及催化活性有重要关联，与升温速率和焙烧时长相比，焙烧温度对催化剂性能的影响最为显著。选择不同温度煅烧 ZSA-1，成功合成了一系列具有不同晶粒大小、不同比表面积和孔径分布等孔道结构、不同 $Co^{3+}/Co^{2+}$ 值和 $O_{ads}/O_{latt}$ 值以及不同低温还原性能等理化特性的 $Co_3O_4$ 催化剂。

② ZSA-1 在 350℃ 下焙烧所得的 ZSA-1-$Co_3O_4$-350 具有较大的比表面积和孔容，其孔径结构分布较独特。此外，该催化剂还具有丰富的缺陷结构和氧空位，最高的 $Co^{3+}/Co^{2+}$ 值（1.77）和 $O_{ads}/O_{latt}$ 值（1.17），较强的低温还原性能，从而在甲苯催化活性评价中表现出最佳性能。其 $T_{50\%}$ 和 $T_{90\%}$ 分别为 232℃ 和 239℃，与同类 $Co_3O_4$ 催化剂相比其性能也十分突出。

③ 利用原位红外光谱技术探究了 ZSA-1-$Co_3O_4$-350 对甲苯的催化氧化过程及机理，结果表明，甲苯在其苯环断裂前主要有三种中间产物，即苯甲醇、苯甲酸和顺丁烯二酸盐类物质，而在被完全氧化为 $CO_2$ 和 $H_2O$ 之前主要被分解为一些短链的醛和酮类物质。结合催化剂的结构表征分析可知该催化剂降解甲苯的反应机理符合 Langmuir-Hinshelwood（L-H）模型。

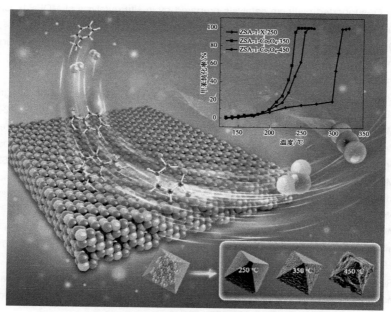

**图 5-16** 不同条件下焙烧 ZSA-1 制备钴基催化剂催化氧化甲苯过程

## 参考文献

[1]  Ngamou P H T, Bahlawane N. Influence of the arrangement of the octahedrally coordinated trivalent cobalt cations on the electrical charge transport and surface reactivity[J]. Chemistry of Materials, 2010, 22: 4158-4165.

[2]  赵玖虎. $Co_3O_4$ 基催化材料合成及应用于 VOCs 催化消除 [D]. 兰州：兰州理工大学，2019.

[3]  Chen K, Bai S L, Li H Y, et al. The $Co_3O_4$ catalyst derived from ZIF-67 and their catalytic performance of toluene[J]. Applied Catalysis A: General, 2020 ( 599 )：117614.

[4]  Zhao J H, Tang Z, Dong F, et al. Controlled porous hollow $Co_3O_4$ polyhedral nanocages derived from metal-organic frameworks ( MOFs ) for toluene catalytic oxidation[J]. Molecular Catalysis, 2019, 463: 77-86.

[5]  Wang S, Zhao T T, Li G H, et al. From metal-organic squares to porous zeolite-like supramolecular assemblies[J]. Journal of The American Chemical Society, 2010, 132: 18038-18041.

[6]  Wang S, Wang T, Shi Y, et al. Mesoporous $Co_3O_4$@carbon composites derived from microporous cobalt-based porous coordination polymers for enhanced electrochemical properties in supercapacitors[J]. RSC Advances, 2016, 6: 18465-18470.

[7]  Hu F, Chen J, Peng Y, et al. Novel nanowire self-assembled hierarchical $CeO_2$ microspheres for low temperature toluene catalytic combustion[J]. Chemical Engineering Journal, 2018, 331: 425-434.

[8]  Chen X, Chen X, Cai S, et al. Catalytic combustion of toluene over mesoporous $Cr_2O_3$-supported platinum catalysts prepared by in situ pyrolysis of MOFs[J]. Chemical Engineering Journal, 2018, 334: 768-779.

[9]  Oar-arteta L, Wezendonk T, Sun X, et al. Metal organic frameworks as precursors for the manufacture of advanced catalytic materials[J]. Materials Chemistry Frontiers, 2017, 1: 1709-1745.

[10]  Zhang Q, Peng M S, Chen B, et al. Hierarchical $Co_3O_4$ nanostructures in-situ grown on 3D nickel foam towards toluene oxidation[J]. Molecular Catalysis, 2018, 454: 12-20.

[11]  Mo S P, Li S D, Xiao H L, et al. Low-temperature CO oxidation over integrated Penthorum chinense-like $MnCo_2O_4$ arrays anchored on three-dimensional Ni foam with enhanced moisture resistance[J]. Catalysis Science & Technology, 2018, 8: 1663-1676.

[12]  Mo S P, Li S D, Ren Q M, et al. Vertically-aligned $Co_3O_4$ arrays on Ni foam as monolithic structured catalysts for CO oxidation：Effect of morphological transformation[J]. Nanoscale, 2018, 10: 7746-7758.

[13]  Wang K, Cao Y, Hu J, et al. Solvent-free chemical approach to synthesize various morphological $Co_3O_4$ for CO oxidation[J]. ACS applied materials & interfaces, 2017, 9: 16128-16137.

[14]  Ren Q M, Mo S P, Feng Z, et al. Controllable synthesis of 3D hierarchical $Co_3O_4$ nanocatalysts with various morphologies for the catalytic oxidation of toluene[J]. Journal of Materials Chemistry A, 2018, 6: 498-509.

[15]  Mo S P, Zhang Q, Ren Q M, et al. Leaf-like Co-ZIF-L derivatives embedded on $Co_2AlO_4$/

Ni foam from hydrotalcites as monolithic catalysts for toluene abatement[J]. Journal of hazardous materials, 2019, 364: 571-580.

[16]　Ren Q M, Feng Z T, Mo S P, et al. 1D-$Co_3O_4$, 2D-$Co_3O_4$, 3D-$Co_3O_4$ for catalytic oxidation of toluene[J]. Catalysis Today, 2019, 332: 160-167.

[17]　Peng R S, Sun X B, Li S, et al. Shape effect of Pt/$CeO_2$ catalysts on the catalytic oxidation of toluene[J]. Chemical Engineering Journal, 2016, 306: 1234-1246.

[18]　Gabrovska M, Edreva-kardjieva R, Tenchev K, et al. Effect of Co-content on the structure and activity of Co-Al hydrotalcite-like materials as catalyst precursors for CO oxidation[J]. Applied Catalysis A: General, 2011, 399: 242-251.

[19]　De rivas B, López-fonseca R, Jiménez-gonzález C, et al. Characterisation and catalytic performance of nanocrystalline $Co_3O_4$ for gas-phase chlorinated VOC abatement[J]. Journal of Catalysis, 2011, 281: 88-97.

[20]　Xie R, Fan G, Yang L, et al. Solvent-free oxidation of ethylbenzene over hierarchical flower-like core-shell structured Co-based mixed metal oxides with significantly enhanced catalytic performance[J]. Catalysis Science & Technology, 2015, 5: 540-548.

[21]　Bai B, Li J. Positive effects of $K^+$ ions on three-dimensional mesoporous Ag/$Co_3O_4$ catalyst for HCHO oxidation[J]. ACS Catalysis, 2014, 4: 2753-2762.

[22]　Yang H, Dai H, Deng J, et al. Porous cube-aggregated $Co_3O_4$ microsphere-supported gold nanoparticles for oxidation of carbon monoxide and toluene[J]. Chem Sus Chem, 2014, 7: 1745-1754.

[23]　Liu Y, Dai H, Deng J, et al. Mesoporous $Co_3O_4$-supported gold nanocatalysts: Highly active for the oxidation of carbon monoxide, benzene, toluene, and o-xylene[J]. Journal of Catalysis, 2014, 309: 408-418.

[24]　Lin L Y, Bai H. Salt-induced formation of hollow and mesoporous $CoO_x$/$SiO_2$ spheres and their catalytic behavior in toluene oxidation[J]. RSC Advances, 2016, 6: 24304-24313.

[25]　Li G, Zhang C, Wang Z, et al. Fabrication of mesoporous $Co_3O_4$ oxides by acid treatment and their catalytic performances for toluene oxidation[J]. Applied Catalysis A: General, 2018, 550: 67-76.

[26]　Zhao J, Han W, Tang Z, et al. Carefully designed hollow $Mn_xCo_{3-x}O_4$ polyhedron derived from in situ pyrolysis of metal-organic frameworks for outstanding low-temperature catalytic oxidation performance[J]. Crystal Growth & Design, 2019, 19: 6207-6217.

[27]　Li S J, Peng R S, Sun X B, et al. Mechanism research of toluene catalytic oxidation over Pt/$CeO_2$ catalyst[J]. Acta Scientiae Circumstantiae, 2018, 38: 1426-1436.

[28]　Du J, Qu Z, Dong C, et al. Low-temperature abatement of toluene over Mn-Ce oxides catalysts synthesized by a modified hydrothermal approach[J]. Applied Surface Science, 2018, 433: 1025-1035.

[29]　He C, Yu Y, Shi J, et al. Mesostructured Cu-Mn-Ce-O composites with homogeneous bulk composition for chlorobenzene removal: Catalytic performance and microactivation course[J]. Materials Chemistry and Physics, 2015, 157: 87-100.

# 第6章
# 不同金属掺杂ZSA-1制备钴基复合金属氧化物用于甲苯催化氧化

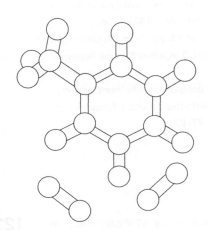

# 6.1 Mn 掺杂制备钴基复合金属氧化物用于甲苯催化氧化

前两章的研究结果表明，可以通过对不同形貌和组成的前驱体 Co-MOFs 的选择及焙烧条件的调控来有效调控催化剂的孔道结构，并使其具有其他有利于甲苯催化氧化的物理化学特性，从而得到对甲苯催化氧化具有高活性的 $Co_3O_4$ 催化剂。尽管该方法操作简单、过程可控、价格低廉且性能优异，但是整体上单一非贵金属氧化物对甲苯的催化活性依然不理想。有些非贵金属氧化物之间在复合过程中产生强烈的相互作用，从而提高催化剂的某些特性，对甲苯催化氧化形成积极的协同作用从而提高催化活性 [1,2]，这也成了甲苯催化氧化领域的研究热点。

在众多金属中，Mn 不仅有多重可变价态（如 +3 价、+4 价、+6 价和 +7 价等），还有优异的氧储存及流动性能，同时锰的氧化物又具有多种晶体结构，因此其本身往往就对甲苯表现出较高的低温催化氧化活性。此外，它也因独特的电子构型而常常被用于与 Co 掺杂制备复合金属氧化物 [3-5]。Wang Yuan 等 [6] 利用水热法成功制备了 3D 的 $Co_{3-x}Mn_xO_4$ 用于甲苯的催化氧化，发现 $Co_{2.25}Mn_{0.75}O_4$ 可在 239℃时将甲苯完全氧化为二氧化碳和水。Zhang Xuejun 等 [7] 利用共沉淀法制备了 Co-Mn 复合物用于甲苯催化氧化，该催化剂在 266℃时可将 90% 的甲苯催化氧化。Dong Cui 等 [8] 利用草酸溶胶 – 凝胶法成功制备了尖晶石 $CoMn_2O_4$ 催化剂，其在 220℃时即可将甲苯完全催化氧化，其活性远高于单金属 $Co_3O_4$ 的活性。但上述方法，即传统的 Co 基复合非贵金属氧化物合成方法如水热法和共沉淀法等，也很难控制催化剂的暴露晶面和其他理化特性等，而且制备过程需额外添加模板，模板难去除。为避免此类问题，以及最大化结构优势和协同效应在金属复合物间的作用，双金属 MOFs 也常被作为前驱体来制备复合金属氧化物。但是尽管这种方法可以用于有效合成 Ni-Co[9]、Fe-Co[10] 等双金属氧化物，但是对于合成离子半径差异较大且与有机配体配位形式不同的复合金属氧化物较为困难，因而大大限制了以双金属或多金属 MOFs 为前驱体制备复合金属氧化物及其应用 [11]。

而将 Co-MOFs 作为钴基金属氧化物的前驱体，将 Mn 等金属元素掺进 MOFs 的孔隙中，不仅可以对催化剂的晶面和理化特性等进行调控，而且可以避免去除模板，既可以保证其均匀分布，又能使两种元素之间发生强相互作用，促进甲苯催化氧化。Ren Quanming 等 [12] 在合成 ZIF-67 的过程中加入预先合成好的 $\alpha$-$MnO_2$ 或 $\beta$-$MnO_2$，之后在 350℃下煅烧，分别制备了复合金属氧化物 $\alpha$-$MnO_2@Co_3O_4$

和 β-MnO$_2$@Co$_3$O$_4$ 用于甲苯催化氧化，研究发现，在一维的 α-MnO$_2$ 上原位生长 ZIF-67 衍生的 Co$_3$O$_4$ 所制备的催化剂 α-MnO$_2$@Co$_3$O$_4$ 有较高的催化活性，在229℃时可使 1000cm$^3$/m$^3$ 的甲苯降解90%，其性能均高于单独的金属氧化物的性能，其优异的催化活性主要归功于 α-MnO$_2$ 和 Co$_3$O$_4$ 之间的耦合界面对甲苯催化氧化所产生的协同作用，该气相中的氧在该复合金属氧化物表面可以很容易地活化为更多的表面吸附氧，不仅可以增强氧的移动性，而且还增强了氧化还原电对 Mn$^{4+}$/Mn$^{3+}$ 和 Co$^{2+}$/Co$^{3+}$ 之间的转换。Zhao Weitao 等[13] 将 Mn（NO$_3$）$_2$·6H$_2$O 溶于 25mL 乙醇中，在其中加入了一定量的 ZIF-67，之后在一定温度下煅烧制备了双壳空心结构的 Co-Mn 复合金属氧化物用于甲苯催化氧化，一系列表征显示该结构的催化剂内层为 Co$_3$O$_4$，外层为 Co-Mn 复合氧化物。Mn 的引入增强了氧的移动性，Mn$^{3+}$ 使 Co$^{2+}$ 氧化从而为反应提供了更丰富的 Co$^{3+}$，有利于甲苯催化氧化。结果表明，不同钴锰比的复合金属氧化物催化剂的催化活性不同，其中 Co$_1$Mn$_1$ BHNC 在 250℃时可达到 90% 的甲苯降解率，展示出了较高的催化活性。

因此，本章选取 Mn 作掺杂元素，以 ZSA-1 为钴基金属氧化物的前驱体，利用浸渍的方式将其金属盐灌入 Co-MOFs 的孔隙结构中，再通过高温煅烧制备 Mn 掺杂的 Co 基复合金属氧化物用于甲苯催化氧化。分别制备了三种不同 Co/Mn 比的催化剂 M-Co$_1$Mn$_1$O$_x$、M-Co$_2$Mn$_1$O$_x$ 和 M-Co$_3$Mn$_1$O$_x$，通过系统研究催化剂的理化特性及甲苯催化氧化活性，考察 Mn 掺杂对以 ZSA-1 为前驱体制备的钴基金属氧化物对甲苯催化氧化性能的影响。

### 6.1.1 研究内容

（1）钴基复合金属氧化物的制备

用移液枪量取一定量 50% 的 Mn（NO$_3$）$_2$ 水溶液于烧杯中，随后加入 25mL 无水乙醇，超声均匀后将一定量的 ZSA-1 加入混合液中，调节使得 Co：Mn（摩尔比）分别为 1、2 和 3。室温下磁力搅拌 30min 后离心分离，用无水乙醇洗涤三次后，于 60℃烘箱中干燥 12h，之后置于马弗炉中焙烧，条件与第 4 章中 ZSA-1-Co$_3$O$_4$-350 相同。所得样品按不同摩尔比（Co：Mn）分别命名为 M-Co$_1$Mn$_1$O$_x$、M-Co$_2$Mn$_1$O$_x$ 和 M-Co$_3$Mn$_1$O$_x$。其他条件相同，Co：Mn = 1 在 450℃下焙烧所得催化剂命名为 M-Co$_1$Mn$_1$O$_x$-450。为统一命名，前两章中的催化剂 ZSA-1-

$Co_3O_4$-350 在本章中表示为 M-$Co_3O_4$，作为 Mn 掺杂前的对比样[14]。

（2）样品表征

本节对所制备的 M-$Co_1Mn_1O_x$、M-$Co_2Mn_1O_x$ 和 M-$Co_3Mn_1O_x$ 样品进行了一系列表征，主要包括 XRD、SEM、HRTEM、$N_2$ 吸脱附、Raman、XPS 和 $H_2$-TPR。所涉及仪器的规格及操作详见 3.2 部分。

（3）催化剂活性评价

本节评价了 M-$Co_1Mn_1O_x$、M-$Co_2Mn_1O_x$ 和 M-$Co_3Mn_1O_x$ 及 M-$Co_1Mn_1O_x$-450 样品的甲苯催化氧化活性，具体的操作同 3.4.1 部分，所涉及计算同 3.4.3 部分。

（4）催化剂稳定性测试

本节对性能最好的 M-$Co_1Mn_1O_x$ 样品进行了稳定性测试，分别在其对应的 $T_{50\%}$ 和 $T_{90\%}$ 两个温度下持续测试 24h，具体方法同 3.4.2 部分。

（5）催化剂催化氧化甲苯的机理研究

本节对活性测试中性能最好的样品 M-$Co_1Mn_1O_x$ 进行了傅里叶原位红外光谱表征，涉及的仪器规格及操作过程详见 3.2.10 部分。

## 6.1.2 结果与讨论

### 6.1.2.1 结构分析

图 6-1 展示了 Mn 掺杂 ZSA-1 后煅烧生成的三种不同 Co/Mn 摩尔比的复合金属氧化物的 XRD 图谱，可以看出，与图中 $Co_3O_4$ 的标准卡对应（PDF-#-43-1003），均展示出 $Co_3O_4$ 的晶相结构[15]，掺杂 Mn 后所制备的三种催化剂均未显示出 Mn 的 X 射线衍射峰，说明 Mn 均匀分布在催化剂中，或者是因为 $MnO_x$ 的特征峰被 $Co_3O_4$ 的特征峰所覆盖，因此没有出现其单独的特征峰[16]。如图所示，与未

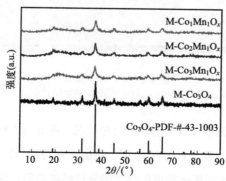

**图 6-1** 样品 M-$Co_1Mn_1O_x$、M-$Co_2Mn_1O_x$ 和 M-$Co_3Mn_1O_x$ 的 XRD 图

掺杂的 M-Co₃O₄ 相比，催化剂 M-Co$_1$Mn$_1$O$_x$、M-Co$_2$Mn$_1$O$_x$ 和 M-Co$_3$Mn$_1$O$_x$ 的 X 射线衍射峰峰强均变弱，峰宽均变宽，说明 Mn 掺杂后所生成的 Co-Mn 复合金属氧化物有更小的纳米粒径。其中 M-Co$_1$Mn$_1$O$_x$ 的峰强相对最弱，峰宽相对最宽，说明其具有最小的纳米粒径。催化剂的粒径越小，为催化反应提供的缺陷位点越多，在甲苯催化氧化中越能提高催化剂的利用率，促进反应的进行。

Mn 掺杂 ZSA-1 后煅烧制备的复合金属氧化物的 SEM 图如图 6-2 所示，可以明显看出，三种不同 Co/Mn 摩尔比的催化剂均未很好地保留母体 ZSA-1 正八面体的形貌，整体上的形貌均遭到不同程度的破坏，但是表面及内部明显生成了更丰富的孔隙结构。这可能是因为 Mn 在前期浸泡过程中进入 ZSA-1 的孔道结构中。而在后期的煅烧过程中，Mn 与 ZSA-1 中的 Co 及有机配体发生强烈的相互作用，在旧键断裂和新键生成的过程中使得部分 ZSA-1 的正八面体形貌坍塌。而由 XRD 分析可知，掺杂 Mn 后所形成的 Co₃O₄ 纳米晶粒均比未掺杂的小，这些较小的晶粒堆积成 SEM 中的宏观形貌，这也进一步说明 Mn 的掺杂进一步改变了催化剂的孔道结构。

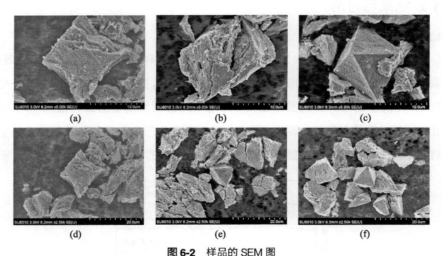

**图 6-2** 样品的 SEM 图

（a）、（d）—M-Co$_1$Mn$_1$O$_x$；（b）、（e）—M-Co$_2$Mn$_1$O$_x$；（c）、（f）—M-Co$_3$Mn$_1$O$_x$

为进一步探索各元素在催化剂中的分布情况，图 6-3（书后另见彩图）展示了催化剂 M-Co$_1$Mn$_1$O$_x$ 中各元素的 EDS 图。由图 6-3 可以看出，Co、Mn 和 O 三种元素在整个钴锰复合金属氧化物催化剂上的分布都很均匀，这也证明 Mn 确实成功掺杂到 ZSA-1 中，并通过煅烧合成了复合金属氧化物，其中掺杂元素锰具有较高的分散度。

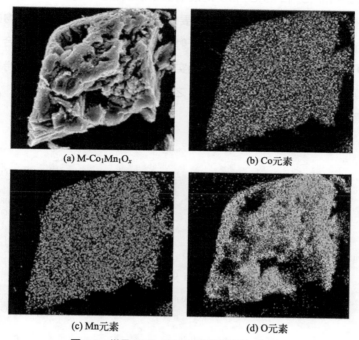

(a) M-Co₁Mn₁Oₓ

(b) Co元素

(c) Mn元素

(d) O元素

**图6-3** 样品 M-Co₁Mn₁Oₓ 中各元素的 EDS 图

为了进一步研究 Mn 掺杂所生成催化剂的晶格结构，进一步对催化剂进行了高倍透射电镜表征，如图 6-4（书后另见彩图）所示。其中图 6-4（b）中晶格间距 0.243nm 和 0.286nm，分别对应 $Co_3O_4$ 的（311）晶面和（220）晶面，这表明（110）存在于 M-Co₁Mn₁Oₓ 催化剂表面[17]。图 6-4（c）中的三个晶格条纹分别为 0.492nm、0.308nm 和 0.220nm，分别对应 $Mn_3O_4$、$Mn_3O_4$ 和 $MnO_2$，说明 Mn 元素在催化剂中的价态既有 +4 价又有 +3 价。图 6-4（e）中的三个晶格条纹分别为 0.243nm、0.286nm 和 0.467nm，分别对应（311）晶面、（220）晶面和（110）晶面，说明 M-Co₂Mn₁Oₓ 中也暴露有（110）晶面。图 6-4（f）中也同样显示有 $Mn_3O_4$ 和 $MnO_2$ 物质。图 6-4（h）和（i）中的分析同样说明 M-Co₃Mn₁Oₓ 催化剂也暴露了（110）晶面，而且也存在 $Mn_3O_4$ 和 $MnO_2$ 物质。笔者前期的研究结果也表明，ZSA-1 在 350℃下煅烧生成的 $Co_3O_4$ 也暴露了（110）晶面。有研究表明，（110）晶面是众多催化反应的有效晶面，与其他晶面相比，该晶面具有较强的反应性，可以提供更多的 Co$^{3+}$，对甲苯催化氧化有较高活性[18-20]。三种催化剂晶格条纹所对应的晶面均与 XRD 中特征峰对应的晶面相一致。此外，分析显示三种催化剂中均有 Mn$_3$O$_4$ 和 MnO$_2$ 物质对应的晶格条纹存在，进一步说明 Mn 确实掺杂进入了催化剂的晶相结构中，并且主要以 +2 价、+3 价和 +4 价氧化物的形态存在。而 Mn$_3$O$_4$ 和 MnO$_2$ 的有些 X 射线衍射特征峰与 Co$_3$O$_4$ 的特征峰重合，这也说明 XRD 中没有出现 Mn 的特征峰可能确实是因为其特征峰被 Co$_3$O$_4$ 的特征峰所覆盖[3,21]。复合金属氧化物中的 Mn 和 Co 之间可以形成强烈的相互作用，从而促进甲苯催化氧化。

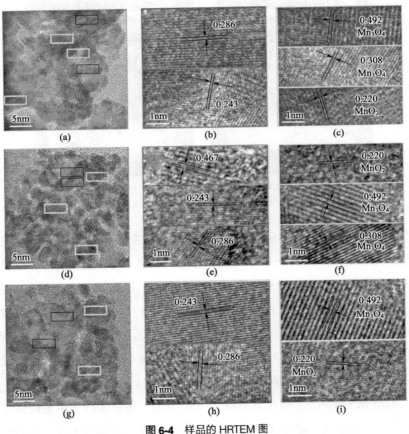

图 6-4　样品的 HRTEM 图

（a）、（b）、（c）—M-Co$_1$Mn$_1$O$_x$；（d）、（e）、（f）—M-Co$_2$Mn$_1$O$_x$；
（g）、（h）、（i）—M-Co$_3$Mn$_1$O$_x$

图 6-5（a）和（b）分别展示了 Co-Mn 复合金属氧化物催化剂的 N$_2$ 吸脱

附等温曲线和孔径分布情况。M-Co₁Mn₁Oₓ、M-Co₂Mn₁Oₓ 和 M-Co₃Mn₁Oₓ 在相对压力为 0.6 ~ 1.0 范围内均有 H3- 型滞后环，是典型的 IV 型等温线，表明三种催化剂均为介孔结构。表 6-1 中数据显示，与未掺杂的 M-Co₃O₄ 相比，Mn 掺杂后，催化剂的比表面积均变大，但掺杂后三种催化剂的比表面积相互间差别并不大；孔容和孔径均变小，整体上相互差别也不明显。其中催化剂 M-Mn₁Co₁Oₓ（Co：Mn = 1）的孔容和孔径最小，可能是因为掺杂过程中有更多的 Mn 进入了催化剂的孔道中。如图 6-5（b）所示，Mn 掺杂后样品的孔径大多集中在 10nm 以下，不再像掺杂前一样呈现出较宽的孔径分布。这说明，Mn 进入催化剂中可能将部分孔道堵塞，在煅烧过程中甚至发生坍塌，使得最终生成的钴锰复合金属氧化物催化剂的孔结构改变，从而为甲苯催化氧化提供更多的活性位点，这也与 XRD 中的结论一致。

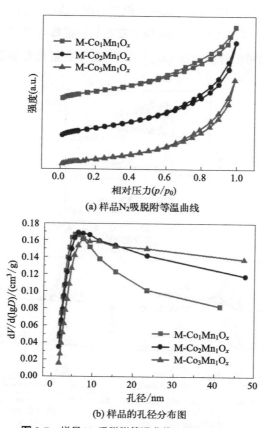

(a) 样品 N₂ 吸脱附等温曲线

(b) 样品的孔径分布图

**图 6-5** 样品 N₂ 吸脱附等温曲线及孔径分布图

表 6-1　样品比表面积、平均孔径和孔容

| 样品 | BET 比表面积 /( m²/g ) | 平均孔径 /nm | 孔容 /( cm³/g ) |
|---|---|---|---|
| M-Co$_1$Mn$_1$O$_x$ | 95.5 | 8.3 | 0.20 |
| M-Co$_2$Mn$_1$O$_x$ | 95.3 | 10.0 | 0.24 |
| M-Co$_3$Mn$_1$O$_x$ | 88.0 | 10.7 | 0.24 |
| M-Co$_3$O$_4$ | 63.4 | 19.1 | 0.30 |

### 6.1.2.2 催化剂表面成分和还原性能

　　为进一步探究 Mn 掺杂后制备的催化剂中 Co、Mn 和 O 三种元素的化合价分布情况，对三种不同 Co/Mn 比的催化剂进行了 XPS 表征。图 6-6 中分别对三种催化剂中不同元素的 XPS 特征峰进行分峰拟合。如图所示，Co 2p 的 XPS 图谱显示主要有两个峰分别为 781eV（Co 2p$_{3/2}$）和 796eV（Co 2p$_{1/2}$）。对这两个峰进行分峰拟合，数据显示：780.1eV 和 784.5eV 左右的特征峰与 Co$^{3+}$ 对应，而 781.5eV 和 796.5eV 左右的特征峰则对应 Co$^{2+}$[17,22,23]。基于各催化剂表面 Co 2p$_{3/2}$ 的 XPS

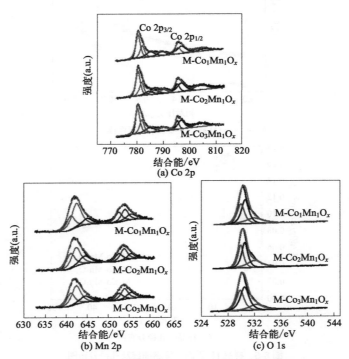

图 6-6　样品中 Co 2p、Mn 2p 和 O 1s 的 XPS 特征峰图

分峰拟合峰面积大小，计算了相应的 $Co^{3+}/Co^{2+}$（相对原子比）列于表 6-2 中，可以看出，各催化剂 $Co^{3+}/Co^{2+}$ 的大小顺序为：M-Co$_1$Mn$_1$O$_x$（1.96）> M-Co$_3$Mn$_1$O$_x$（1.87）> M-Co$_2$Mn$_1$O$_x$（1.83）> M-Co$_3$O$_4$（1.77）。由此可以看出，掺杂 Mn 后，催化剂的 $Co^{3+}/Co^{2+}$ 均变大，说明 Mn 的掺杂可以促使催化剂中生成更多的 $Co^{3+}$，而且与其他催化剂相比，M-Co$_1$Mn$_1$O$_x$ 表面含有更多的 $Co^{3+}$，有利于甲苯催化氧化。

表 6-2　样品表面元素分布情况

| 样品 | $Co^{3+}$ /% | $Co^{2+}$ /% | $Co^{3+}/Co^{2+}$ | $Mn^{2+}$ /% | $Mn^{3+}$ /% | $Mn^{4+}$ /% | $Mn^{3+}/Mn^{4+}$ | $O_{ads}$ /% | $O_{latt}$ /% | $O_{ads}/O_{latt}$ |
|---|---|---|---|---|---|---|---|---|---|---|
| M-Co$_1$Mn$_1$O$_x$ | 66.2 | 33.8 | 1.96 | 28.7 | 56.5 | 14.8 | 3.81 | 56.90 | 43.10 | 1.32 |
| M-Co$_2$Mn$_1$O$_x$ | 64.7 | 35.3 | 1.83 | 34.4 | 44.2 | 21.4 | 2.07 | 54.75 | 45.25 | 1.21 |
| M-Co$_3$Mn$_1$O$_x$ | 65.1 | 34.9 | 1.87 | 30.5 | 49.8 | 19.7 | 2.53 | 55.36 | 44.64 | 1.24 |
| M-Co$_3$O$_4$ | 63.9 | 36.1 | 1.77 | — | — | — | — | 53.92 | 46.08 | 1.17 |

Mn 2p 的 XPS 图谱显示主要有 642.2eV（Mn 2p$_{3/2}$）和 653.9eV（Mn 2p$_{1/2}$）两个峰。其中 641.0eV、642.5eV 和 644.2eV 附近分别对应着 $Mn^{2+}$、$Mn^{3+}$ 和 $Mn^{4+}$，说明 Mn 元素在催化剂表面主要以这三种价态存在[24,25]，这也进一步证实了 HRTEM 中晶格条纹分析所得出的结论。依据分峰拟合面积计算得出三种催化剂中 $Mn^{3+}/Mn^{4+}$ 的大小顺序为：M-Co$_1$Mn$_1$O$_x$（3.81）> M-Co$_3$Mn$_1$O$_x$（2.53）> M-Co$_2$Mn$_1$O$_x$（2.07）。有研究表明电子对 $Co^{3+}/Co^{2+}$ 及 $Mn^{4+}/Mn^{3+}$ 中阳离子之间可逆的价态相互转化可以为催化反应提供一些激活氧的电子，从而促进催化反应进行（$Mn^{3+} \rightleftharpoons Mn^{4+}+e^-$ 和 $Co^{2+} \rightleftharpoons Co^{3+}+e^-$）[12,26]。此外，由于低价态 Mn（如 $Mn^{3+}$）的存在，催化剂表面会生成更多的氧空位来保持电子平衡，所以较高的 $Mn^{3+}/Mn^{4+}$ 意味着催化剂表面有更多的氧空位，因此，与其他两种催化剂相比，催化剂 M-Co$_1$Mn$_1$O$_x$ 上有更丰富的氧空位，有利于促进甲苯催化氧化。有研究还表明，低价 Mn 和高价 Co 之间还可以发生强相互作用（氧化还原反应：$Mn^{3+}+Co^{3+} \longrightarrow Mn^{4+}+Co^{2+}$），进一步促进电子转移及氧循环[25]。

对 O 1s 的 XPS 图谱进行分峰拟合显示：529.9eV 代表催化剂表面晶格氧（$O_{latt}$），530.8eV 和 531.2eV 代表表面吸附氧（$O_{ads}$）[27]。此外，在三种催化剂表面还出现了表面羟基类物质或吸附的水分子（532eV 附近）[17,23,27]。依据氧元素不同形态分峰面积计算可得各样品的 $O_{ads}/O_{latt}$ 大小，列于表 6-2 中，按如下顺序排列：M-Co$_1$Mn$_1$O$_x$（1.32）> M-Co$_3$Mn$_1$O$_x$（1.24）> M-Co$_2$Mn$_1$O$_x$（1.21）> M-Co$_3$O$_4$（1.17）。以上数据也表明，掺杂 Mn 后，催化剂表面的 $O_{ads}/O_{latt}$ 均变大，说明 Mn 的掺杂可以促使催化剂中生成更多的吸附氧，而且与其他催化剂相比，M-Co$_1$Mn$_1$O$_x$ 表面含有更多的 $O_{ads}$，通常，Co 及金属氧化物催化氧化甲苯等 VOCs 都伴随着 $O_{latt}^{2-}$ 的还原、氧空位的产生、活性氧物种的再氧化及 $O_{ads}/O_{latt}$ 的平衡：$2O_{latt}^{2-} \rightleftharpoons O_{ads}^{2-} \rightleftharpoons 2O_{ads}^{-}+V_o$（氧空位）$\rightleftharpoons O_{2ads}^{-} \rightleftharpoons O_{2ads} \rightleftharpoons O_{2gas}$。有研究表明，更多的表面吸附氧可以促进催化氧化过程中活性氧物种的循环，前期研究也已表明 $O_{ads}$ 有利于甲苯催化氧化。

图 6-7 展示了几种催化剂的 $H_2$-TPR 曲线，可进一步分析其低温还原性能。可以看出，M-Co$_1$Mn$_1$O$_x$、M-Co$_2$Mn$_1$O$_x$ 和 M-Co$_3$Mn$_1$O$_x$ 三种催化剂均出现了三个还原峰。前期的 XRD、HRTEM 和 XPS 分析显示，对于三种不同 Co/Mn 比的复合金属氧化物，元素 Mn 主要以 Mn$_3$O$_4$ 和 MnO$_2$ 等形式存在，主要的化合态形式有 Mn$^{4+}$、Mn$^{3+}$ 和 Mn$^{2+}$，而元素 Co 主要以 Co$_3$O$_4$ 的形态存在，主要的化合态形式有 Co$^{3+}$ 和 Co$^{2+}$。由图 6-7 可以明显看出，与 M-Co$_3$O$_4$ 相比，M-Co$_a$Mn$_b$O$_x$ 催化剂的还原特征峰更为复杂，均出现了三个还原特征峰，其中第一个还原特征峰出现在 200 ～ 250℃之间，说明 Mn 掺杂后催化剂的还原性能明显增强。其中，还原温度 200 ～ 300℃对应着 Co$^{3+} \longrightarrow$ Co$^{2+}$ 的还原（Co$_3$O$_4$+H$_2 \longrightarrow$ 3CoO+H$_2$O）。300 ～ 350℃范围内的还原特征峰是 Co$^{2+} \rightarrow$ Co$^0$（CoO+H$_2 \longrightarrow$ Co+H$_2$O）及 Mn$^{4+} \rightarrow$ Mn$^{3+}$（MnO$_2 \longrightarrow$ Mn$_3$O$_4$）的还原峰[23,27,28]，意味着 Co 和 Mn 之间有强相互作用，也进一步说明 Mn 有部分是以 MnO$_2$

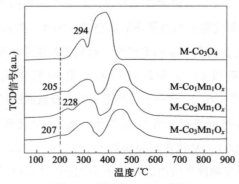

图 6-7　样品的 $H_2$-TPR 曲线

的形态存在（即 +4 价的 Mn）。440 ~ 470℃ 范围内的特征峰对应着 $Mn^{3+}$ 被还原为 $Mn^{2+}$（$Mn_3O_4 \longrightarrow MnO$）的过程[21,26,29,30]，说明 Mn 在催化剂中有 +3 价的形态，这也进一步证实了 XRD、HRTEM 和 XPS 中对催化剂形态及价态分布的分析。

就具体数值来讲，催化剂 $M\text{-}Co_1Mn_1O_x$ 所对应的还原温度分别为 205℃、310℃ 和 443℃，$M\text{-}Co_3Mn_1O_x$ 对应的还原温度分别为 207℃、310℃ 和 448℃，而催化剂 $M\text{-}Co_2Mn_1O_x$ 对应的还原温度分别为 228℃、322℃ 和 463℃。与 $M\text{-}Co_1Mn_1O_x$ 的还原特征峰相比，$M\text{-}Co_2Mn_1O_x$ 和 $M\text{-}Co_3Mn_1O_x$ 对应还原峰的还原温度均偏高。众所周知，$H_2$-TPR 曲线中，还原峰出现的温度越高，意味着催化剂越难被还原。因此，与其他催化剂相比，$M\text{-}Co_1Mn_1O_x$ 有更强的还原性能，这将有利于促进甲苯催化反应。文献报道显示，催化剂的粒径越小，还原性能越优异。因此，$M\text{-}Co_1Mn_1O_x$ 较好的还原性能可在一定程度上归结于其较小的晶粒尺寸[28]。

图 6-8 展示了样品 $M\text{-}Co_1Mn_1O_x$、$M\text{-}Co_2Mn_1O_x$ 和 $M\text{-}Co_3Mn_1O_x$ 和 $M\text{-}Co_3O_4$ 的拉曼光谱图，四个样品中 $Co_3O_4$ 纳米晶粒的典型特征峰显而易见，分别如图中对应的 $F_{2g}^{(1)}$、$E_{2g}$、$F_{2g}^{(2)}$、$F_{2g}^{(3)}$ 和 $A_{1g}$[31,32]。以未掺杂的催化剂 $M\text{-}Co_3O_4$ 的特征峰作为参考，可以看出掺杂 Mn 后制备的三种催化剂其主要的拉曼特征峰均有一定程度的红移现象，即拉曼峰向结合能更低的方向偏移，表明 Mn 的掺杂使得催化剂中存在更多的晶格缺陷，这可能是由于剩余应力或晶格扭曲而产生的，其中 $M\text{-}Co_1Mn_1O_x$ 对应特征峰的红移现象最为明显，说明其晶格缺陷最多，在催化反应中有利于吸附氧变成活性氧，氧气可通过晶格缺陷移动从而产生更多的氧空位。有

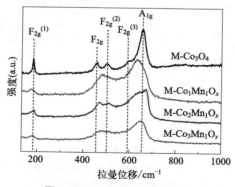

**图 6-8** 各催化剂的拉曼光谱图

研究表明氧空位对甲苯的吸附、气体中氧气的活化及甲苯催化氧化中形成氧循环均有促进作用[28,33,34]，这也进一步证实了 XPS 的分析。并且更多的氧空位可以在甲苯催化氧化过程中活化或产生更多的氧化物，从而有效促进甲苯催化降解[35,36]。此外，催化剂的拉曼特征峰向更小的光谱峰位置移动，说明其具有更小的纳米晶粒[37]。由图 6-8 可以推断出催化剂 M-Co$_1$Mn$_1$O$_x$ 具有最小的纳米粒径，有利于促进甲苯催化氧化。这也进一步证实了 XRD 中的分析结论。

### 6.1.2.3 催化活性对比研究

图 6-9 展示了甲苯在 Mn 掺杂 ZSA-1 后煅烧所合成的钴锰复合金属氧化物催化氧化作用下的转化率，以前期 M-Co$_3$O$_4$ 的甲苯转化率作为对比。从图中可以看出，当催化氧化温度低于 200℃时（甲苯转化率 < 20%），虽然与未掺杂 Mn 之前

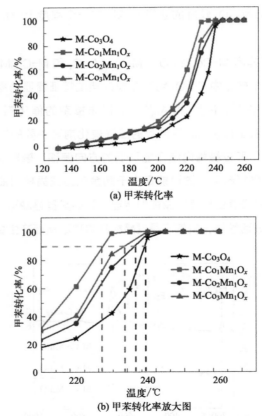

(a) 甲苯转化率

(b) 甲苯转化率放大图

**图 6-9**　M-Co$_1$Mn$_1$O$_x$、M-Co$_2$Mn$_1$O$_x$、M-Co$_3$Mn$_1$O$_x$ 和 M-Co$_3$O$_4$ 催化剂对应的甲苯转化率 [ 其中甲苯浓度为 1000cm$^3$/m$^3$，GHSV = 20000mL/（g·h）]

相比，掺杂后的三种催化剂的催化性能均有所提升，但三者间的差别并不十分明显。之后随着温度的升高，三种催化剂的催化活性逐渐表现出明显差异。为进行全面的对比研究，表 6-3 详细列出了各催化剂对甲苯催化氧化的 $T_{10\%}$、$T_{50\%}$、$T_{90\%}$ 和 $T_{100\%}$。其中 M-Co$_1$Mn$_1$O$_x$ 表现出了最优异的催化性能，分别在 227℃ 和 235℃ 时达到 90% 和 100% 的甲苯转化率，分别比未掺杂时催化剂的相应温度降低了 12℃ 和 10℃。位于其后的是 M-Co$_3$Mn$_1$O$_x$ 的催化活性，分别在 234℃ 和 240℃ 时达到 90% 和 100% 的甲苯转化率。而 M-Co$_2$Mn$_1$O$_x$ 催化剂（Co∶Mn = 2）催化氧化甲苯的 $T_{90\%}$ 略低于 M-Co$_3$O$_4$，为 236℃，$T_{100\%}$ 与 M-Co$_3$O$_4$ 相同，为 245℃。整体来看，Mn 掺杂后催化剂的催化活性均有所提升，随着 Mn 掺杂量的增大，活性的提升先变小，后增大，当 Co 与 Mn 的初始摩尔比为 1∶1 时所制备的钴基复合金属氧化物的催化活性最高。转化率的放大图如图 6-9（b）所示。

**表 6-3  各样品的甲苯催化活性及表观活化能**

| 样品 | GHSV /[mL/(g·h)] | 不同甲苯转化率对应的温度 /℃ | | | | 表观活化能 /(kJ/mol) |
|---|---|---|---|---|---|---|
| | | $T_{10\%}$ | $T_{50\%}$ | $T_{90\%}$ | $T_{100\%}$ | |
| M-Co$_1$Mn$_1$O$_x$ | 20000 | 173 | 216 | 227 | 235 | 55.4 |
| M-Co$_2$Mn$_1$O$_x$ | | 173 | 224 | 236 | 245 | 58.8 |
| M-Co$_3$Mn$_1$O$_x$ | | 173 | 222 | 234 | 240 | 58.4 |
| M-Co$_3$O$_4$ | | 200 | 232 | 239 | 245 | 59.8 |

样品的表观活化能（$E_a$）通过利用甲苯转化率 < 20% 的数据拟合阿伦尼乌斯公式计算得来（见图 6-10）。催化剂的表观活化能越低，意味着甲苯越容易在其表面被氧化。由表 6-3 中的数据可知，催化剂活化能的大小顺序为：M-Co$_1$Mn$_1$O$_x$（55.4kJ/mol）<M-Co$_3$Mn$_1$O$_x$（58.4kJ/mol）<M-Co$_2$Mn$_1$O$_x$（58.8kJ/mol）<M-Co$_3$O$_4$（59.8kJ/mol）。相比之下，M-Co$_1$Mn$_1$O$_x$ 的活化能最低，说明其催化活性最高，这与甲苯转化率的结论相一致。表 6-4 展示了 M-Co$_1$Mn$_1$O$_x$ 与文献中已报道的同类催化剂的甲苯催化活性，可以看出在相同测试条件下 M-Co$_1$Mn$_1$O$_x$ 表现优异，说明 Mn 掺杂 ZSA-1 制备钴基复合金属氧化物应用于甲苯催化氧化有一定的应用前景。

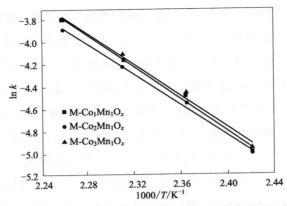

**图 6-10** M-Co$_1$Mn$_1$O$_x$、M-Co$_2$Mn$_1$O$_x$、M-Co$_3$Mn$_1$O$_x$ 催化剂的甲苯转化率的阿伦尼乌斯拟合 [ 其中甲苯浓度为 1000cm$^3$/m$^3$，GHSV = 20000mL/（g·h）]

**表 6-4** M-Co$_1$Mn$_1$O$_x$ 与之前报道的相关材料的甲苯催化活性及测试条件

| 催化剂 | 合成方法 | 甲苯浓度/（cm$^3$/m$^3$） | GHSV/[mL/（g·h）] | $T_{90\%}$/℃ | $T_{100\%}$/℃ | 参考文献 |
|---|---|---|---|---|---|---|
| Co$_{2.25}$Mn$_{0.75}$O$_4$ | 水热法 | 1000 | 20000 | — | 239 | [6] |
| Co-Mn | 共沉淀法 | 500 | 10000 | 265 | 270 | [7] |
| CoMn$_2$O$_4$ | 沉淀法 | 500 | 22500 | — | 220 | [8] |
| Co$_1$Mn$_1$ BHNCs | ZIF-67 | 1000 | 60000 | 248 | — | [13] |
| Co$_{1.5}$Mn$_{1.5}$O$_4$ | 水热法 | 1000 | 30000 | — | 267 | [25] |
| CoMn$_x$O$_y$ | 氧化还原沉淀法 | 500 | 67500 | 228 | — | [38] |
| MOF-Mn$_1$Co$_1$ | 双金属 MOFs | 500 | 96000 | — | 240 | [39] |
| Mn-Co（1:2） | 水热法 | 1000 | 30000 | — | 250 | [40] |
| Mn-Co（1:1） | 水热法 | 1000 | 30000 | 249 | 260 | [40] |
| M-Co$_3$Mn$_1$O$_x$ | ZSA-1 | 1000 | 20000 | 234 | 240 | 本工作 |
| M-Co$_1$Mn$_1$O$_x$ | ZSA-1 | 1000 | 20000 | 227 | 235 | 本工作 |

　　图 6-11 描述了气时空速 GHSV 对甲苯在 M-Co$_1$Mn$_1$O$_x$ 催化剂上催化效率的影响。由图可以看出，随着气时空速从 20000mL/（g·h）升高到 40000mL/（g·h），再到 80000mL/（g·h），在相同反应温度下，催化剂 M-Co$_1$Mn$_1$O$_x$ 对甲苯的催化活性逐渐降低。由表 6-5 可以看出，当 GHSV = 20000mL/（g·h）时，催化剂所对应的 $T_{50\%}$ 和 $T_{90\%}$ 分别为 216℃和 227℃，分别比 GHSV = 40000mL/（g·h）和 80000mL/（g·h）时的 $T_{50\%}$ 和 $T_{90\%}$ 低 13℃和 11℃、25℃和 29℃。

而气时空速越高，气体流速越大，反应物甲苯与催化剂的接触时间越短。因此，在其他条件一定的情况下，一定程度上延长甲苯和催化剂的接触时间也可以增强催化活性，在同一温度下提高甲苯降解率。

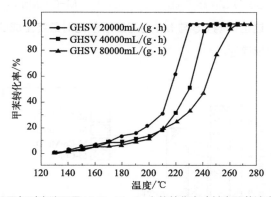

**图 6-11**　甲苯在不同气时空速下于 M-Co$_1$Mn$_1$O$_x$ 上的转化率（其中甲苯浓度为 1000cm$^3$/m$^3$）

**表 6-5**　M-Co$_1$Mn$_1$O$_x$ 在不同气时空速下对甲苯的催化活性

| 样品 | GHSV /[mL/(g·h)] | 不同甲苯转化率对应的温度 /℃ | | | |
|---|---|---|---|---|---|
| | | $T_{10\%}$ | $T_{50\%}$ | $T_{90\%}$ | $T_{100\%}$ |
| M-Co$_1$Mn$_1$O$_x$ | 20000 | 173 | 216 | 227 | 235 |
| | 40000 | 190 | 229 | 238 | 245 |
| | 80000 | 195 | 241 | 256 | 265 |

为进一步对比研究各催化剂的催化活性，本实验选取一个对于甲苯催化氧化来说相对较高的温度（230℃，甲苯转化率相对较高）和一个相对较低的温度（180℃，甲苯转化率相对较低），计算研究了 M-Co$_1$Mn$_1$O$_x$、M-Co$_2$Mn$_1$O$_x$ 和 M-Co$_3$Mn$_1$O$_x$ 三种 ZSA-1 在不同掺 Mn 比例下煅烧所得催化剂在这两个温度下的甲苯消耗速率，以前期研究中未掺杂样品 M-Co$_3$O$_4$ 作为对比。如图 6-12 所示，三种催化剂在较低温度（180℃）下的反应速率较为接近，虽然彼此之间的差别不是十分明显，但是显著高于未掺杂催化剂的甲苯反应速率，这也说明 Mn 的掺杂确实对催化剂的催化活性起到了积极的促动作用。在较高温度下，三种 Mn 掺杂催化剂对甲苯催化氧化的反应速率之间的差别显著增强，依然明显高于 M-Co$_3$O$_4$ 的反应速率。M-Co$_1$Mn$_1$O$_x$、M-Co$_2$Mn$_1$O$_x$ 和 M-Co$_3$Mn$_1$O$_x$ 三个样品的甲苯消耗速率分

别为 8.97×10⁻⁷mol/（g·h）、6.80×10⁻⁷mol/（g·h）和 7.65×10⁻⁷mol/（g·h），可以看出，与前期活性评价得出的结论相同：Co 与 Mn 摩尔比为 1∶1 的样品 M-Co₁Mn₁Oₓ 的催化活性最高，其次是 Co 与 Mn 摩尔比为 3∶1 的样品 M-Co₃Mn₁Oₓ，而 Co 与 Mn 摩尔比为 2∶1 的样品 M-Co₂Mn₁Oₓ 在三个掺杂样品中催化性能略差，这也说明 Co 与 Mn 的初始摩尔比对最终生成的催化剂催化活性的影响没有一定的规律性。

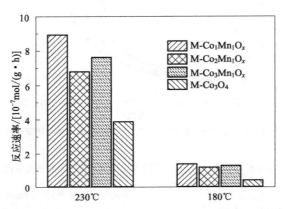

**图 6-12**　各催化剂在 230℃和 180℃下的反应速率 [ 其中甲苯浓度为 1000cm³/m³，GHSV = 20000mL/（g·h）]

　　根据 Mn 掺杂前后及不同掺杂比例催化剂结构、表面成分和还原性能的对比研究可知，Mn 掺杂后的催化剂，尤其是 Co 与 Mn 的初始摩尔比为 1∶1 的催化剂 M-Co₁Mn₁Oₓ 具有一些更为突出的物理化学特性，因而展现出了更为优异的甲苯催化活性。其中，在 XRD 分析中发现 M-Co₁Mn₁Oₓ 的 X 射线衍射峰较宽且峰强较弱，说明与其他催化剂相比，其纳米晶体颗粒较小，更有利于甲苯催化氧化[41]。HRTEM 的微观结构分析证明 Mn 的确掺杂进入催化剂的晶面结构中，Mn 主要以 Mn₃O₄ 和 MnO₂ 等晶相物质存在。掺杂后催化剂表面暴露的主导晶面依然为（110）晶面，可以提供更多的 Co³⁺，有利于促进甲苯催化降解[17,18]，此外，XPS 的分峰拟合结果也显示催化剂 M-Co₁Mn₁Oₓ 有更高的 Co³⁺/Co²⁺ 值、Mn³⁺/Mn⁴⁺ 值和 O_ads/O_latt 值，对于 Co₃O₄ 催化剂，其高催化活性在很大程度上取决于有更多的 Co³⁺ 和表面吸附氧（O_ads）[22]，而 Mn 的掺杂使得 Mn 与 Co 之间形成强相互作用，其高低价态电子对的相互转移进一步促进了电子转移以及氧循环，这些均有利于促进甲苯催化氧化。H₂-TPR 也证明了 M-Co₁Mn₁Oₓ 具有较好的低温还原性能，这也与甲苯催化氧化有密切联系[42]。

第 5 章介绍了不同煅烧温度对以 ZSA-1 为前驱体制备的四氧化三钴的催化活性的影响，发现 350℃煅烧的催化剂有最佳催化活性。因此，在本章的研究中首选 350℃煅烧 Mn 浸渍后的 ZSA-1，发现该温度下制备的 M-Co$_1$Mn$_1$O$_x$-350 的催化活性最佳。第 5 章的研究中发现煅烧温度对催化剂活性的影响远大于升温速率和煅烧时长，为进一步考察煅烧温度对 Mn 掺杂后 ZSA-1 衍生的钴基复合金属氧化物催化活性的影响，本章中又选取了一个相对更高的温度 450℃对 Mn 掺杂的 Co 与 Mn 的初始摩尔比为 1∶1 的 ZSA-1 进行煅烧，所得样品命名为 M-Co$_1$Mn$_1$O$_x$-450。探索了不同煅烧温度对 Co-MOFs 基复合金属氧化物催化氧化甲苯性能的影响。M-Co$_1$Mn$_1$O$_x$-450 及未掺杂样品的催化活性如图 6-13 所示，可以明显看出，煅烧温度对催化活性有一定影响，催化剂 M-Co$_1$Mn$_1$O$_x$-450 在一定温度下对甲苯的降解率均不及 M-Co$_1$Mn$_1$O$_x$-350，说明其甲苯催化氧化活性不如 M-Co$_1$Mn$_1$O$_x$-350。Co 与 Mn 的初始摩尔比相同的情况下，催化剂 M-Co$_1$Mn$_1$O$_x$-450 对应的 $T_{50\%}$ 和 $T_{90\%}$ 分别为 222 ℃ 和 230 ℃，分别比 M-Co$_1$Mn$_1$O$_x$-350 对应的温度高 6℃和 3℃。这可能是因为更高的温度对催化剂的内部孔道及组成等产生了不利影响，使其影响了甲苯吸附传质和产物脱附等过程。

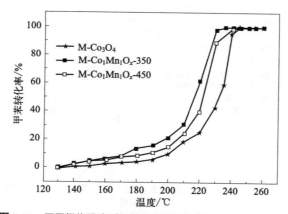

**图 6-13** 不同煅烧温度对钴基复合金属氧化物催化活性的影响

### 6.1.2.4 催化剂稳定性研究

本实验中选取 216℃（甲苯转化率为 50%）和 270℃（甲苯转化率为 100%）

对在催化活性评价中催化性能最好的 M-Co₁Mn₁Oₓ 催化剂进行长时间稳定性测试，以探索其催化稳定性。如图 6-14（a）所示，在 216℃温度条件下连续 24h 的运行中，甲苯的转化率基本维持在 50% 左右，虽略有波动，但基本保持稳定。在该温度下连续稳定运行 24h 后，将床层温度升至 270℃继续催化氧化反应，甲苯转化率在之后的 24h 中一直稳定保持在 100%。图中可以明显看出，M-Co₁Mn₁Oₓ 在相对较高的温度下能更稳定地进行甲苯催化氧化反应，说明该催化剂不易高温烧结，有较强的稳定性。

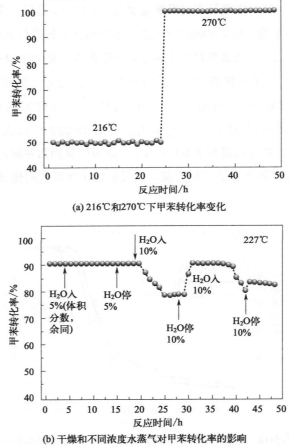

(a) 216℃和270℃下甲苯转化率变化

(b) 干燥和不同浓度水蒸气对甲苯转化率的影响

**图 6-14** 样品 M-Co₁Mn₁Oₓ 的稳定性测试图 [ 其中甲苯浓度为 1000cm³/m³，GHSV = 20000mL/（g·h）]

此外，由于工业 VOCs 气体中不可避免地存在水蒸气，因此催化剂的抗水性能也是评价其综合性能的重要指标。本章在 227℃（$T_{90\%}$）下，对干燥和不同浓度水蒸气条件下催化剂的稳定性进行了 48h 测试，结果如图 6-14（b）所示，可以看出，5%（体积分数，余同）的水蒸气的通入对催化剂的活性没有影响，甲苯的降解率均维持在 90% 左右。而在 19h 时通入 10% 水蒸气后，催化活性开始逐渐下降，直到下降至 80% 左右，随后关掉水蒸气，催化剂的催化活性逐渐恢复到原来状态。约 38h 再次通入 10% 的水蒸气，催化活性再次下降，随后关闭水蒸气后催化活性虽然得到一定程度的恢复，但并没有恢复到原来的状态，甲苯去除率大约维持在 83%。整体来讲，该催化剂展现出了一定的水蒸气抗性。综上可得，Mn 掺杂 ZSA-1 后煅烧生成的 $M-Co_1Mn_1O_x$ 对甲苯的催化性能优异（包括活性、稳定性和水蒸气抗性），有潜在的应用前景。

## 6.1.3 催化剂催化氧化甲苯的机理研究

图 6-15 为 $M-Co_1Mn_1O_x$ 在不同温度下催化氧化甲苯的原位红外光谱图，该图对不同温度下甲苯在催化剂表面的降解情况进行了详细的探索。26℃（室温）下向催化剂中通一段时间甲苯后，对应的红外图谱中出现 1495cm$^{-1}$ 和 1601cm$^{-1}$ 两个代表苯环的特征峰，说明甲苯已经吸附在催化剂上[43]。随着温度的升高，甲苯的特征峰迅速减小并逐渐消失，表明催化氧化在催化剂上进行。150℃ 以后，代表苯甲醛的特征峰（2840cm$^{-1}$）出现，并随温度的升高而增大。1391cm$^{-1}$、1305cm$^{-1}$ 和 1508cm$^{-1}$ 处的峰在温度升高至 150℃ 时开始出现，这三个峰分别代表苯甲酸类的羧酸盐类物质、酸酐和顺丁烯二酸盐类物质[44,45]。200℃ 后开始出现 1305cm$^{-1}$ 处特征峰，说明有酸酐类物质生成，而且之后随温度的升高而变大[8]。从图 6-15 中还可以明显看出，在温度从 150℃ 升高到 220℃ 的过程中，1391cm$^{-1}$ 和 1508cm$^{-1}$ 处的特征峰逐渐变大，表明在温度升高的过程中有越来越多的苯甲酸和顺丁烯二酸盐类物质生成，而由 220℃ 到 250℃ 的过程中，这两处峰又都变小，而 150℃ 后出现了醋酸盐类物质及醛酮类物质的特征峰（1361cm$^{-1}$、1147cm$^{-1}$ 和 1176cm$^{-1}$），并随着温度的升高逐渐变大，说明此过程中苯甲酸和顺丁烯二酸盐类物质进一步被分解为短链的醛酮类物质及乙酸盐类物质[43]。在温度由 150℃ 升高到 250℃ 的过程中，2250 ~ 2400cm$^{-1}$ 处的峰也逐渐变大，说明在此过程中，随着甲苯的催化氧化，有越来越多的 $CO_2$ 生成。此外，代表羟基或 $H_2O$（1589cm$^{-1}$）的峰在温度由 150℃ 到 250℃ 的过程中迅速变大[43]，证明甲苯在更高温度下被完

全氧化为 $CO_2$ 和 $H_2O$。与第 4 章中甲苯在 M-$Co_3O_4$ 催化剂上的降解过程相比，甲苯在 M-$Co_1Mn_1O_x$ 上更容易被转化为中间产物，意味着其反应速率更高，可能是因为 Mn 掺杂后所得的催化剂催化氧化甲苯所需的活化能更低，使得反应更容易进行。

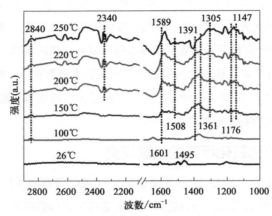

图 6-15　样品 M-$Co_1Mn_1O_x$ 在不同温度下催化氧化甲苯的原位红外光谱图

由上述分析可知，M-$Co_1Mn_1O_x$ 对甲苯催化氧化过程中生成的主要中间产物有苯甲醛、苯甲酸、酸酐和顺丁烯二酸盐类物质。如图 6-16 所示，甲苯和氧气首先被吸附在催化剂 M-$Co_1Mn_1O_x$ 上，之后随着温度的升高，甲苯首先被催化降解为苯甲醛。随着反应温度的升高，苯甲醛进一步被氧化为苯甲酸，之后又进一步被氧化为酸酐和顺丁烯二酸盐类物质，最后达到一定温度后被完全氧化为二氧化碳和水。

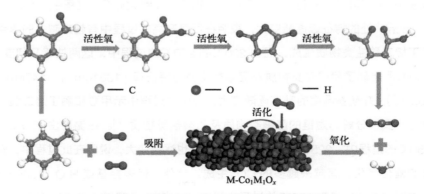

图 6-16　样品 M-$Co_1Mn_1O_x$ 催化氧化甲苯的机理

该部分以正八面体的 ZSA-1 为前驱体，以 50% 的 Mn（NO$_3$）$_2$ 水溶液为锰源对其进行浸渍掺杂，在 350℃ 下焙烧制备了 M-Co$_1$Mn$_1$O$_x$、M-Co$_2$Mn$_1$O$_x$ 和 M-Co$_3$Mn$_1$O$_x$ 一系列不同钴锰比的钴基复合金属氧化物催化剂，用于甲苯催化氧化研究（如图 6-17 所示），得出了以下结论。

① 所合成的三种不同 Co/Mn 比的钴基复合金属氧化物催化剂均为 Co$_3$O$_4$ 晶相结构，而且其表面均暴露有（110）晶面，而其他物理化学特性均不相同。

② Mn 的掺杂对 M-Co$_a$Mn$_b$O$_x$ 催化氧化甲苯的性能起到了积极的促进作用。其中 M-Co$_1$Mn$_1$O$_x$ 具有最高的 Co$^{3+}$/Co$^{2+}$ 值、Mn$^{3+}$/Mn$^{4+}$ 值和 O$_{ads}$/O$_{latt}$ 值，以及更丰富的晶格缺陷和低温还原性能等，从而在甲苯催化活性评价中表现出最佳性能。其 $T_{50\%}$ 和 $T_{90\%}$ 分别为 216℃ 和 227℃，比未掺杂样品所对应的温度分别降低了 16℃ 和 12℃。

③ 原位红外光谱显示，催化剂 M-Co$_1$Mn$_1$O$_x$ 在将甲苯完全氧化为 CO$_2$ 和 H$_2$O 的过程中主要有以下几种中间产物：苯甲醛、苯甲酸、酸酐和顺丁烯二酸盐类物质。整个催化过程中原位红外光谱特征峰显示，与 M-Co$_3$O$_4$ 相比甲苯在催化剂 M-Co$_1$Mn$_1$O$_x$ 上可以更容易地被降解。

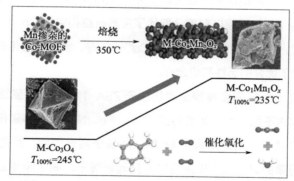

**图 6-17** Mn 掺杂 ZSA-1 制备 Mn-Co 复合金属氧化物催化剂催化氧化甲苯的过程

## 6.2 不同金属掺杂制备钴基复合金属氧化物用于甲苯催化氧化

由 6.1 部分的研究结果可以看出，Mn 的掺杂可以有效提升衍生于 ZSA-1 的 M-Co$_3$O$_4$ 催化剂的甲苯催化活性，这主要是因为 Mn 和 Co 之间强烈的相互作用使得复合金属氧化物催化剂的物理化学特性得到有效改善，更有利于甲苯催化氧化，并且如文献报道的一样，Mn 和 Co 的氧化物可对甲苯催化氧化产生协同作用，从而提高其效率[1,2]。有研究表明，不同金属掺杂可能会引发催化剂表面晶格缺陷的改变和氧空位的生成，而不同掺杂金属元素本身的一些特性，如氧化物状态、离子半径和电负性等均对钴基金属氧化物催化剂的物理化学特性与氧化还原能力有一定影响[46-49]。

如 6.1 部分所述，已有较多研究合成了 Co-Mn 复合金属氧化物催化剂用于甲苯催化氧化并表现出了优异性能，Co 和 Mn 之间的强相互作用对甲苯催化氧化起到了协同作用。Niu Jianrui 等[50]利用不同的方法合成了一系列的 $NiCo_2O_4$ 催化剂用于甲苯催化氧化。其中 $E-NiCo_2O_4$ 有丰富的 $Co^{3+}$ 和表面吸附氧及优异的氧化还原性能，因此表现出了较高的甲苯催化氧化活性。Zhang Xuejun 等[7]用 La、Mn、Zr 和 Ni 四种元素对 $Co_3O_4$ 进行掺杂制备了一系列 Co-M 复合金属氧化物，研究发现不同元素掺杂对催化剂的理化特性和催化氧化甲苯的活性的影响不同，其中 Co-La 对甲苯的催化活性最高，$Co^{3+}$ 和 $O_{ads}$ 对甲苯催化氧化起到了综合的促进作用。Li Jianrong 等[51]制备了一系列负载于炭上的 Cu-Co/C 催化剂，其甲苯催化活性均比 Cu-500/C 高，说明 Cu 和 Co 对甲苯催化氧化起到了协同作用，此外丰富的 $Cu^{2+}$ 也有利于甲苯的深度氧化。此外，Baidya 等[52]研究发现，Fe 掺杂的 $Co_3O_4$ 中 $Fe^{3+}/Fe^{2+}$ 氧化还原电对部分取代了尖晶石结构中的 $Co^{3+}/Co^{2+}$ 电对，但是由于键强度类似，$Fe^{3+}$—O 键并没有影响 $Co^{3+}$—O 键，因此该催化剂对一氧化碳的催化氧化表现出了优异的活性和稳定性。

综上可以看出，不同金属掺杂对衍生于 ZSA-1 的钴基金属氧化物催化剂的结构和性能影响均不同，而且如前所述，Mn、Fe、Ni 和 Cu 等氧化物本身对甲苯就有较好的催化活性。前期研究的 Mn 和 Co 属于同一周期，而前期文献调研显示，选取同一周期的邻近元素掺杂可以利用元素离子之间半径接近，可以相互取代或者发生强相互作用的优势来进一步提升催化剂的结构特性和催化活性[48]。为了进一步系统研究不同金属掺杂对 MOFs 衍生的 $Co_3O_4$ 催化剂的理化特性和甲苯催化活性的影响，本章分别选取与 Co 邻近的同一周期元素四种元素对 ZSA-1 进行掺杂，之后再煅烧生成相应的钴基复合金属氧化物催化剂 $M-Co_1Cu_1O_x$、$M-Co_1Mn_1O_x$、$M-Co_1Fe_1O_x$ 和 $M-Co_1Ni_1O_x$，以未掺杂的 $M-Co_3O_4$ 为对比，系统研究了不同金属掺杂对 MOFs 衍生的钴基催化剂结构和甲苯催化活性的影响。

## 6.2.1 研究内容

（1）钴基复合金属氧化物的制备

分别称取一定量的 Cu（$NO_3$）$_2$·$3H_2O$、Mn（$NO_3$）$_2$·$4H_2O$、Fe（$NO_3$）$_3$·$9H_2O$ 和 Ni（$NO_3$）$_2$·$6H_2O$ 于烧杯中，随后加入 25mL 无水乙醇，超声使其溶解均匀后将一定量的 ZSA-1 加入混合液中，调节使得 Co：Y（初始摩尔比，Y = Cu、Mn、Fe、Ni）均为 1。室温下磁力搅拌 30min 后，将所得的悬浊液离心分离，用无水乙醇洗 3 次（该过程可以将大部分 $NO_3^-$ 去除），置于 60℃烘箱中干燥 12h，之后置于马弗炉中于 350℃下焙烧 1h（几种金属硝酸盐的沸点均低于 150℃，在 350℃可实现对应残存硝酸盐的分解），焙烧过程中升温速率和降温速率分别为 1℃/min 和 5℃/min。

不同金属掺杂所制备的样品分别命名为 M-$Co_1Cu_1O_x$、M-$Co_1Mn_1O_x$、M-$Co_1Fe_1O_x$ 和 M-$Co_1Ni_1O_x$，经 ICP 测定，各催化剂中 Co 与掺杂金属的摩尔比分别为：Co：Cu = 1.96，Co：Mn = 2.12，Co：Fe = 2.01，Co：Ni = 2.24。为使命名统一，第 4 章和第 5 章中的 ZSA-1-$Co_3O_4$-350 催化剂在本章中表示为 M-$Co_3O_4$，作为掺杂样品的对比样[53]。

（2）样品表征

本节对所制备的 M-$Co_1Cu_1O_x$、M-$Co_1Mn_1O_x$、M-$Co_1Fe_1O_x$ 和 M-$Co_1Ni_1O_x$ 样品进行了一系列表征，主要包括 XRD、SEM、HRTEM、$N_2$ 吸脱附、Raman、XPS 和 $H_2$-TPR。所涉及仪器的规格及操作详见 3.2 部分相关内容。

（3）催化剂活性评价

本节评价了各催化剂 M-$Co_1Cu_1O_x$、M-$Co_1Mn_1O_x$、M-$Co_1Fe_1O_x$ 和 M-$Co_1Ni_1O_x$，以及 M-$Co_2Cu_1O_x$ 和 M-$Co_3Cu_1O_x$ 的甲苯催化氧化活性，具体的操作同 3.4.1 部分相关内容描述，所涉及计算同 3.4.3 部分相关内容。

（4）催化剂稳定性测试

本节对性能最好的 M-$Co_1Cu_1O_x$ 样品进行了稳定性测试，在其甲苯催化氧化活性测试中对应的 $T_{100\%}$ 的温度下持续测试 48h，具体方法同 3.4.2 部分相关内容。

（5）催化剂催化氧化甲苯的机理研究

本节对活性测试中性能最好的样品 M-$Co_1Cu_1O_x$ 进行了傅里叶原位红外光谱表征，涉及的仪器规格及操作过程详见 3.2.10 部分相关内容。

## 6.2.2 结果与讨论

### 6.2.2.1 结构分析

图 6-18 展示了 Cu、Mn、Fe 和 Ni 四种金属掺杂 ZSA-1 后煅烧生成的四种钴基复合金属氧化物的 XRD 图谱,可以看出,催化剂 $M-Co_1Cu_1O_x$、$M-Co_1Mn_1O_x$、$M-Co_1Fe_1O_x$ 和 $M-Co_1Ni_1O_x$ 均表现为 $Co_3O_4$ 的晶相结构[15],与 $Co_3O_4$ 的标准卡(PDF-#-43-1003)对比,掺杂后所制备的四种催化剂均未显示出所掺杂金属的特征峰,这可能是由于所掺杂元素的高度均匀分布,或者是因为所掺杂金属元素对应的氧化物呈无定形状态或其特征峰被 $Co_3O_4$ 的特征峰覆盖,因此,没有出现其单独的特征峰[16]。与 $M-Co_3O_4$ 相比,$M-Co_1Cu_1O_x$ 的 X 射线衍射峰峰强变弱,峰宽变宽,说明掺杂 Cu 后,所得催化剂的纳米粒径变小。$M-Co_1Mn_1O_x$ 的峰强变化不明显,但峰宽明显变宽,这也说明 Mn 掺杂后所生成的 Co-Mn 复合金属氧化物有更小的纳米粒径。而 $M-Co_1Fe_1O_x$ 和 $M-Co_1Ni_1O_x$ 所对应的特征峰与 $M-Co_3O_4$ 对应的特征峰相比,峰强明显变强,说明掺杂了 Fe 和 Ni 之后所生成的复合金属氧化物的纳米粒径变大。众所周知,较小粒径的催化剂可以为催化反应提供更多的缺陷位点,在甲苯催化氧化中提高催化剂的利用率,促进反应的进行。

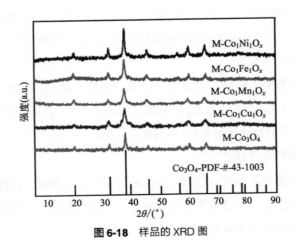

图 6-18 样品的 XRD 图

不同元素掺杂 ZSA-1 后煅烧制备的复合金属氧化物的 SEM 图如图 6-19 所示。可以明显看出,四种催化剂均未能很好地保留母体 ZSA-1 的正八面体形貌,而是呈无定形的块状结构。而笔者前期工作表明，直接由 ZSA-1 煅烧制备的 M-Co₃O₄可以较完整地保留母体的形貌，这也进一步说明不同金属的掺杂可以进一步改变催化剂的孔道结构，进而改变由其堆积而成的宏观形貌。

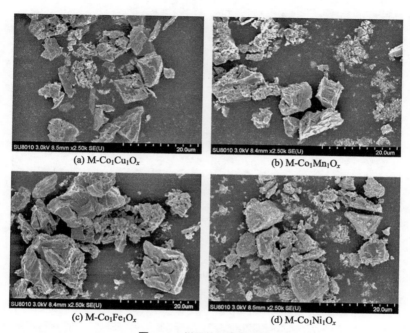

(a) M-Co₁Cu₁Oₓ

(b) M-Co₁Mn₁Oₓ

(c) M-Co₁Fe₁Oₓ

(d) M-Co₁Ni₁Oₓ

**图 6-19** 样品的扫描电镜图

图 6-20（书后另见彩图）为催化剂 M-Co₁Cu₁Oₓ 中各元素的 EDS 图。由图可以看出，Co、Cu 和 O 三种元素在整个复合金属氧化物催化剂上的分布都很均匀，这也证明 Cu 确实成功掺杂到了 ZSA-1 中，并通过煅烧合成了复合金属氧化物。掺杂元素 Cu 具有较高的分散度，较高的分散度有利于金属元素之间的强相互作用，从而促进甲苯催化氧化。

本节进一步探索了不同金属掺杂所生成的催化剂的晶格结构，如图 6-21（书后另见彩图）所示。同第 3 章中 ZSA-1-Co₃O₄-350 一样，图 6-21（a）~（d）中的晶格间距表明（110）晶面均存在于 M-Co₁Cu₁Oₓ、M-Co₁Mn₁Oₓ、M-Co₁Fe₁Oₓ 和 M-Co₁Ni₁Oₓ 催化剂表面[17]。四种催化剂中晶格条纹所对应的晶面均与 XRD 中特征峰对应的晶面相一致。笔者的前期研究结果也表明，在 350℃下煅烧生成的 Co₃O₄ 也暴露了（110）晶面。有研究表明（110）晶面是众多催化反

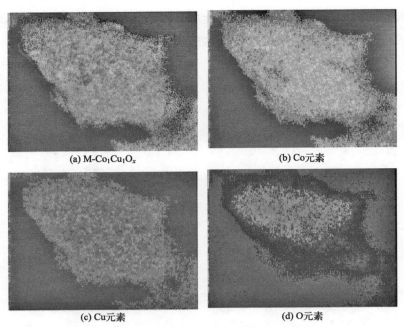

(a) $M\text{-}Co_1Cu_1O_x$          (b) Co元素

(c) Cu元素          (d) O元素

**图 6-20**　$M\text{-}Co_1Cu_1O_x$ 样品的 EDS 图

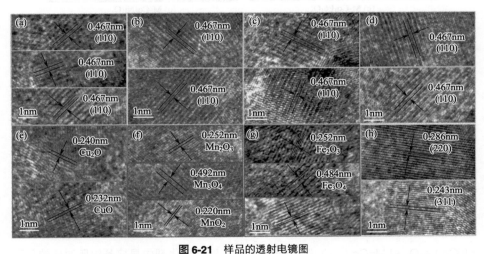

**图 6-21**　样品的透射电镜图

（a）、（e）—$M\text{-}Co_1Cu_1O_x$；（b）、（f）—$M\text{-}Co_1Mn_1O_x$；（c）、（g）—$M\text{-}Co_1Fe_1O_x$；（d）、（h）—$M\text{-}Co_1Ni_1O_x$

应的有效晶面，与其他晶面相比，该晶面具有较强的反应性，可以提供更丰富的 $Co^{3+}$，对甲苯催化氧化有较高活性[18-20]。图6-21（e）中的两个晶格条纹0.240nm和0.232nm分别对应 $Cu_2O$ 和 $CuO$ 两种物质，说明 Cu 确实掺入了催化剂的晶相结构中，主要以+1价和+2价两个价态存在[43]。图6-21（f）中的三个晶格条纹分别为 0.252nm、0.492nm 和 0.220nm，分别对应着 $Mn_2O_3$、$Mn_3O_4$ 和 $MnO_2$，进一步说明 Mn 确实掺杂到了催化剂的晶相结构中，并且主要以+2价、+3价和+4价氧化物的形态存在。而 $Mn_3O_4$ 和 $MnO_2$ 的有些 X 射线衍射特征峰与 $Co_3O_4$ 的特征峰重合，这也说明 XRD 中没有出现 Mn 的特征峰可能确实是因为其特征峰被 $Co_3O_4$ 的特征峰所覆盖[3,21]。图6-21（g）中的晶格条纹也说明 Fe 确实掺杂进入了催化剂的晶相结构中，并且主要以+2价和+3价氧化物的形态存在，0.252nm和 0.484nm 分别对应 $Fe_2O_3$ 和 $Fe_3O_4$。而在 $M-Co_1Ni_1O_x$ 催化剂的晶格条纹中并未找到 $NiO_x$ 所对应的晶格条纹，这说明 Ni 可能并没有掺杂进入催化剂的晶格结构中，而只是分散在催化剂的表面[50]。

图6-22（a）和（b）分别展示了四种复合金属氧化物催化剂的 $N_2$ 吸脱附等温曲线和孔径分布情况。图6-22（a）显示在相对压力为 0.6 ~ 1.0 范围内 $M-Co_1Cu_1O_x$、$M-Co_1Mn_1O_x$、$M-Co_1Fe_1O_x$ 和 $M-Co_1Ni_1O_x$ 四种催化剂均有 H3-型滞后环，是典型的Ⅳ型等温线，表明四种催化剂均为介孔结构。表6-6 中数据结合图6-22（b）催化剂的孔径分布显示，与未掺杂的 $M-Co_3O_4$ 相比，掺杂后的四种催化剂的孔容和平均孔径均变小，四种催化剂的孔径分布情况也各不相同，说明不同的元素掺杂对催化剂的孔结构的改变不同。Cu 和 Mn 掺杂后催化剂的比表面积均变大，意味着掺杂后其表面有更多的活性位点，可促进催化反应的进行。而

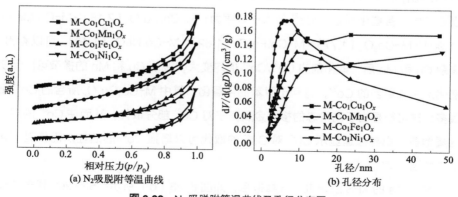

(a) $N_2$吸脱附等温曲线　　　　(b) 孔径分布

**图6-22**　$N_2$ 吸脱附等温曲线及孔径分布图

Fe 掺杂后催化剂的比表面积没有发生改变，Ni 掺杂后催化剂的比表面积明显变小，这可能是因为 Ni 只存在于 ZSA-1 的表面，在后续的焙烧过程中没有对 ZSA-1 内部的骨架起到支撑作用，导致孔隙结构遭到破坏，比表面积变小。此外，如 XRD 分析所示，$M-Co_1Ni_1O_x$ 的粒径明显变大，所以由较大粒径堆积而成的催化剂的比表面积明显变小。

表 6-6　样品比表面积、平均孔径和孔容

| 样品 | BET 比表面积 $/(m^2/g)$ | 平均孔径 /nm | 孔容 $/(cm^3/g)$ |
|---|---|---|---|
| $M-Co_1Cu_1O_x$ | 76.5 | 12.1 | 0.23 |
| $M-Co_1Mn_1O_x$ | 107.2 | 8.24 | 0.22 |
| $M-Co_1Fe_1O_x$ | 63.4 | 9.56 | 0.15 |
| $M-Co_1Ni_1O_x$ | 45.4 | 14.5 | 0.16 |
| $M-Co_3O_4$ | 63.4 | 19.1 | 0.30 |

### 6.2.2.2　催化剂表面成分和还原性能

为进一步探究不同元素掺杂后制备的催化剂中 Co、O 和其他金属元素的化合价形态情况，本章对四种元素掺杂的催化剂进行了 XPS 表征。图 6-23（书后另见彩图）中分别对四种催化剂中不同元素的 XPS 特征峰进行分峰拟合。如图 6-23（a）所示，Co 2p 的 XPS 图谱显示主要有两个峰，即 781eV（Co $2p_{3/2}$）和 796eV（Co $2p_{1/2}$）。对这两个峰进行分峰拟合，数据显示：780.1eV 和 784.5eV 左右的特征峰与 $Co^{3+}$ 对应，而 781.5eV 和 796.5eV 左右特征峰则对应 $Co^{2+}$[17,22,23]。基于各催化剂表面 Co $2p_{3/2}$ 的 XPS 分峰拟合峰面积大小，本章分别计算了相应的 $Co^{3+}/Co^{2+}$ 值列于表 6-7 中，各催化剂 $Co^{3+}/Co^{2+}$ 值大小顺序为：$M-Co_1Cu_1O_x$（2.18）＞$M-Co_1Mn_1O_x$（1.90）＞$M-Co_3O_4$（1.77）＞$M-Co_1Fe_1O_x$（1.62）＞$M-Co_1Ni_1O_x$（1.49）。可以看出，掺杂 Cu 和 Mn 后，催化剂的 $Co^{3+}/Co^{2+}$ 值均变大，说明 Cu 和 Mn 的掺杂可以促使催化剂生成更多的 $Co^{3+}$，有利于甲苯催化氧化，其中 $M-Co_1Cu_1O_x$ 所含的 $Co^{3+}$ 量最多，这可能是由于同价态的掺杂金属离子对 $Co^{2+}$ 部分取代，从而使 $Co^{3+}$ 的相对含量增多，也有报道显示 $Cu^{2+}$ 对 $Co^{2+}$ 的取代可以增强 $Co^{3+}$ 的活性从而使其催化活性增强[34,48]。

对 O 1s 的 XPS 图谱进行分峰拟合，如图 6-23（b）所示：529.9eV 代表催化

剂表面的晶格氧（$O_{latt}$），530.8eV 和 531.2eV 代表表面吸附氧（$O_{ads}$）[27]。依据不同形态分峰面积计算可得样品的 $O_{ads}/O_{latt}$ 大小顺序（如表 6-7 所列）：M-Co$_1$Cu$_1$O$_x$（1.44）＞M-Co$_1$Mn$_1$O$_x$（1.26）＞M-Co$_3$O$_4$（1.17）＞M-Co$_1$Fe$_1$O$_x$（1.11）＞M-Co$_1$Ni$_1$O$_x$（1.04）。以上数据也表明，掺杂 Mn 后，催化剂表面的 $O_{ads}/O_{latt}$ 值均变大，说明 Cu 和 Mn 的掺杂可以促使催化剂中生成更多的吸附氧，而且与其他催化剂相比，M-Co$_1$Cu$_1$O$_x$ 和 M-Co$_1$Mn$_1$O$_x$ 表面含有更多的 $O_{ads}$，有研究表明更多的表面吸附氧可以促进催化氧化过程中活性氧物种的循环[54]，笔者的前期研究也已表明 $O_{ads}$ 有利于甲苯催化氧化。

X 射线光电子能谱也在各催化剂表面检测到了 Cu 2p、Mn 2p、Fe 2p 和 Ni 2p 的特征峰，这也进一步说明了 Cu、Mn 和 Fe 的成功掺杂，而 Ni 2p 特征峰的存在也进一步说明 Ni 存在于催化剂上，但由 HRTEM 分析可知，Ni 可能只存在于 M-Co$_1$Ni$_1$O$_x$ 催化剂的表面。Cu 2p 的 XPS 分峰拟合图谱显示，934.1eV 和 932.5eV 分别对应着较高和较低价态的 Cu$^{2+}$ 和 Cu$^+$[55-58]，利用 Cu 2p$_{3/2}$ 拟合的峰面积计算得 Cu$^{2+}$/Cu$^+$ 值 = 2.01，说明 M-Co$_1$Cu$_1$O$_x$ 催化剂中 Cu$^{2+}$ 的含量远高于 Cu$^+$。有研究表明，Cu$^{2+}$ 可以与苯环上的大 π 键发生络合，Cu$^{2+}$ 电子结构中的 d 电子反馈至苯环上的 π 键，使苯环活化，因此丰富的 Cu$^{2+}$ 有利于促进甲苯等芳香烃类的吸附及深度氧化[51,59]。Mn 2p 的 XPS 图谱显示主要有 642.2eV（Mn 2p$_{3/2}$）和 653.9eV（Mn 2p$_{1/2}$）两个峰。其中 641.0eV、642.5eV 和 644.2eV 附近分别对应着 Mn$^{2+}$、Mn$^{3+}$ 和 Mn$^{4+}$ 的分峰，说明 Mn 元素在催化剂表面主要以这三种价态存在[3,25]，这也进一步证实了 HRTEM 中晶格条纹分析所得出的结论。第 3 章的研究已表明，Mn 和 Co 之间的强相互作用会促进电子转移，此外 Mn$^{3+}$ 还会促进氧空位的生成，因此 Mn 的掺杂可以对催化剂的催化活性起到促进作用。Fe 2p 的分峰拟合显示，710.4eV 和 712.4eV 分别对应着 Fe$^{2+}$ 和 Fe$^{3+}$，根据 Fe 2p$_{3/2}$ 的分峰拟合峰面积计算得 Fe$^{3+}$/Fe$^{2+}$ 值 = 1.19，说明 M-Co$_1$Fe$_1$O$_x$ 上 Fe$^{3+}$ 多于 Fe$^{2+}$，而这可能不利于促进 Co$^{3+} \rightarrow$ Co$^{2+}$ 的转变过程（该过程对甲苯催化氧化至关重要），即不利于 Fe 和 Co 之间形成强烈的相互作用[46,60,61]。对于 Ni 2p 的分峰结果，如图 6-23（f）所示，854.5eV 和 856.0eV 分别代表 Ni$^{2+}$ 和 Ni$^{3+}$，同样根据 Ni 2p$_{3/2}$ 的分峰面积计算得到相应的 Ni$^{3+}$/Ni$^{2+}$ 值 = 0.96，说明催化剂 M-Co$_1$Ni$_1$O$_x$ 表面 Ni$^{2+}$ 略多于 Ni$^{3+}$，因此 Ni 和 Co 之间可能会发生相互作用（Ni$^{2+}$+Co$^{3+} \longrightarrow$ Ni$^{3+}$+Co$^{2+}$），在一定程度上促进高价态的 Co$^{3+}$ 的还原[7,46,50]。

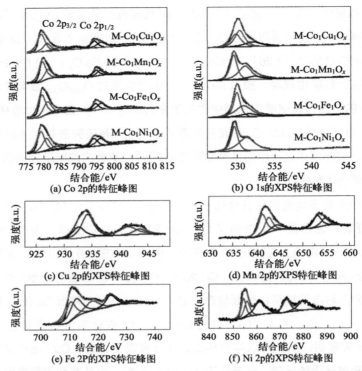

图 6-23 样品中 Co 2p、O 1s、Cu 2p、Mn 2p、Fe 2p 和 Ni 2p 的 XPS 特征峰图

表 6-7 样品表面元素分布情况表

| 样品 | $Co^{3+}$/% | $Co^{2+}$/% | $Co^{3+}/Co^{2+}$ 值 | $O_{ads}$/% | $O_{latt}$/% | $O_{ads}/O_{latt}$ 值 |
|---|---|---|---|---|---|---|
| $M\text{-}Co_1Cu_1O_x$ | 68.58 | 31.42 | 2.18 | 57.28 | 42.72 | 1.44 |
| $M\text{-}Co_1Mn_1O_x$ | 65.57 | 34.43 | 1.90 | 55.67 | 44.33 | 1.26 |
| $M\text{-}Co_1Fe_1O_x$ | 61.80 | 38.20 | 1.62 | 52.71 | 47.29 | 1.11 |
| $M\text{-}Co_1Ni_1O_x$ | 59.87 | 40.13 | 1.49 | 50.91 | 49.09 | 1.04 |
| $M\text{-}Co_3O_4$ | 63.92 | 36.08 | 1.77 | 53.92 | 46.08 | 1.17 |

　　图 6-24 展示了不同金属元素掺杂所得催化剂的 $H_2$-TPR 曲线。由图可以看出，Cu、Mn、Fe 和 Ni 四种金属掺杂后所得催化剂的低温还原性能与未掺杂前相比均发生了改变且各不相同，说明不同元素的掺杂确实会影响催化剂的还原性能。其中 $M\text{-}Co_1Cu_1O_x$、$M\text{-}Co_1Mn_1O_x$ 和 $M\text{-}Co_1Fe_1O_x$ 三种催化剂均出现了三个还原峰。从图中可以看出，与 $M\text{-}Co_3O_4$ 相比，$M\text{-}Co_1Cu_1O_x$ 的特征峰所对应的还原温度明显降低，173℃处的还原峰对应着高度分散的 Cu 物质及与 $Co_3O_4$ 有强相

互作用的 Cu 离子的还原，而 200 ~ 300℃处的还原峰对应着结晶状态的 CuO 的还原、$Co^{3+} \rightarrow Co^{2+}$ 和 $Co^{2+} \rightarrow Co^0$ 的还原 [58,61,62]，说明 Cu 和 Co 之间发生了强相互作用，从而使得催化剂的低温还原性能显著增强。也有文献显示，Cu 的掺杂会使催化剂中金属和 O 之间的键强减弱，从而使得晶格氧的移动性增强，催化剂在低温下易被还原 [63]。还有学者认为 $Cu^{2+}$、晶格氧（$O^{2-}$）和较高价态的其他金属离子（如 $Co^{3+}$）之间会形成 $Cu^{2+}$-$O^{2-}$-$Co^{3+}$，从而增强氧传递，使得催化剂的还原性能增强 [58,64]。对于催化剂 $M-Co_1Mn_1O_x$ 的 $H_2$ 还原曲线，231℃对应着 Co 元素从 $Co^{3+} \rightarrow Co^{2+}$ 的还原过程。326℃处的还原峰对应着 $Co^{2+} \rightarrow Co^0$ 及 $Mn^{4+} \rightarrow Mn^{3+}$ 的还原峰 [17,23,28]，意味着 Co 和 Mn 之间有强相互作用，也进一步说明 Mn 有部分是以 $MnO_2$ 的形态存在（即 +4 价的 Mn）。441℃处的特征峰对应着 $Mn^{3+}$ 被还原为 $Mn^{2+}$（$Mn_3O_4 \rightarrow MnO$）[21,26,29,30]，说明 Mn 在催化剂中的存在形态有 +3 价，与 6.1 部分中的分析一样。可以看出，与 $M-Co_3O_4$ 相比，Cu 和 Mn 掺杂后所得催化剂的特征峰对应的还原温度均变低，说明 $M-Co_1Cu_1O_x$ 和 $M-Co_1Mn_1O_x$ 的低温还原性能均增强，这可能是 Cu、Mn 分别和 Co 之间强相互作用的结果。但 $M-Co_1Fe_1O_x$ 所对应的还原温度明显变大，说明 Fe 和 Co 之间确实没有形成强相互作用，正如 XPS 分析里所得的结论一样，Fe 的掺杂反而使催化剂的低温还原性能变差，不利于甲苯催化氧化 [46,60,61]。而掺 Ni 后，$M-Co_1Ni_1O_x$ 和 $M-Co_3O_4$ 一样只有两个还原特征峰，259℃和 369℃处的还原峰分别对应着 $Co^{3+} \rightarrow Co^{2+}$、$Ni^{3+} \rightarrow Ni^{2+}$ 和 $Co^{2+} \rightarrow Co^0$、$Ni^{2+} \rightarrow Ni^0$ 的还原反应，而且掺杂 Ni 后相应的还原温度变低，这可能是由于 Ni 和 Co 在催化剂表面发生相互作用，使 $M-Co_1Ni_1O_x$ 的还原性能略微变低 [46,50]。

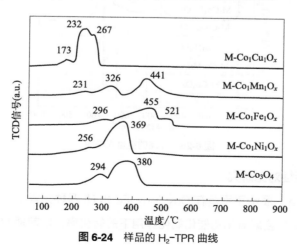

图 6-24　样品的 $H_2$-TPR 曲线

图 6-25 展示了五种催化剂 M-Co$_1$Cu$_1$O$_x$、M-Co$_1$Mn$_1$O$_x$、M-Co$_1$Fe$_1$O$_x$、M-Co$_1$Ni$_1$O$_x$ 和 M-Co$_3$O$_4$ 的拉曼光谱图，样品中 Co$_3$O$_4$ 纳米晶粒的典型特征峰显而易见，分别如图中对应的 F$_{2g}^{(1)}$、E$_{2g}$、F$_{2g}^{(2)}$、F$_{2g}^{(3)}$ 和 A$_{1g}$[31,32]。M-Co$_3$O$_4$ 的特征峰作为参考，可以看出 Cu、Mn、Fe 和 Ni 掺杂以后，所得催化剂的主要拉曼特征峰均有一定程度的偏移现象。其中 M-Co$_1$Cu$_1$O$_x$ 和 M-Co$_1$Mn$_1$O$_x$ 所对应的 A$_{1g}$ 特征峰发生了红移现象，即拉曼峰向结合能更低的方向偏移，这说明 Cu 和 Co、Mn 和 Co 之间都存在着协同作用，金属之间的协同作用可以促进甲苯催化氧化。红移现象是由催化剂的晶格缺陷所引起的，所以也意味着 Cu 和 Mn 的掺杂使得催化剂中存在更多的晶格缺陷。M-Co$_1$Cu$_1$O$_x$ 的红移现象更明显，说明该催化剂的晶格缺陷更多，可以产生更多的氧空位，有利于促进甲苯的吸附以及氧气的活化和氧循环[28,33-36]。而 M-Co$_1$Fe$_1$O$_x$ 和 M-Co$_1$Ni$_1$O$_x$ 所对应的 A$_{1g}$ 拉曼特征峰向结合能更高的方向偏移，即发生蓝移现象[46,65]，这说明 Fe 和 Ni 的掺杂不利于催化剂表面生成更多的晶格缺陷和氧空位。此外，催化剂的拉曼特征峰向更小的光谱峰位置移动，说明其具有更小的纳米晶粒[37]。由图 6-25 可知，M-Co$_1$Cu$_1$O$_x$ 和 M-Co$_1$Mn$_1$O$_x$ 均具有较小的纳米粒径，有利于促进甲苯催化氧化，而 M-Co$_1$Fe$_1$O$_x$ 和 M-Co$_1$Ni$_1$O$_x$ 与未掺杂前相比，粒径变大，不利于甲苯催化氧化。这与 XRD 中的分析结论一致。

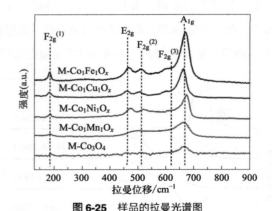

**图 6-25** 样品的拉曼光谱图

### 6.2.2.3 催化活性对比研究

图 6-26（a）展示了甲苯在 Cu、Mn、Fe 和 Ni 四种元素掺杂 ZSA-1 后煅烧所合成的钴基复合金属氧化物催化氧化作用下的转化率，以前期 M-Co$_3$O$_4$ 的甲苯

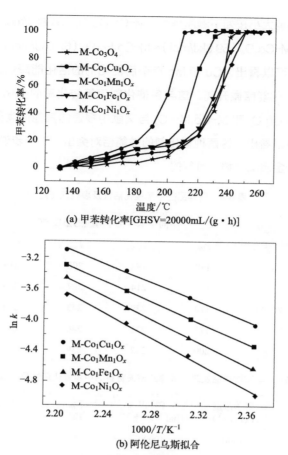

(a) 甲苯转化率[GHSV=20000mL/(g·h)]

(b) 阿伦尼乌斯拟合

**图6-26** 样品的催化活性评价图

转化率作为对比。从整体上看，M-Co₁Cu₁Oₓ 和 M-Co₁Mn₁Oₓ 对甲苯的催化活性明显增强，M-Co₁Cu₁Oₓ 在四种掺杂样品中表现出了最佳的催化活性。由表 6-8 的具体数值可以看出，其甲苯转化率分别在 208℃和 215℃时达到 90% 和 100%，分别比掺杂前催化剂催化氧化甲苯的相应温度降低了 31℃和 30℃，催化活性得到了显著提高。M-Co₁Mn₁Oₓ 催化剂分别在 227℃和 235℃时达到 90% 和 100% 的甲苯降解率，分别比 M-Co₃O₄ 所对应的温度降低了 12℃和 10℃。而 M-Co₁Fe₁Oₓ 和 M-Co₁Ni₁Oₓ 使甲苯催化氧化的起燃温度（$T_{10\%}$）显著降低，但是整体上并没有对甲苯催化氧化展示出明显的促进作用，$T_{90\%}$ 和 $T_{100\%}$ 还略有升高。为了进一步探索掺杂后各催化剂的反应活化能，本节选取各催化剂对应的甲苯转化率低于 20% 的数值进行了阿伦尼乌斯拟合，结果如图 6-26（b）所示，具体数值见表 6-8，掺杂前后各催化剂的活化能大小按如下顺序排列：M-Co$_1$Cu$_1$O$_x$（51.8kJ/mol）< M-Co$_1$Mn$_1$O$_x$（56.6kJ/mol）< M-Co$_3$O$_4$（59.8kJ/mol）< M-Co$_1$Fe$_1$O$_x$（62.6kJ/mol）< M-Co$_1$Ni$_1$O$_x$（68.1kJ/mol）。可以看出，Cu 和 Mn 掺杂后催化剂的活化能降低，而 Fe 和 Ni 掺杂后催化剂的活化能略微升高，这与各催化剂甲苯转化率的变化相一致。表 6-9 中展示了 M-Co$_1$Cu$_1$O$_x$ 和 M-Co$_1$Mn$_1$O$_x$ 与文献中报道的其他同类催化剂催化氧化甲苯的活性，可以看出，这两种催化剂的性能相对突出，进一步说明 Mn 和 Cu 掺杂制备钴基复合金属氧化物是可行的。

表 6-8　各样品的甲苯催化活性及表观活化能

| 样品 | GHSV /[mL/(g·h)] | 不同甲苯转化率对应的温度 /℃ | | | | 表观活化能 /（kJ/mol） |
| --- | --- | --- | --- | --- | --- | --- |
| | | $T_{10\%}$ | $T_{50\%}$ | $T_{90\%}$ | $T_{100\%}$ | |
| M-Co$_1$Cu$_1$O$_x$ | | 159 | 198 | 208 | 215 | 51.8 |
| M-Co$_1$Mn$_1$O$_x$ | | 167 | 214 | 227 | 235 | 56.6 |
| M-Co$_1$Fe$_1$O$_x$ | 20000 | 170 | 229 | 243 | 250 | 62.6 |
| M-Co$_1$Ni$_1$O$_x$ | | 177 | 231 | 246 | 250 | 68.1 |
| M-Co$_3$O$_4$ | | 200 | 232 | 239 | 245 | 59.8 |

表 6-9　本实验样品及之前报道的相关材料的甲苯催化活性及测试条件

| 催化剂 | 甲苯浓度 /（cm³/m³） | GHSV /[mL（g·h）] | $T_{90\%}$ /℃ | $T_{100\%}$ /℃ | 参考文献 |
| --- | --- | --- | --- | --- | --- |
| Cu$_{0.05}$Co | 1000 | 40000 | 251 | — | [46] |
| CuCo$_{0.5}$/C | 1000 | 40000 | 237 | 243 | [51] |
| Cu$_1$Co$_2$Fe$_1$O$_x$ | 800 | 60000 | 238 | — | [61] |
| 1.5CuMnCoO | 1000 | 40000 | 219 | 240 | [63] |
| Co$_1$Cu$_1$Al$_1$O$_x$ | 530 | 20000 | 194 | — | [66] |
| CCO3（Co-Cu 尖晶石氧化物） | 1000 | 66000 | 250 | 275 | [67] |
| 53Cu-26Co 氧化物 | 400 | 18000 | 185 | 205 | [68] |
| M-Co$_1$Cu$_1$O$_x$ | 1000 | 20000 | 208 | 215 | 本工作 |
| M-Co$_1$Mn$_1$O$_x$ | 1000 | 20000 | 227 | 235 | 本工作 |

此外，为了考察铜掺杂量对钴铜复合金属氧化物催化剂催化氧化甲苯性能的影响，通过调整硝酸铜的用量，分别合成了 M-Co$_1$Cu$_1$O$_x$、M-Co$_2$Cu$_1$O$_x$ 和 M-Co$_3$Cu$_1$O$_x$（Co 与 Cu 的摩尔比为 1∶1、1∶2 和 1∶3）三种催化剂用于甲苯催

化氧化。实验结果如图 6-27 所示，显而易见，Cu 的掺杂量会影响催化剂的催化活性，其中 Co：Cu（摩尔比）为 1：1 的 M-Co$_1$Cu$_1$O$_x$ 催化剂对甲苯表现出了最佳的催化性能，结合 6.1 部分中钴锰复合金属氧化物催化剂中 Co 与 Mn 的最佳摩尔比，本节选取 Co：Cu（摩尔比）为 1：1 的样品进行了系统研究。

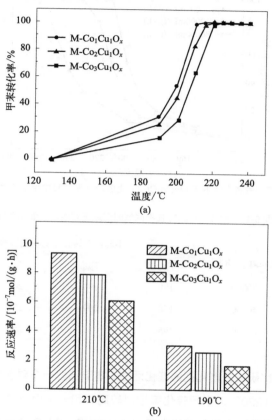

图 6-27　甲苯在不同 Cu 掺杂比例催化剂 M-Co$_a$Cu$_b$O$_x$ 上的转化率（a）和反应速率（b）

　　为了研究不同气时空速对甲苯催化活性的影响，本节分别选取了三个气时空速，即 20000mL/(g·h)、40000mL/(g·h) 和 80000mL/(g·h)，探索了 Cu 掺杂后催化活性最高的 M-Co$_1$Cu$_1$O$_x$ 在三个气时空速下对甲苯的转化率，如图 6-28 所示。结合表 6-10 的具体数值可以看出，随着气时空速的升高，催化剂达到相同转化率所需的温度逐渐升高，说明可以在一定程度上延长甲苯和催化剂的接触时间，从而增大甲苯降解效率。在 40000mL/(g·h) 气时空速下，M-Co$_1$Cu$_1$O$_x$

将甲苯完全降解所需的温度为 240℃，比 M-Co₃O₄ 在 20000mL/（g·h）气时空速下所对应的温度还低，这也进一步说明，掺杂Cu后，衍生于 ZSA-1 的 M-Co₃O₄ 催化剂的催化活性显著提高。

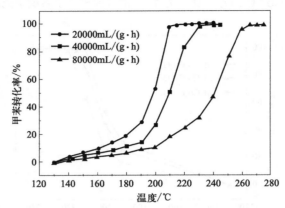

**图 6-28**　甲苯在不同气时空速下于 M-Co₁Cu₁Oₓ 上的转化率（其中甲苯浓度为 1000cm³/m³）

**表 6-10**　M-Co₁Cu₁Oₓ 在不同气时空速下对甲苯的催化活性

| 样品 | GHSV /[mL/（g·h）] | 不同甲苯转化率对应的温度 /℃ | | | |
|---|---|---|---|---|---|
| | | $T_{10\%}$ | $T_{50\%}$ | $T_{90\%}$ | $T_{100\%}$ |
| M-Co₁Cu₁Oₓ | 20000 | 159 | 198 | 208 | 215 |
| | 40000 | 178 | 209 | 224 | 240 |
| | 80000 | 196 | 241 | 257 | 265 |

为进一步对比研究各催化剂的催化活性，本节选取一个对于甲苯催化氧化来说相对较高的温度（220℃，甲苯转化率相对较高）和一个相对较低的温度（180℃，甲苯转化率相对较低），分别计算研究了 M-Co₁Cu₁Oₓ、M-Co₁Mn₁Oₓ、M-Co₁Fe₁Oₓ、M-Co₁Ni₁Oₓ 在这两个温度下的甲苯催化氧化反应速率，即甲苯消耗速率，以前期研究中未掺杂样品 M-Co₃O₄ 作为对比。如图 6-29 所示，在较低温度（180℃）下这几种催化剂的反应速率较为接近，各元素掺杂后所得催化剂的甲苯反应速率均略高于未掺杂的催化剂，这也说明两种元素（掺杂元素 M 和 Co）之间的相互作用可能在一定程度上对催化剂的甲苯催化活性起到了积极的促进作用。但是在较高温度下，几种催化剂对甲苯催化氧化的反应速率之间的差别显著增强，其中两个催化剂 M-Co₁Cu₁Oₓ 和 M-Co₁Mn₁Oₓ 对甲苯的消耗速率迅速升高，分别比 M-Co₃O₄

在 220℃ 下对应的反应速率高 6.97×10⁻⁷mol/（g·h）和 4.54×10⁻⁷mol/（g·h）。
M-Co₁Fe₁Oₓ 催化剂在此温度下的甲苯消耗速率也略有提升，而 M-Co₁Ni₁Oₓ 的反应速率略有下降。这与图 6-26 中对应温度下的甲苯降解率相一致。这也进一步证实了 Cu 和 Mn 的掺杂确实对催化剂催化甲苯的活性起到了促进作用。

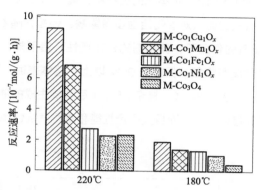

**图 6-29** 各催化剂在 220℃ 和 180℃ 下催化氧化甲苯的反应速率 [ 甲苯浓度为 1000cm³/m³，气时空速为 20000mL/（g·h）]

　　根据对 M-Co₁Cu₁Oₓ、M-Co₁Mn₁Oₓ、M-Co₁Fe₁Oₓ、M-Co₁Ni₁Oₓ 和 M-Co₃O₄ 催化剂结构、表面成分及还原性能的对比研究可知，掺杂 Cu 和 Mn 后，复合金属氧化物之间元素的强相互作用促进了催化剂电子转移，增强了其氧化还原性能，此外其他一些物理化学特性也得到了增强，如催化剂纳米粒径变小，Co³⁺ 和 O_ads 的含量增加，比表面积变大，低温还原性能增强等，因而展现出了更为优异的甲苯催化活性。而掺杂 Fe 和 Ni 后催化剂的纳米粒径变大，而且 Co³⁺ 和 O_ads 的含量减少，比表面积未发生改变或变小，复合金属元素之间并没有发生强烈的相互作用，催化剂的理化特性并没有向有利于甲苯催化氧化的方向增强，因此整体上并没有对甲苯催化氧化起到促进作用。

#### 6.2.2.4 催化剂稳定性研究

　　催化剂的稳定性也是其催化性能评价的一个重要指标。本节选取 230℃（高于催化剂 M-Co₁Cu₁Oₓ 所对应的 $T_{100\%}$）对在催化活性评价中催化性能最好的 M-Co₁Cu₁Oₓ 催化剂进行了长达 48h 的稳定性测试，以探索其在更高温度下的热稳定性。如图 6-30（a）所示，在温度条件为 230℃ 时，该催化剂在 48h 的活性测试中对甲苯的转化率一直稳定保持在 100%，说明其在相对较高的温度下不易高温烧结，能长时间稳定地进行甲苯催化氧化反应，该催化剂有较强的稳定性。此外，由于工业 VOCs 气体中不可避免地存在水蒸气，因此，催化剂的抗水性能也是评价其综合性能的重要指标。本节在 215℃下，对干燥和不同浓度水蒸气条件下催化剂的稳定性进行了 48h 测试，结果如图 6-30（b）所示，可以看出，在交替通入 5%（体积分数，下同）和 10% 水蒸气的过程中，催化剂 M-Co$_1$Cu$_1$O$_x$ 均表现出了突出的稳定性，水蒸气的通入对催化活性没有影响。但是，随着时间的延长，35h 之后，在 10% 水蒸气的作用下，催化剂的催化活性开始下降，40h 左右切断水蒸气后，催化活性依然没有恢复，保持在 90% 以上，整体来讲，该催化剂展现出了优异的水蒸气抗性。综上可得，Cu 掺杂 ZSA-1 后煅烧生成的催化剂 M-Co$_1$Cu$_1$O$_x$ 对甲苯不仅有突出的催化活性，而且其稳定性能和水蒸气抗性也十分优异，有潜在的应用前景。

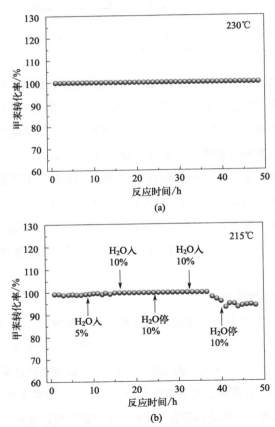

图 6-30 样品 M-Co$_1$Cu$_1$O$_x$ 的稳定性测试图 [ 甲苯浓度为 1000cm$^3$/m$^3$，GHSV = 20000mL/（g·h）]

## 6.2.3 催化剂 M-Co₁Cu₁Oₓ 催化氧化甲苯的机理研究

    本节选取掺杂后性能提升较高的 M-Co$_1$Cu$_1$O$_x$ 催化剂，为进一步探究甲苯在 M-Co$_1$Cu$_1$O$_x$ 催化剂上的降解路径及活性氧物种在甲苯催化氧化过程中所起的作用，本节利用原位红外光谱技术分别选择空气和氩气条件，对不同温度下甲苯在催化剂表面的降解情况进行了详细的探索。图 6-31 为 M-Co$_1$Cu$_1$O$_x$ 在不同温度下催化氧化甲苯的原位红外光谱图。可以看出，在两种气氛条件下，室温下向催化剂通一段时间甲苯后，对应的红外图谱中出现 1495cm$^{-1}$ 和 1601cm$^{-1}$ 两个代表苯环的特征峰，说明甲苯已经吸附在催化剂上 [43]。由图 6-31（a）氩气条件下的原位红外图谱可以看出，随着温度的升高，整个图谱并没有发生明显的变化，甲苯的特征峰一直存在，说明在不通氧气的情况下催化剂对甲苯几乎没有起到降解作用。而图 6-31（b）中，在氧气条件下，随着温度的升高，对应的原位红外图谱发生了明显改变，甲苯特征峰逐渐消失，说明 M-Co$_1$Cu$_1$O$_x$ 的晶格氧（O$_{latt}$）在甲苯催化氧化过程中并没有起到明显作用，而是气体中的氧气在催化剂表面活化成表面吸附氧（O$_{ads}$）从而在甲苯催化氧化中发挥了重要作用，因此，甲苯在 M-Co$_1$Cu$_1$O$_x$ 上的降解机理符合 Langmuir-Hinshelwood（L-H）机理。

    如图 6-31（b）所示，随着温度的升高，甲苯的特征峰迅速减小并逐渐消失，表明甲苯在催化剂上被降解。当温度升高至 100℃时，代表苯甲醛的特征峰（2840cm$^{-1}$）即出现，说明甲苯在较低温度下即可被 M-Co$_1$Cu$_1$O$_x$ 降解生成苯甲醛。当反应温度升高至 150℃后，1431cm$^{-1}$ 和 1233cm$^{-1}$ 的峰才开始出现，分别代表苯甲酸类的羧酸盐类物质和苯酚 [44,45]，温度从 150℃升高至 200℃的过程中苯甲酸和苯酚的特征峰明显增强，说明此过程中有大量的苯甲酸和苯酚生成，从而累积在催化剂表面使其特征峰增强。此外，温度升高至 150℃时还出现了 1147cm$^{-1}$ 和 1176cm$^{-1}$ 两个较为明显的醛酮类物质的特征峰 [43]，说明可能有部分甲苯被进一步分解为短链的醛酮类物质。而 1508cm$^{-1}$ 和 1783cm$^{-1}$ 处的特征峰（代表顺丁烯二酸盐类物质）也在 150℃后出现并随温度的升高先明显增大后逐渐减小，说明 150℃时苯环开始断裂生成顺丁烯二酸盐类物质，而且随着温度的升高，该物质又进一步降解为了小分子类的物质，从而使其特征峰逐渐变弱。200℃开始，代表羟基或 H$_2$O 的峰（1589cm$^{-1}$）和 CO$_2$ 的特征峰（2340cm$^{-1}$ 和 2360cm$^{-1}$）明显增大，并随温度的升高进一步变大，说明此过程中有越来越多的二氧化碳和水在催化剂表面生成并累积[43]。与第 5 章中甲苯在 M-Co₃O₄ 催化剂上的降解过程相比，相同温度下，甲苯在 M-Co₁Cu₁Oₓ 上生成的中间产物的特征峰更为明显，而且出现 H₂O 特征峰的温度更低，说明甲苯在该催化剂上更容易被转化为中间产物以及最终的 CO₂ 和 H₂O，意味着其反应速率更高，可能是因为 Cu 掺杂后所得的催化剂催化氧化甲苯所需的活化能更低，在相同温度下有更多的甲苯分子可以被转化成活化态参与反应，从而使得整体的反应效率显著提高。

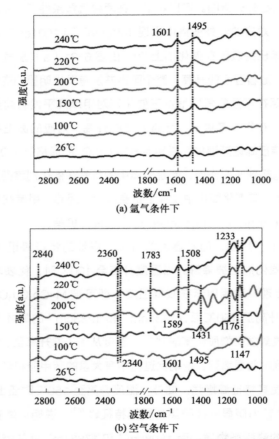

图 6-31  样品 M-Co₁Cu₁Oₓ 在不同气氛条件下催化氧化甲苯的原位红外光谱图

由上述分析可知，甲苯在氩气氛围下随着温度的升高并没有发生降解，而在空气氛围下，苯甲醛、苯甲酸、苯酚和顺丁烯二酸盐类物质为甲苯在催化剂 M-Co₁Cu₁Oₓ 上催化氧化的主要中间产物。据此可以推断甲苯的反应路径和机理。如图 6-32 所示，甲苯和氧气首先被吸附在催化剂 M-Co₁Cu₁Oₓ 上，气体中的氧气在催化剂表面被活化成表面吸附氧参与甲苯氧化反应，随着温度的升高，甲苯依次被降解为苯甲醛、苯甲酸、苯酚，当降解温度达到 150℃时苯环开始断裂，生成顺丁烯二酸盐类物质，之后随着温度的升高又被分解为短链的醛酮类物质，最终被完全氧化为二氧化碳和水，降解机理符合Langmuir-Hinshelwood（L-H）机理。

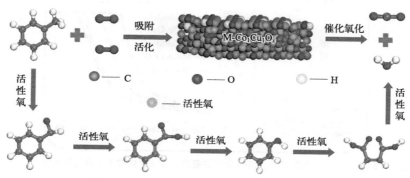

**图 6-32** 样品 M-Co$_1$Cu$_1$O$_x$ 催化氧化甲苯的机理

此部分以正八面体的 ZSA-1 为前驱体，分别用一定量、一定浓度的 Cu（NO$_3$）$_2$·3H$_2$O、Mn（NO$_3$）$_2$·4H$_2$O、Fe（NO$_3$）$_3$·9H$_2$O 和 Ni（NO$_3$）$_2$·6H$_2$O 的乙醇溶液对其进行浸渍掺杂，之后在 350℃下焙烧制备了 M-Co$_1$Cu$_1$O$_x$、M-Co$_1$Mn$_1$O$_x$、M-Co$_1$Fe$_1$O$_x$ 和 M-Co$_1$Ni$_1$O$_x$ 一系列钴基复合金属氧化物催化剂，系统研究了不同元素掺杂对催化剂物理化学特性及甲苯催化活性的影响（如图 6-33 所示），得出了以下结论。

① 本节选取 Cu、Mn、Fe 和 Ni 四种金属元素对 ZSA-1 进行掺杂，成功制备了四种物理化学特性和甲苯催化活性各不相同的钴基复合金属氧化物催化剂。其中 Cu 和 Mn 的掺杂使催化剂的物理化学特性得到增强，对甲苯催化氧化起到了促进作用。

② 其中 M-Co$_1$Cu$_1$O$_x$ 具有最高的比表面积、Co$^{3+}$/Co$^{2+}$ 值、O$_{ads}$/O$_{latt}$ 值、Cu$^{2+}$的量，以及更丰富的晶格缺陷和低温还原性能等，从而在甲苯催化活性评价中表现出最佳性能。其催化氧化甲苯的 $T_{90\%}$ 和 $T_{100\%}$ 分别为 208℃和 215℃，比未掺杂的对应温度降低了 31℃和 30℃。

③ 原位红外光谱显示 M-Co$_1$Cu$_1$O$_x$ 在将甲苯完全氧化为 CO$_2$ 和 H$_2$O 的过程中，表面吸附氧（O$_{ads}$）作为活性氧物质在甲苯降解过程中起到了主导作用，甲

苯转化过程中主要有苯甲醛、苯甲酸、苯酚和顺丁烯二酸盐类物质等几种中间产物。其甲苯降解机理符合 Langmuir-Hinshelwood（L-H）机理。

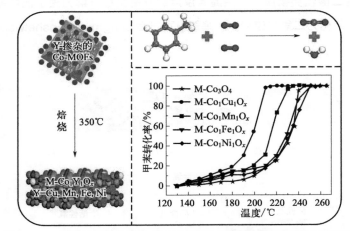

图 6-33　不同金属掺杂 ZSA-1 制备钴基复合金属氧化物催化氧化甲苯过程

## 参考文献

[1]　Chen L，Zuo X，Yang S，et al. Rational design and synthesis of hollow $Co_3O_4$@$Fe_2O_3$ core-shell nanostructure for the catalytic degradation of norfloxacin by coupling with peroxymonosulfate[J]. Chemical Engineering Journal，2019，359：373-384.

[2]　Yang H，Wang X. Secondary-component incorporated hollow MOFs and derivatives for catalytic and energy-related applications[J]. Advanced materials，2019，31：e1800743.

[3]　Li R，Zhang L，Zhu S，et al. Layered δ-$MnO_2$ as an active catalyst for toluene catalytic combustion[J]. Applied Catalysis A：General，2020，602：117715.

[4]　Liao Y，Zhang X，Peng R，et al. Catalytic properties of manganese oxide polyhedra with hollow and solid morphologies in toluene removal[J]. Applied Surface Science，2017，405：20-28.

[5]　Nguyen dinh M T，Nguyen C C，Truong V U T L，et al. Tailoring porous structure，reducibility and $Mn^{4+}$ fraction of ε-$MnO_2$ microcubes for the complete oxidation of toluene[J]. Applied Catalysis A：General，2020，595：117473.

[6]　Wang Y，Arandiyan H，Liu Y，et al. Template-free scalable synthesis of flower-like $Co_{3-x}Mn_xO_4$ spinel catalysts for toluene oxidation[J]. Chem Cat Chem，2018，10：3429-3434.

[7]　Zhang X J，Zhao M，Song Z，et al. The effect of different metal oxides on the catalytic activity of a $Co_3O_4$ catalyst for toluene combustion：Importance of the structure-property relationship and surface active species[J]. New Journal of Chemistry，2019，43：10868-10877.

[8]　Dong C，Qu Z，Qin Y，et al. Revealing the highly catalytic performance of spinel

CoMn$_2$O$_4$ for toluene oxidation: Involvement and replenishment of oxygen species using in situ designed-TP techniques[J]. ACS Catalysis, 2019, 9: 6698-6710.

[9] Wu L L, Wang Z, Long Y, et al. Multishelled Ni$_x$Co$_{3-x}$O$_4$ hollow microspheres derived from bimetal-organic frameworks as anode materials for high-performance lithium-ion batteries[J]. Small, 2017, 13: 1604270.

[10] Fang R Q, Luque Rafael, Li Y W. Selective aerobic oxidation of biomass-derived HMF to 2, 5-diformylfuran using a MOF-derived magnetic hollow Fe-Co nanocatalyst[J]. Green Chemistry, 2016, 18: 3152-3157.

[11] Song L, Xu T, Gao D, et al. Metal-organic framework (MOF) -derived carbon - mediated interfacial reaction for the synthesis of CeO$_2$-MnO$_2$ catalysts[J]. Chemistry-A European Journal, 2019, 25: 6621-6627.

[12] Ren Q M, Mo S P, Fan J, et al. Enhancing catalytic toluene oxidation over MnO$_2$@Co$_3$O$_4$ by constructing a coupled interface[J]. Chinese Journal of Catalysis, 2020, 41: 1873-1883.

[13] Zhao W T, Zhang Y Y, Wu X W, et al. Synthesis of Co-Mn oxides with double-shelled nanocages for low-temperature toluene combustion[J]. Catalysis Science & Technology, 2018, 8: 4494-4502.

[14] Lei J, Wang P, Wang S, et al. Enhancement effect of Mn doping on Co$_3$O$_4$ derived from Co-MOF for toluene catalytic oxidation[J]. The Chinese Journal of Chemical Engineering, 2022, 52: 1-9.

[15] Hu F, Chen J, Peng Y, et al. Novel nanowire self-assembled hierarchical CeO$_2$ microspheres for low temperature toluene catalytic combustion[J]. Chemical Engineering Journal, 2018, 331: 425-434.

[16] Chen X, Chen X, Cai S, et al. MnO$_x$/Cr$_2$O$_3$ composites prepared by pyrolysis of Cr-MOF precursors containing in situ assembly of MnO$_x$ as high stable catalyst for toluene oxidation[J]. Applied Surface Science, 2019, 475: 312-324.

[17] Zhang Q, Peng M S, Chen B, et al. Hierarchical Co$_3$O$_4$ nanostructures in-situ grown on 3D nickel foam towards toluene oxidation[J]. Molecular Catalysis, 2018, 454: 12-20.

[18] Mo S P, Li S D, Xiao H L, et al. Low-temperature CO oxidation over integrated Penthorum chinense-like MnCo$_2$O$_4$ arrays anchored on three-dimensional Ni foam with enhanced moisture resistance[J]. Catalysis Science & Technology, 2018, 8: 1663-1676.

[19] Mo S P, Li S D, Ren Q M, et al. Vertically-aligned Co$_3$O$_4$ arrays on Ni foam as monolithic structured catalysts for CO oxidation: Effect of morphological transformation[J]. Nanoscale, 2018, 10: 7746-7758.

[20] Wang K, Cao Y, Hu J, et al. Solvent-free chemical approach to synthesize various morphological Co$_3$O$_4$ for CO oxidation[J]. ACS applied materials & interfaces, 2017, 9: 16128-16137.

[21] Pulleri J K, Singh S K, Yearwar D, et al. Morphology dependent catalytic activity of Mn$_3$O$_4$ for complete oxidation of toluene and carbon monoxide[J]. Catalysis Letters, 2020.

[22] Ren Q M, Mo S P, Feng Z, et al. Controllable synthesis of 3D hierarchical Co$_3$O$_4$ nanocatalysts with various morphologies for the catalytic oxidation of toluene[J]. Journal of Materials Chemistry A, 2018, 6: 498-509.

[23]  Mo S P, Zhang Q, Ren Q M, et al. Leaf-like Co-ZIF-L derivatives embedded on $Co_2AIO_4$/ Ni foam from hydrotalcites as monolithic catalysts for toluene abatement[J]. Journal of hazardous materials, 2019, 364: 571-580.

[24]  Liu Y, Song M, Liu X, et al. Characterization and sources of volatile organic compounds (VOCs) and their related changes during ozone pollution days in 2016 in Beijing, China[J]. Environmental pollution, 2020, 257: 113599.

[25]  Jiang X, Xu W, Lai S, et al. Integral structured Co-Mn composite oxides grown on interconnected Ni foam for catalytic toluene oxidation[J]. RSC Advances, 2019, 9: 6533-6541.

[26]  Chen J, Chen X, Yan D X, et al. A facile strategy of enhancing interaction between cerium and maganese oxides for catalyc removal of gaseous organic contaminants[J]. Applied Catalysts B: Environmental, 2019, 250: 396-407.

[27]  Ren Q M, Feng Z T, Mo S P, et al. 1D-$Co_3O_4$, 2D-$Co_3O_4$, 3D-$Co_3O_4$ for catalytic oxidation of toluene[J]. Catalysis Today, 2019, 332: 160-167.

[28]  赵玖虎. $Co_3O_4$ 基催化材料合成及应用于 VOCs 催化消除 [D]. 兰州: 兰州理工大学, 2019.

[29]  Luo M, Cheng Y, Peng X, et al. Copper modified manganese oxide with tunnel structure as efficient catalyst for low-temperature catalytic combustion of toluene[J]. Chemical Engineering Journal, 2019, 369: 758-765.

[30]  Zhang X, Zhao J, Song Z, et al. The catalytic oxidation performance of toluene over the Ce-Mn-Ox catalysts: Effect of synthetic routes[J]. Journal of colloid and interface science, 2020, 562: 170-181.

[31]  Cheng G, Kou T, Zhang J, et al. $O_2^{2-}$/$O^-$ functionalized oxygen-deficient $Co_3O_4$ nanorods as high performance supercapacitor electrodes and electrocatalysts towards water splitting[J]. Nano Energy, 2017, 38: 155-166.

[32]  Zhao S, Hu F, Li J. Hierarchical core-shell $Al_2O_3$@Pd-CoAlO microspheres for low-temperature toluene combustion[J]. ACS Catalysis, 2016, 6: 3433-3441.

[33]  Iréne lopes N E H, Guerba H, Davidson G W A A. Size-induced structural modifications affecting $Co_3O_4$ nanoparticles patterned in SBA-15 silicas[J]. Chemistry of Materials, 2006, 18: 5826-5828.

[34]  Lou Y, Wang L, Zhao Z, et al. Low-temperature CO oxidation over $Co_3O_4$-based catalysts: Significant promoting effect of $Bi_2O_3$ on $Co_3O_4$ catalyst[J]. Applied Catalysis B: Environmental, 2014, 146: 43-49.

[35]  Hu F, Peng Y, Chen J, et al. Low content of $CoO_x$ supported on nanocrystalline $CeO_2$ for toluene combustion: The importance of interfaces between active sites and supports[J]. Applied Catalysis B: Environmental, 2019, 240: 329-336.

[36]  Zhang Q, Mo S P, Li J, et al. Highly efficient mesoporous $MnO_2$ catalysts for the total toluene oxidation: Oxygen-vacancy defect engineering and involved[J]. Applied Catalysis B: Environmental, 2020, 264: 118464.

[37]  Xu J F, Ji W, Shen Z X, et al. Raman spectra of CuO nanocrystals[J]. Journal of Raman Spectroscopy, 1999, 30: 413-415.

[38]  Wang Y, Guo L, Chen M, et al. CoMn$_x$O$_y$ nanosheets with molecular-scale homogeneity: An excellent catalyst for toluene combustion[J]. Catalysis Science &

Technology, 2018, 8: 459-471.

[39]  Luo Y, Zheng Y, Zuo J, et al. Insights into the high performance of Mn-Co oxides derived from metal-organic frameworks for total toluene oxidation[J]. Journal of hazardous materials, 2018, 349: 119-127.

[40]  Qu Z, Gao K, Fu Q, et al. Low-temperature catalytic oxidation of toluene over nanocrystal-like Mn-Co oxides prepared by two-step hydrothermal method[J]. Catalysis Communications, 2014, 52: 31-35.

[41]  Chen X, Chen X, Yu E Q, et al. In situ pyrolysis of Ce-MOF to prepare $CeO_2$ catalyst with obviously improved catalytic performance for toluene combustion[J]. Chemical Engineering Journal, 2018, 344: 469-479.

[42]  Xie S, Deng J, Zang S, et al. Au-Pd/3DOM $Co_3O_4$: Highly active and stable nanocatalysts for toluene oxidation[J]. Journal of Catalysis, 2015, 322: 38-48.

[43]  Li S J, Peng R S, Sun X B, et al. Mechanism research of toluene catalytic oxidation over Pt/$CeO_2$ catalyst[J]. Acta Scientiae Circumstantiae, 2018, 38: 1426-1436.

[44]  Chen X, Chen X, Cai S, et al. Catalytic combustion of toluene over mesoporous $Cr_2O_3$-supported platinum catalysts prepared by in situ pyrolysis of MOFs[J]. Chemical Engineering Journal, 2018, 334: 768-779.

[45]  Du J, Qu Z, Dong C, et al. Low-temperature abatement of toluene over Mn-Ce oxides catalysts synthesized by a modified hydrothermal approach[J]. Applied Surface Science, 2018, 433: 1025-1035.

[46]  Zhang W, Anguita P, Díez-ramírez J, et al. Comparison of different metal doping effects on $Co_3O_4$ catalysts for the total oxidation of toluene and propane[J]. Catalysts, 2020, 10: 865.

[47]  Wang K, Liu B, Cao Y, et al. V-modified $Co_3O_4$ nanorods with superior catalytic activity and thermostability for CO oxidation[J]. Cryst Eng Comm, 2018, 20: 5191-5199.

[48]  Zhou M, Cai L, Bajdich M, et al. Enhancing catalytic CO oxidation over $Co_3O_4$ nanowires by substituting $Co^{2+}$ with $Cu^{2+}$[J]. ACS Catalysis, 2015, 5: 4485-4491.

[49]  Bae J, Shin D, Jeong H, et al. Highly water-resistant La-doped $Co_3O_4$ catalyst for CO oxidation[J]. ACS Catalysis, 2019, 9: 10093-10100.

[50]  Niu J R, Liu H, Zhang Y, et al. $NiCo_2O_4$ spinel for efficient toluene oxidation: The effect of crystal plane and solvent[J]. Chemosphere, 2020, 259: 127427.

[51]  Li J R, Wang F K, He C, et al. Catalytic total oxidation of toluene over carbon-supported Cu-Co oxide catalysts derived from Cu-based metal organic framework[J]. Powder Technology, 2020, 363: 95-106.

[52]  Baidya T, Murayama T, Bera P, et al. Low-temperature CO oxidation over combustion made Fe- and Cr-Doped $Co_3O_4$ catalysts: Role of dopant's nature toward achieving superior catalytic activity and stability[J]. The Journal of Physical Chemistry, 2017, 121: 15256-15265.

[53]  Lei J, Wang S, Li J P, et al. Different effect of Y ( Y = Cu, Mn, Fe, Ni ) doping on $Co_3O_4$ derived from Co-MOF for toluene catalytic destruction[J]. Chemical Engineering Science, 2022 ( 251 ): 117436.

[54]  Wang Y, Yang D, Li S, et al. Layered copper manganese oxide for the efficient catalytic

CO and VOCs oxidation[J]. Chemical Engineering Journal, 2019, 357: 258-268.

[55]  Wang Z, Qu Z, Quan X, et al. Selective catalytic oxidation of ammonia to nitrogen over CuO-CeO$_2$ mixed oxides prepared by surfactant-templated method[J]. Applied Catalysis B: Environmental, 2013, 134-135: 153-166.

[56]  Sun C, Zhu J, Lv Y, et al. Dispersion, reduction and catalytic performance of CuO supported on ZrO$_2$-doped TiO$_2$ for NO removal by CO[J]. Applied Catalysis B: Environmental, 2011, 103: 206-220.

[57]  Zhang Y, Zhang H, Yan Y. Metal-organic chemical vapor deposition of Cu（acac）$_2$ for the synthesis of Cu/ZSM-5 catalysts for the oxidation of toluene[J]. Microporous and Mesoporous Materials, 2018, 261: 244-251.

[58]  He C, Yu Y, Yue L, et al. Low-temperature removal of toluene and propanal over highly active mesoporous CuCeO$_x$ catalysts synthesized via a simple self-precipitation protocol[J]. Applied Catalysis B: Environmental, 2014, 147: 156-166.

[59]  王幸宜, 卢冠中, 汪仁, 等. 铜、锰氧化物的表面过剩氧及其甲苯催化燃烧活性 [J]. 催化学报, 1994, 15: 103-108.

[60]  Corkhill C L, Vaughan D J. Arsenopyrite oxidation-A review[J]. Applied Geochemistry, 2009, 24: 2342-2361.

[61]  Li Z, Yan Q, Jiang Q, et al. Oxygen vacancy mediated Cu$_y$Co$_{3-y}$Fe$_1$O$_x$ mixed oxide as highly active and stable toluene oxidation catalyst by multiple phase interfaces formation and metal doping effect[J]. Applied Catalysis B: Environmental, 2020, 269: 118827.

[62]  Delimaris D, Ioannides T. VOC oxidation over CuO-CeO$_2$ catalysts prepared by a combustion method[J]. Applied Catalysis B: Environmental, 2009, 89: 295-302.

[63]  Chen Y, Yang B, Yan T T, et al. Promoting toluene oxidation by engineering octahedral units via oriented insertion of Cu ions in the tetrahedral sites of MnCo spinel oxide catalysts[J]. Chemical communications, 2020, 56: 6539-6542.

[64]  Hu J, Li W B, Liu R F. Highly efficient copper-doped manganese oxide nanorod catalysts derived from CuMnO hierarchical nanowire for catalytic combustion of VOCs[J]. Catalysis Today, 2018, 314: 147-153.

[65]  Chen J, Zhan Y, Zhu J, et al. The synergetic mechanism between copper species and ceria in NO abatement over Cu/CeO$_2$ catalysts[J]. Applied Catalysis A: General, 2010, 377: 121-127.

[66]  Kovanda F, Jirátová K. Supported layered double hydroxide-related mixed oxides and their application in the total oxidation of volatile organic compounds[J]. Applied Clay Science, 2011, 53: 305-316.

[67]  Zeng J, Xie H, Zhang G, et al. Facile synthesis of CuCo spinel composite oxides for toluene oxidation in air[J]. Ceramics International, 2020, 46: 21542-21550.

[68]  Jia L, Thanh Phong T, Sakurai M, et al. Synergistic effect of copper and cobalt in Cu-Co bulk oxide catalyst for catalytic oxidation of volatile organic compounds[J]. Journal of Chemical Engineering of Japan, 2012, 45: 590-596.

# 第 7 章
# 不同方法制备 Cu 掺杂 Mn₃O₄ 催化剂用于甲苯丙酮混合气催化氧化

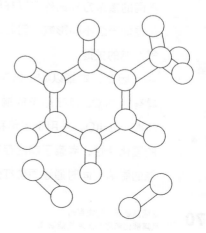

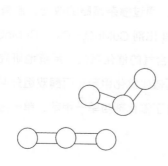

本书 4.2 部分的研究结果表明，$Mn_3O_4$-MOF-74-300 催化剂在甲苯和丙酮双组分混合气催化氧化过程中存在着催化活性下降的现象，这可能是由于甲苯和丙酮在 $Mn_3O_4$-MOF-74-300 表面催化的反应过程中对活性位点产生了竞争吸附[1]。因此，本章对 $Mn_3O_4$-MOF-74-300 催化剂进行进一步的改性研究，最大程度地丰富催化剂的活性位点，改善其物理化学特性，提升催化剂对双组分混合气的催化氧化活性。

金属掺杂可以产生强烈的相互作用，能够增加催化剂活性位点的数量和种类，从而增强催化剂对双组分混合气的转化效率[2-4]。研究表明，铜金属氧化物本身对 VOCs 的催化氧化活性较低，但 Cu 作为助剂添加至其他过渡金属氧化物催化剂中可以大大提升原有催化剂的活性[3,5,6]。笔者课题组的前期研究工作表明[2]，将 Cu 引入 MOFs 衍生的 $Co_3O_4$ 催化剂中，可以有效地改变催化剂的理化性质，显著地提高 $M$-$Co_1Mn_1O_x$ 催化剂的甲苯催化活性，这可能是由于 Cu 的引入促进了额外氧空位的形成，增强了催化剂在较低温度下的氧化还原能力，从而丰富了催化剂的活性氧物种。

目前金属掺杂的方法主要有水热法、沉淀法、浸渍法、溶胶凝胶法等[7-9]，不同的掺杂方式可以引入不同的 Cu 物种，从而可能改变催化剂的物理化学性质，最终导致其催化性能的差异。Kee Hwan Lee 等[10]通过固相反应法成功在 $Mn_3O_4$ 中引入 Cu 物种，使 $Cu^{2+}$ 部分取代尖晶石中的 $Mn^{2+}$，改变了 $Mn_3O_4$ 尖晶石中的 O 偏移量，该研究结果表明 $Cu^{2+}$ 对 $Mn^{2+}$ 的部分取代可以削弱 Mn—O 键的键能，这可能可以提高催化剂的催化活性[11]。Chen Xi 等[12]通过等体积浸渍法将 CuO 负载在 $MnO_x$ 上用于氯苯的催化燃烧，发现 Cu 的掺杂量在 10% 时几乎不能改变催化剂的活性，而当掺杂量提高至 30% 时才能大幅度提升催化剂的活性，该现象说明不同的掺杂方式的确可以在原有催化剂中引入不同的 Cu 物种，从而对催化剂的催化性能产生不同影响。因此，如何高效地掺杂铜是提高催化剂催化氧化双组分混合气性能的关键。

因此，本章以 Mn-MOF-74 为前驱体，通过掺杂策略的改变，制备了一系列具有不同 Cu 存在形态的铜锰复合氧化物催化剂 $CuMnO_x$-IPM、$CuMnO_x$-IPO 和 $CuMnO_x$-IIO，并用于甲苯和丙酮双组分混合气的催化氧化，系统地研究了催化剂的理化特性，考察了铜的存在形态对催化剂催化氧化甲苯和丙酮双组分混合气的性能的影响，同时通过原位红外漂移实验分析了催化剂与单一甲苯、单一丙酮和双组分混合气的反应过程。

# 7.1 研究内容

## 7.1.1 催化剂合成

本章采用浸渍沉淀法制备了 $CuMnO_x$-IPM 和 $CuMnO_x$-IPO 催化剂，采用等体积浸渍法制备了 $CuMnO_x$-IIO 催化剂。

（1）$CuMnO_x$-IPM 的合成

将三水合硝酸铜 $[Cu(NO_3)_2 \cdot 3H_2O, 0.0175g]$ 溶于 30mL 乙醇中，加入 0.6g Mn-MOF-74 混合均匀，称之为溶液 A。在 60℃水浴锅中搅拌蒸发溶液 A 直至无液体状态，之后在 80℃下干燥 12h，再在空气条件下于 300℃下煅烧 1h。

（2）$CuMnO_x$-IPO 的合成

将三水合硝酸铜 $[Cu(NO_3)_2 \cdot 3H_2O, 0.0153g]$ 溶于 30mL 乙醇中，加入 0.2g $Mn_3O_4$-MOF-74-300 混合均匀，称之为溶液 B。在 60℃水浴锅中搅拌蒸发溶液 B 直至无液体状态，之后在 80℃下干燥 12h，再在空气条件下于 300℃下煅烧 1h。

（3）$CuMnO_x$-IIO 的合成

将三水合硝酸铜 $[Cu(NO_3)_2 \cdot 3H_2O, 0.0153g]$ 溶于 350μL 乙醇中，搅拌均匀，称之为溶液 C。将溶液 C 与 0.2g 的 $Mn_3O_4$-MOF-74-300 在 25mL 烧杯中超声搅拌 30min，之后在 80℃下干燥 12h，再在空气条件下于 300℃下煅烧 1h。

经 ICP 测定，$CuMnO_x$-IPM、$CuMnO_x$-IPO 和 $CuMnO_x$-IIO 三个样品中 Cu 的实际含量分别为 2.60%、2.48% 和 2.42%。

## 7.1.2 样品表征

本章对所制备的 $CuMnO_x$-IPM、$CuMnO_x$-IPO 和 $CuMnO_x$-IIO 催化剂进行了一系列表征，主要包括 ICP、XRD、SEM、TEM、$N_2$ 吸脱附、Raman、XPS、$H_2$-TPR、$O_2$-TPD。所涉及仪器的规格及操作详见 3.2 部分。

## 7.1.3 催化剂活性评价

本章评价了 $CuMnO_x$-IPM、$CuMnO_x$-IPO 和 $CuMnO_x$-IIO 催化剂对甲苯、丙酮、双组分混合气的催化氧化活性、表观活化能和反应速率，具体的操作和计算详见 3.4.1 部分和 3.4.3 部分。

### 7.1.4 催化剂稳定性测试

本章对最佳样品 CuMnO$_x$-IPM 进行了傅里叶原位红外光谱表征,所涉及的仪器规格及操作过程详见 3.4.2 部分相关内容。

## 7.2 结果与讨论

### 7.2.1 催化剂的结构表征

图 7-1 展示了 Cu 掺杂制备得到的三种不同 CuMnO$_x$ 催化剂的 XRD 图谱,可以看出,所有的主峰与第 4 章中 Mn$_3$O$_4$ 的主峰一致,与标准卡 Mn$_3$O$_4$-PDF-#-24-0734 相对应,没有发现 CuO 的峰,这可能是由于 Cu 掺杂的量过低,没有达到设备的检测限,或者也说明 Cu 在催化剂中的分布比较均匀,没有发生大量 Cu 的团聚现象。对掺杂前后的催化剂主峰进一步分析发现,掺杂后的三个样品的主峰均向高值偏移,这说明三种方法都实现了 Cu 的成功掺杂[13]。此外,与其他两种催化剂相比,CuMnO$_x$-IPM 催化剂的主峰偏移程度最小,这可能是因为,与先焙烧 Mn-MOF-74 再进行 Cu 掺杂所制备的两种催化剂(CuMnO$_x$-IPO 和 CuMnO$_x$-IIO)相比,直接焙烧 Cu 掺杂的 Mn-MOF-74 所得的 CuMnO$_x$-IPM 中,Cu 可能进入催化剂的晶格中,实现了对 Mn 的部分取代,从而在一定程度上降低了其对 Mn-MOFs 衍生的 Mn$_3$O$_4$ 晶相结构的改变。而正如 6.2 部分中所述,选取同一周期的邻近元素掺杂可以利用元素离子之间半径接近,可以相互取代或者发生强相互作用的优势来进一步提升催化剂的结构特性和催化活性。此外,CuMnO$_x$-

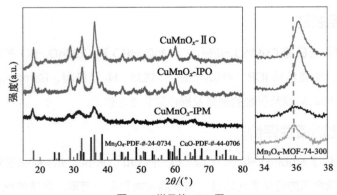

**图 7-1** 样品的 XRD 图

IPM 催化剂的峰宽最宽，表明其具有最小的粒径，有利于催化反应的传质过程，提高催化剂的利用率。因此，CuMnO$_x$-IPM 可能会展现出优异的 VOCs 催化性能。

图 7-2 展示了三种不同 CuMnO$_x$ 催化剂的 SEM 图像。从图中可明显看出，经不同掺杂方式所制备的三种 Cu-Mn 复合金属氧化物催化剂（CuMnO$_x$-IPM、CuMnO$_x$-IPO 和 CuMnO$_x$-IIO）均由微小的纳米微粒堆积而成，有丰富的孔隙结构，这与第 4 章中直接由 Mn-MOF-74 在 300℃下焙烧所得的催化剂 Mn$_3$O$_4$-MOF-74-300 的情况相似，表明 Cu 掺杂本身及不同的 Cu 掺杂方式没有对催化剂本身的宏观形貌造成显著影响，可忽略催化剂形貌的变化对催化剂活性的影响。

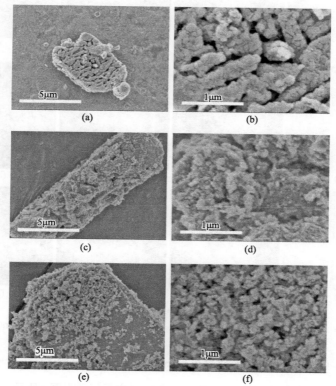

**图 7-2** CuMnO$_x$-IPM（a，b）、CuMnO$_x$-IPO（c，d）和 CuMnO$_x$-IIO（e，f）的 SEM 图

为进一步证实 Cu 元素在各催化剂中的成功掺杂以及探索各元素在 CuMnO$_x$-IPM、CuMnO$_x$-IPO 和 CuMnO$_x$-IIO 三种催化剂表面的分布情况，本章分别对三种催化剂进行了 EDS 扫描，结果如图 7-3（书后另见彩图）所示。可以看出，在

三种催化剂的 EDS 图像中均存在均匀分布的 Cu 元素，证明了三种掺杂策略都实现了 Cu 物种的成功掺杂。此外，Mn 和 O 元素也都均匀分布于各催化剂中，进一步证实了这三种 Cu-Mn 复合金属氧化物催化剂的成功制备。为排除不同 Cu 掺杂量对三种催化剂活性的影响，本实验还对样品进行了 ICP 元素分析以测试催化剂中 Cu 的摩尔含量，分别为 CuMnO$_x$-IPM（2.60%）、CuMnO$_x$-IPO（2.48%）和 CuMnO$_x$-IIO（2.42%），证明本实验中三种催化剂中掺杂的 Cu 含量接近，可以忽略 Cu 的掺杂量对催化剂性能的影响。

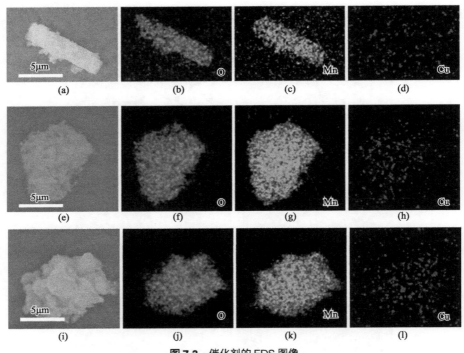

**图 7-3　催化剂的 EDS 图像**
（a）~（d）—CuMnO$_x$-IPM；（e）~（h）—CuMnO$_x$-IPO；（i）~（l）—CuMnO$_x$-IIO

为进一步探究 Cu 掺杂对锰氧化物的影响，本实验对 CuMnO$_x$-IPM 催化剂进行了高倍透射电镜（HRTEM）测试，如图 7-4(书后另见彩图）所示。研究发现该复合金属氧化物催化剂也主要展示了 Mn$_3$O$_4$ 的晶格条纹，如 0.248nm、0.492nm、0.276nm 和 0.308nm 等，分别对应（211）晶面、（101）晶面、（103）晶面和（112）晶面，与 XRD 中的特征峰所对应的晶面一致。这说明以 Cu 掺杂的 Mn-MOF-74

为前驱体焙烧制备 Cu-Mn 复合氧化物催化剂这种 Cu 掺杂方式，并没有在很大程度上改变 Mn-MOF-74 衍生的锰氧化物的晶相结构。此外，在催化剂表面并未发现 CuO 所对应的晶格条纹，这可能是由于 Cu 的掺杂量较少，或者部分 Cu 可能对 Mn 起到了替换作用，由于 Cu 和 Mn 是属于同一周期的邻近元素，因此 Cu 对 Mn 的部分替代并不会使催化剂原本的晶相结构发生明显改变。这些均进一步证实了 XRD 中的分析结果。

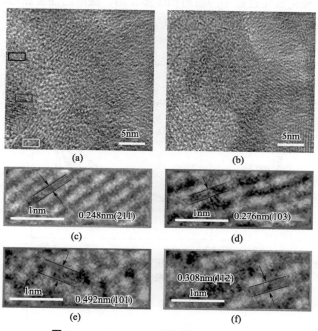

**图7-4** CuMnO$_x$-IPM 催化剂的 HRTEM 图像

图 7-5 展示了催化剂的 N$_2$ 吸脱附曲线及孔径分布特性，三种催化剂的 N$_2$ 吸脱附曲线均为典型的Ⅳ型等温线，表明其均为介孔结构。而从具体数值看，三种催化剂的比表面积分别为 CuMnO$_x$-IPM 107m$^2$/g、CuMnO$_x$-IPO 81m$^2$/g、CuMnO$_x$-IIO 65m$^2$/g，与第 4 章中未掺杂其他金属的 Mn$_3$O$_4$-MOF-74-300（99m$^2$/g）相比，CuMnO$_x$-IPM 的表面积有一定的提升。CuMnO$_x$-IPO 催化剂的表面积比掺杂之前略微降低，但降低得不明显。CuMnO$_x$-IIO 催化剂的表面积降低幅度较大，这可能是因为 Cu 的掺杂将催化剂部分孔道堵塞，从而降低了催化剂的比表面积。该结果表明，不同的 Cu 掺杂方式可能会导致 Cu 物种在最终生成的 Cu-Mn 复合金属

氧化物催化剂中的存在形式不同，从而使得催化剂的孔道结构不同。结合 XRD 和 HRTEM 等表征结果可以推测：先焙烧 Mn-MOF-74 生成 $Mn_3O_4$-MOF-74-300，再进行 Cu 掺杂所制备的 CuMnO$_x$-IPO 和 CuMnO$_x$-IIO 两种催化剂中，Cu 物种可能仅仅负载于催化剂表面，并未进入其晶相结构中，而 Cu 先掺杂 Mn-MOF-74 后再焙烧所得的 CuMnO$_x$-IPM 中，Cu 物种以取代 Mn 的形式进入催化剂的晶格条纹中，并且生成更小粒径的纳米颗粒，从而使得其比表面积增大，而较大的比表面积有利于 VOCs 催化氧化过程中的吸附和传质作用，提高活性位点的利用率，从而表现出优异的催化活性。

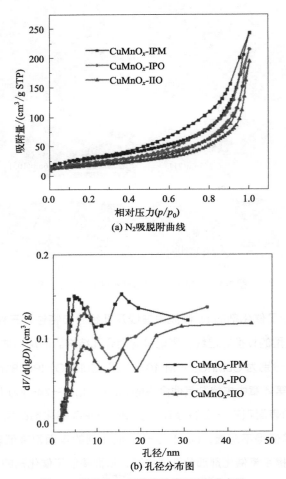

图 7-5　样品的 $N_2$ 吸脱附曲线和孔径分布图

## 7.2.2 催化剂表面成分和还原性能

图 7-6（书后另见彩图）展示了 Cu 掺杂后三种催化剂的 XPS 图谱。催化剂的 Cu 2p 图谱显示，三种 Cu 掺杂的 $CuMnO_x$ 催化剂都在结合能为 933.6eV 和 953.3eV 处出现特征峰，分别代表 Cu $2p_{3/2}$ 和 Cu $2p_{1/2}$ 两个自旋轨道，还在 945.0eV 和 962.5eV 附近出现了两个明显的卫星峰，被标注为"Sat"，这进一步表明了 Cu 物种被成功掺杂至催化剂中，而且主要以 $Cu^{2+}$ 的形式存在，与 XRD、SEM 和 EDS 的表征结果一致 [14]。

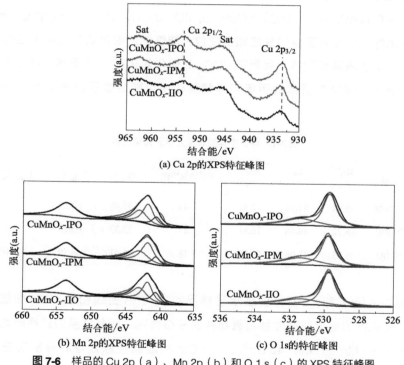

(a) Cu 2p的XPS特征峰图

(b) Mn 2p的XPS特征峰图　　(c) O 1s的特征峰图

**图 7-6** 样品的 Cu 2p（a）、Mn 2p（b）和 O 1s（c）的 XPS 特征峰图

催化剂的 Mn 2p 轨道的 XPS 图谱在 642eV 和 653eV 处展示出了两个特征峰，分别对应 Mn $2p_{3/2}$ 和 Mn $2p_{1/2}$ 轨道。对 642eV 处的特征峰进行拟合，发现 643eV、641.8eV 和 640.6eV 处的特征峰分别与 $Mn^{4+}$、$Mn^{3+}$ 和 $Mn^{2+}$ 物种对应。根据各拟合峰的面积大小计算得到锰物种的相对原子比，结果列于表 7-1 中。根据 XPS 数据计算结果可以看出，三种催化剂的 $Mn^{3+}/Mn^{4+}$ 值的大小顺序由高到低分别

为 CuMnO$_x$-IPM（1.43）> CuMnO$_x$-IPO（1.27）> CuMnO$_x$-IIO（1.18），与第 4 章数据 Mn$_3$O$_4$-MOF-74-300（1.15）对比可以看出，掺杂 Cu 后催化剂的 Mn$^{3+}$/Mn$^{4+}$值均有一定提升，尤其是 CuMnO$_x$-IPM 的提升最为明显，说明与负载于催化剂表面的 CuO 物种相比，替代性的 Cu 物种会进一步促进催化剂生成更多的 Mn$^{3+}$，这有利于增强催化剂在反应过程中的电子转移，有利于促进活性氧物种的吸附、生成、活化和转移，从而促进甲苯和丙酮的催化氧化。

O 1s 的 XPS 图谱显示出了以 531.4eV 和 529.8eV 为中心的两个特征峰，分别对应于表面吸附氧（O$_{ads}$）和表面晶格氧（O$_{latt}$）。由表 7-1 中的具体数据可以看出，CuMnO$_x$-IPM 催化剂展现出了最高的 O$_{ads}$/O$_{latt}$ 值，CuMnO$_x$-IPM（0.60）> CuMnO$_x$-IPO（0.50）> CuMnO$_x$-IIO（0.46），该结果表明 CuMnO$_x$-IPM 催化剂可能具有更多的缺陷和氧空位，能够促进催化氧化过程中活性氧的循环，丰富的表面吸附氧也有利于 VOCs 的催化氧化[15]。基于此，可进一步推测出 CuMnO$_x$-IPM 在后续的甲苯和丙酮催化中可能会表现出更加优异的催化性能。

**表 7-1** XPS 中样品表面元素分布情况表

| 样品名称 | Mn$^{4+}$/% | Mn$^{3+}$/% | Mn$^{2+}$/% | Mn$^{3+}$/Mn$^{4+}$ 值 | O$_{ads}$/% | O$_{latt}$/% | O$_{ads}$/O$_{latt}$ 值 |
|---|---|---|---|---|---|---|---|
| CuMnO$_x$-IPM | 35.94 | 51.54 | 12.51 | 1.43 | 37.48 | 62.52 | 0.60 |
| CuMnO$_x$-IPO | 36.72 | 46.48 | 16.81 | 1.27 | 33.30 | 66.70 | 0.50 |
| CuMnO$_x$-IIO | 36.55 | 43.06 | 20.39 | 1.18 | 31.41 | 68.59 | 0.46 |

图 7-7（a）和（b）分别展示了样品的 H$_2$-TPR 曲线和 O$_2$-TPD 曲线，用于分析催化剂的低温还原性能和氧物种的分布情况。所有样品的还原峰均可归因于 Mn$^{4+}$ → Mn$^{3+}$ → Mn$^{2+}$ 和 Cu$^{2+}$/Cu$^+$ → Cu$^0$ 的连续还原过程。分别对三种催化剂 H$_2$-TPR 谱峰中 400℃前的特征峰进行积分，得到耗氢数据：CuMnO$_x$-IPO（13590μmol/g）> CuMnO$_x$-IPM（12590μmol/g）> CuMnO$_x$-IIO（6108μmol/g）。而根据 H$_2$-TPR 曲线进一步可以看出，三种催化剂都展示出了较第 4 章中未掺杂催化剂更低的初始峰还原温度，其初始峰还原温度由低到高的顺序为 CuMnO$_x$-IPM（175℃）< CuMnO$_x$-IIO（178℃）< CuMnO$_x$-IPO（185℃），而 Mn$_3$O$_4$-MOF-74-300 的初始峰还原温度为 202℃，说明 Cu 掺杂后三种催化剂的还原性能均明显

增强。整体上，CuMnO$_x$-IPM 催化剂显示出了最低的初始峰还原温度和较高的吸氢量，即具有相对较高的低温还原性能，这将有利于催化剂对 VOCs 的催化氧化[16]。

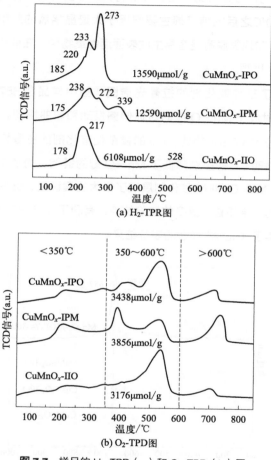

(a) H$_2$-TPR图

(b) O$_2$-TPD图

**图7-7** 样品的 H$_2$-TPR（a）和 O$_2$-TPD（b）图

根据 O$_2$-TPD 曲线可以看出，相比于第 4 章中 Mn-MOF-74 直接焙烧所得的 Mn$_3$O$_4$ 催化剂，掺杂 Cu 后的复合金属氧化物催化剂均展示了较大的氧脱附量，由高到低的顺序为 CuMnO$_x$-IPM（3856μmol/g）> CuMnO$_x$-IPO（3438μmol/g）> Mn$_3$O$_4$-MOF-74-300（3332μmol/g）> CuMnO$_x$-IIO（3176μmol/g），而且三种催化剂同样在 350℃ 以下区域和 350～600℃ 区域展示出明显的脱附峰，表明 Cu 的掺杂可以增强催化剂表面的活性氧物种的丰富度，提高活性氧的迁移率，有利于

VOCs 的催化氧化[17]。其中，CuMnO$_x$-IPM 催化剂展示出了最大的氧脱附量和最明显的初始峰，说明其具有最高的氧吸附容量，这进一步证实了 XPS 中的结论。可以将 O$_2$-TPD 曲线划分为三部分，其中 350℃前的特征峰主要是由物理吸附或化学吸附氧的脱附所引起的，350 ~ 600℃的特征峰主要对应催化剂表面不稳定晶格氧的脱附，而 600℃之后的特征峰主要归因于大量晶格氧的脱附[4,17]。CuMnO$_x$-IPM 在较低温度下实现氧脱附更容易生成表面活性氧物种，在催化反应中展现出更强的晶格氧移动性[18,19]。

图 7-8 展示了三种催化剂的拉曼光谱图。图中样品在 657cm$^{-1}$ 和 347cm$^{-1}$ 处的特征峰分别对应于 Mn—O 键的对称伸缩振动和弯曲振动。与第 4 章制备的 Mn$_3$O$_4$-MOF-74-300 催化剂相比，Cu 的掺杂使催化剂的拉曼峰发生了轻微的红移，波数减少，表明 Cu 的掺杂降低了 Mn—O 键的键能，增加了催化剂的晶格缺陷[11,20]。尤其是 CuMnO$_x$-IPM 催化剂展现了最大的偏移量，这说明 CuMnO$_x$-IPM 催化剂具有更小的纳米晶粒、更多的缺陷位点，有利于促进 VOCs 的催化氧化[21]。这也更进一步证实了 XRD 和 XPS 的表征结果。

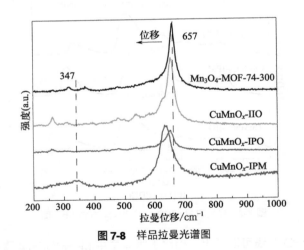

**图 7-8** 样品拉曼光谱图

## 7.2.3 催化活性对比研究

图 7-9 展示了 Cu 掺杂后的复合锰氧化物催化剂对甲苯和丙酮双组分混合气的催化活性，催化条件与本书 4.2 部分中一致。从图中可以看出，三种催化剂对混合气都有较高的催化活性，可在 240℃前将甲苯催化转化 90% 以上，在 220℃时

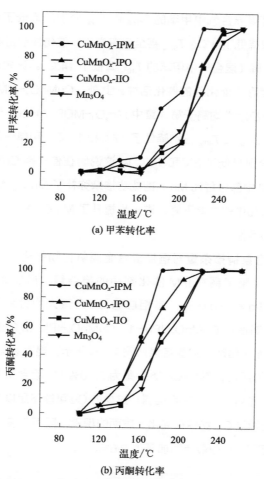

(a) 甲苯转化率

(b) 丙酮转化率

**图 7-9** 催化剂对双组分混合气催化氧化的甲苯转化率和丙酮转化率 [ 其中甲苯和丙酮浓度均为 500cm³/m³，GHSV = 40000mL/( g · h ) ]

将丙酮完全转化。相较于第 4 章中的 $Mn_3O_4$-MOF-74-300，$CuMnO_x$-IPM 催化剂对混合气中甲苯和丙酮的催化性能均有明显的提升，在三种混合金属氧化物催化剂中确实表现出了最高的催化活性，这也进一步证实了基于前面一系列表征所做出的推测。其中，混合气中甲苯的 $T_{50\%}$ 和 $T_{90\%}$ 分别降低了 27℃和 23℃，混合气中丙酮的 $T_{50\%}$ 和 $T_{90\%}$ 分别降低了 28℃和 36℃。$CuMnO_x$-IPO 催化剂对混合气中丙酮的催化性能有明显的提升，但对甲苯的催化性能提升不明显，计算可得，混合气中丙酮的 $T_{50\%}$ 和 $T_{90\%}$ 分别降低了 24℃和 15℃，但混合气中甲苯的 $T_{50\%}$ 和 $T_{90\%}$ 分别只降低了 6℃和 7℃。$CuMnO_x$-IIO 催化剂对混合气中甲苯和丙酮催化性能的提升均不明显，计算可得混合气中甲苯的 $T_{50\%}$ 和 $T_{90\%}$ 分别只降低了 6℃ 和 4℃，混合气中丙酮的 $T_{50\%}$ 只降低了 4℃，$T_{90\%}$ 甚至没有变化，催化性能基本不变，只是甲苯的起燃温度明显下降（混合气中甲苯的 $T_{10\%}$ 降低了 14℃）。这表明不同的 Cu 掺杂方法确实会大幅度影响催化剂的催化活性。此外，CuMnO$_x$-IPM 催化剂对混合气中甲苯和丙酮的反应活性均高于第 4 章中 Mn$_3$O$_4$-MOF-74-300 催化剂对单一甲苯的催化氧化活性（$T_{50\%}$ 和 $T_{90\%}$ 分别降低了 17℃ 和 14℃）和单一丙酮的催化氧化活性（$T_{50\%}$ 和 $T_{90\%}$ 分别降低了 5℃ 和 14℃）。这说明在催化剂 CuMnO$_x$-IPM 上，替代性 Cu（在催化剂中部分替代 Mn）的成功掺杂弥补了 Mn$_3$O$_4$-MOF-74-300 催化剂在混合气催化氧化中的性能下降，进一步提升了 Mn$_3$O$_4$-MOF-74-300 催化剂对混合气催化氧化的活性。

此外，为了考察铜掺杂量对铜锰复合金属氧化物催化剂催化氧化 VOCs 活性的影响，分别调整了铜在 IPM 催化剂中的掺杂量。通过调整硝酸铜的用量（0.0105g、0.0175g 和 0.0245g，其相应的 Cu 含量大约分别为 1.5%、2.5% 和 3.5%）从而成功制备出 CuMnO$_x$-IPM-1、CuMnO$_x$-IPM 和 CuMnO$_x$-IPM-3 三种不同铜含量的 IPM 催化剂。实验结果如图 7-10 所示，显而易见，Cu 的掺杂量会影响催化剂的催化活性，其中 Cu 掺杂量为 2.60%（实际含量）的 CuMnO$_x$-IPM 催化剂的催化性能最好。因此笔者推测：过少的 Cu 可能不足以完成对 Mn 的取代，而过多的 Cu 可能导致 Cu 物种在催化剂表面的积累，因而不表现出高的催化性能。在此基础上，确定了 Cu 的最佳添加量为 2.6%。

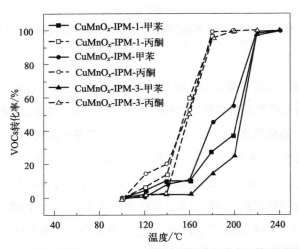

**图 7-10** 不同 Cu 掺杂量的 CuMnO$_x$-IPM 催化剂对混合气体中甲苯和丙酮的催化性能

图 7-11 展示了三种掺杂 Cu 后的催化剂对甲苯和丙酮双组分混合气催化反应的阿伦尼乌斯拟合曲线，具体数值罗列在表 7-2 中。结果表明，掺杂前后各催化剂在 40000mL/(g·h) 气时空速下对双组分混合气中 500cm$^3$/m$^3$ 甲苯的催化氧化活化能由小到大的顺序为 CuMnO$_x$-IPM（83.61kJ/mol）< CuMnO$_x$-IPO（93.48kJ/mol）< CuMnO$_x$-IIO（104.17kJ/mol）< Mn$_3$O$_4$-MOF-74-300（138.89kJ/mol），对双组分混合气中 500cm$^3$/m$^3$ 丙酮的催化氧化活化能由小到大的顺序为 CuMnO$_x$-IPM（44.60kJ/mol）< CuMnO$_x$-IPO（49.61kJ/mol）< CuMnO$_x$-IIO（67.60kJ/mol）< Mn$_3$O$_4$-MOF-74-300（72.07kJ/mol）。

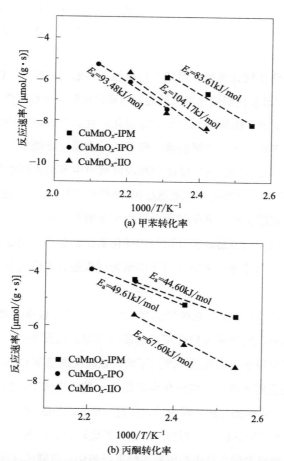

(a) 甲苯转化率

(b) 丙酮转化率

图 7-11 催化剂对双组分混合气催化氧化的甲苯转化率和丙酮转化率的阿伦尼乌斯拟合［其中甲苯和丙酮浓度均为 500cm$^3$/m$^3$，GHSV = 40000mL/(g·h)］

表7-2 各样品的混合气催化活性及表观活化能（其中甲苯和丙酮浓度均为500cm³/m³）

| 样品名称 | VOCs 种类 | GHSV /[mL/(g·n)] | 不同 VOCs 转化率对应的温度 /℃ | | | | 表观活化能 /(kJ/mol) |
|---|---|---|---|---|---|---|---|
| | | | $T_{10\%}$ | $T_{50\%}$ | $T_{90\%}$ | $T_{100\%}$ | |
| CuMnO$_x$-IPM | 甲苯 | | 160 | 191 | 216 | 220 | 83.61 |
| | 丙酮 | | 113 | 157 | 176 | 180 | 44.60 |
| CuMnO$_x$-IPO | 甲苯 | | 183 | 212 | 232 | 240 | 93.48 |
| | 丙酮 | 40000 | 126 | 161 | 197 | 220 | 49.61 |
| CuMnO$_x$-IIO | 甲苯 | | 173 | 212 | 235 | 250 | 104.17 |
| | 丙酮 | | 150 | 181 | 212 | 220 | 67.60 |
| Mn$_3$O$_4$-MOF-74-300 | 甲苯 | | 187 | 218 | 239 | 260 | 138.89 |
| | 丙酮 | | 148 | 185 | 212 | 220 | 72.07 |

由表 7-2 中活化能计算结果可知，与其他两种催化剂相比，CuMnO$_x$-IPM 催化剂对混合气中甲苯及丙酮催化氧化反应的表观活化能均大幅度降低，从而有利于反应的进行，表现出了优异的混合 VOCs 催化活性。CuMnO$_x$-IPO 催化剂对混合气中甲苯催化的表观活化能的削弱幅度较低，只大幅度降低了混合气中丙酮催化的表观活化能。而 CuMnO$_x$-IIO 催化剂对混合气中甲苯和丙酮催化的表观活化能都只有小幅度的降低，与前述性能测试结果均保持一致。此外，各催化剂对混合气中丙酮催化的表观活化能均低于对混合气中甲苯催化氧化的活化能，说明本工作所制备的催化剂均能较容易地实现丙酮的催化氧化，这也从侧面反映了前述率先以甲苯为目标污染物筛选催化剂以用于甲苯丙酮双组分混合气催化氧化策略的合理性。

图 7-12 展示了各催化剂在较低温度（140℃）下和较高温度（220℃）下对甲苯和丙酮双组分混合气催化氧化反应的反应速率。由图 7-12（a）可知，在较低温度下混合气中甲苯的反应速率差别不大，在较高温度下 CuMnO$_x$-IPM 催化剂展示出了更高的反应速率，这与催化性能结果一致。由图 7-12（b）可知，在较低温度下混合气中丙酮的反应速率也较为接近，但 CuMnO$_x$-IIO 催化剂的反应速率明显更低，在 220℃时三种催化剂的反应速率都比较接近，这可能是由于在 220℃时三种催化剂已能够将混合气中的所有丙酮进行转化，与催化性能结果一致。与其他已报道过的催化剂对甲苯和丙酮的催化活性相比，如表 7-3 所列，本工作所制备的催化剂有较高的活性，具有一定的实际应用价值。

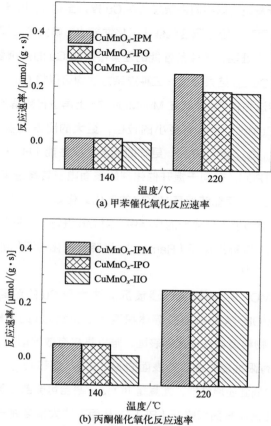

(a) 甲苯催化氧化反应速率

(b) 丙酮催化氧化反应速率

**图 7-12** 各催化剂在 140℃和 220℃下对双组分混合气催化氧化的甲苯催化氧化反应速率（a）和丙酮催化氧化反应速率（b）[ 其中甲苯和丙酮浓度均为 500cm³/m³，GHSV = 40000mL/( g · h )]

**表 7-3** 样品 CuMnO$_x$-IPM 与文献报道相关材料的 VOCs 催化活性

| 催化剂 | 丙酮浓度 /<br>（cm³/m³） | 甲苯浓度 /<br>（cm³/m³） | GHSV/[mL/( g · h )] | 丙酮<br>$T_{90\%}$/℃ | 甲苯<br>$T_{90\%}$/℃ | 参考<br>文献 |
|---|---|---|---|---|---|---|
| Pt$_{1.9nm}$/TiO$_2$ | 500 | 500 | 40000 | 183 | 196 | [1] |
| 1Cu1Mn-450 | — | 1000 | 60000 | | 210 | [3] |
| MnO$_x$/Al$_2$O$_3$ | 60 | 60 | — | 60℃<br>保持 150min | 25℃<br>保持 150min | [20] |
| CuMn$_2$O$_x$ | 1019 | | 18000 | 150 | | [21] |
| Cat-2( MnO$_x$ ) | — | 500 | 100mL/min | | 237 | [22] |
| MnO$_x$/Al$_2$O$_3$ | 130 | 130 | | 90℃<br>保持 150min | 25℃<br>保持 150min | [23] |
| CuMnO$_x$-IPM | 500 | 500 | 40000 | 176 | 216 | 本工作 |

根据上述分析发现，以不同掺杂方法将 Cu 掺杂至催化剂中对原有催化剂的物理化学性质和甲苯丙酮双组分混合气催化氧化性能的影响大不相同，对三种催化剂进行的 ICP 元素分析证明，催化剂性能的差异不是由 Cu 的掺杂量不同所导致的。根据 XRD 和 XPS Cu 2p 结果显示，三种掺杂方法均可以将 Cu 成功掺杂到催化剂中，但以浸渍沉淀法先将 Cu 负载在 Mn-MOF-74 上再进行热解的策略（以下简称 IPM 法）制得的 $CuMnO_x$-IPM 有更小的粒径，更大的比表面积（BET），更高的 $Mn^{3+}/Mn^{4+}$ 值和 $O_{ads}/O_{latt}$ 值（XPS），更好的低温还原性能（$H_2$-TPR）和更丰富的表面活性氧（$O_2$-TPD），有利于提升催化剂的表面电子转移速率，增加催化剂的晶格缺陷和氧空位，从而能够提高 VOCs 的催化氧化效率[22,24]。这可能是由于以 IPM 法掺杂的 Cu 能够进入催化剂的晶格中，对 Mn 进行部分取代，从而大幅度地削弱 $Mn_3O_4$ 中 Mn—O 键的键能（Raman），以降低催化剂活化的能垒，从而取得更佳的掺杂效果[11,25,26]。

而先将 Mn-MOF-74 热解再以浸渍沉淀法负载 Cu 的策略（以下简称 IPO 法）和先将 Mn-MOF-74 热解再以等体积浸渍法负载 Cu 的策略（以下简称 IIO 法）可能是将 Cu 物种负载在催化剂表面，难以直接有效地削弱 Mn—O 键的键能（Raman），只能有限地提升催化剂表面的 $Mn^{3+}/Mn^{4+}$ 值和 $O_{ads}/O_{latt}$ 值或在一定程度上改善催化剂的低温还原性能，尤其是 IIO 法，甚至可能部分阻塞了催化剂表面的孔道而导致催化剂比表面积降低（BET），从而不能大幅度提升催化的 VOCs 催化活性。这进一步表明，本研究中所采用的 IPM 策略能够精准、有效地将 Cu 掺杂进 $Mn_3O_4$ 中，对 Mn 进行部分取代，以较低的掺杂量（Cu 的摩尔质量占比为 2.60%）大幅度地提升催化剂的活性。

## 7.2.4 催化剂稳定性测试

为进一步评价 $CuMnO_x$-IPM 催化剂的稳定性及水蒸气抗性，本实验在 230℃ 下对其进行了 70h 稳定性测试，在稳定性测试过程中间歇式地通入了不同浓度的水蒸气（5.5% 和 10%，体积分数），结果如图 7-13 所示。结果显示，所制备的 $CuMnO_x$-IPM 催化剂对甲苯丙酮双组分混合气催化氧化有较高的稳定性，能够在 5.5% 和 10% 的水蒸气交替存在的条件下稳定保持 70h 以上的催化活性，这说明，IPM 法（先对 Mn-MOF-74 进行 Cu 掺杂，之后再进行煅烧）是 MOFs 基金属氧化物掺杂制备复合金属氧化物的有效策略，其制备的 $CuMnO_x$-IPM 催化剂有较大的潜在应用前景。

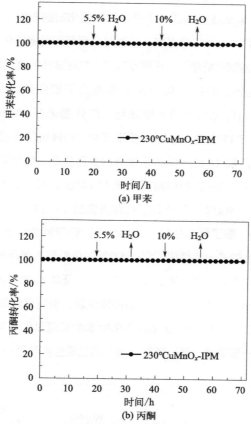

图 7-13　样品 CuMnO$_x$-IPM 的稳定性测试 [ 其中甲苯和丙酮浓度均为 500cm$^3$/m$^3$, GHSV = 40000mL/（g·h）]

## 7.3　催化剂催化甲苯、丙酮及双组分混合气的机理研究

　　甲苯和丙酮催化氧化的机理目前应用较多的主要为 Marse-van Krevelen（MVK）模型和 Langmuir-Hinshelwood（L-H）模型[27]。MVK 模型认为晶格氧是催化中主要的活性氧物种，被吸附的 VOCs 分子在催化剂表面与晶格氧发生反应，而后气相中的氧对晶格氧进行补充，形成氧循环。L-H 模型认为在催化反应之前 VOCs 分子和氧气均被吸附在催化剂表面，VOCs 分子与吸附氧进行反应。为了研究本实验中甲苯、丙酮和双组分混合气的催化机理，本节对催化剂进行了原位

红外光谱测试表征和分析。

在原位红外测试中，对样品进行预处理后，首先在50℃的温度下通入对应的 VOCs 气体，以保证甲苯或丙酮能够快速吸附在催化剂的表面，以50℃为间隔选取 100℃、150℃、200℃、250℃等温度，分别对应甲苯和丙酮转化率为50%、90% 和 100% 左右的温度，监测分析甲苯、丙酮及其混合气在催化氧化过程中的中间产物。

图 7-14 为 $CuMnO_x$-IPM 催化剂在不同温度下催化氧化单一甲苯的原位红外光谱图。50℃下向催化剂中通入甲苯后，红外图谱在 1025$cm^{-1}$、2924$cm^{-1}$ 和 2835$cm^{-1}$ 处展示出了特征峰，分别代表甲苯中 C—H 键的平面振动和拉伸振动，1593$cm^{-1}$、1493$cm^{-1}$ 和 1448$cm^{-1}$ 表示苯环的变形振动，表明甲苯的吸附和持续积累[28]。100℃时出现了 C—O 的伸缩振动峰（1143$cm^{-1}$ 和 1070$cm^{-1}$），表示苯甲醇的生成[28]。在 150～200℃之间出现了羧酸类物质（1532$cm^{-1}$ 和 1395$cm^{-1}$）、酸酐类物质（1306$cm^{-1}$）、顺丁烯二酸盐（1508$cm^{-1}$）和醛酮类物质（1177$cm^{-1}$）的峰，表示甲苯在催化剂上的进一步转化[11,27]。200℃时可观察到苯环的振动峰，这可能是由于生成了芳香烃类的副产物，还出现了 $CO_2$ 的特征峰（2360$cm^{-1}$ 和 2319$cm^{-1}$）和水的特征峰（1666$cm^{-1}$），并在250℃之前持续积累，表明甲苯最终转化为了 $CO_2$ 和 $H_2O$[29]。这表明在 $CuMnO_x$-IPM 催化剂催化甲苯的反应过程中可能遵循以下反应路径：甲苯→苯甲醇→苯甲酸→苯→酸酐、顺丁烯二酸盐类物质→ $H_2O$ 和 $CO_2$。

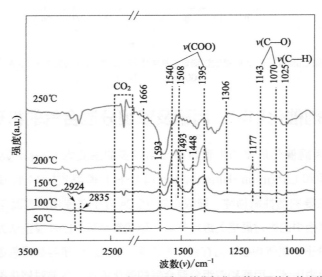

**图 7-14** 样品 $CuMnO_x$-IPM 在不同温度下催化氧化甲苯的原位红外光谱图

图 7-15 为 CuMnO$_x$-IPM 催化剂在不同温度下催化氧化单一丙酮的原位红外光谱图。如图 7-15 所示，向催化剂中通入丙酮后，红外图谱展示出丙酮的特征峰（1362cm$^{-1}$），2924cm$^{-1}$ 和 2835cm$^{-1}$ 处代表了丙酮中 C—H 键的拉伸振动，1687cm$^{-1}$ 处为丙酮 C=O 键的特征峰，1136cm$^{-1}$ 和 1036cm$^{-1}$ 处为酮类物质的特征峰，表示丙酮已经成功被吸附在了催化剂上[11,27]。在 100℃时，归属于丙酮的峰依旧在升高，表明丙酮在催化剂上的持续积累。同时，在 1576cm$^{-1}$ 处甲酸盐的不对称振动峰逐渐升高，表明了甲酸盐物质的积累，说明丙酮被吸附在催化剂上后被转化为甲酸盐物质[29]。在 150℃时，开始出现了 CO$_2$ 的特征峰（2360cm$^{-1}$ 和 2319cm$^{-1}$），并随着温度持续升高，并且出现了羧基的特征峰（1532cm$^{-1}$ 和 1395cm$^{-1}$），并在 250℃时消失，表明在丙酮催化过程中有羧酸类副产物的生成[27]。这表明在 CuMnO$_x$-IPM 催化剂催化丙酮的反应过程中可能遵循以下反应路径：丙酮→甲酸和乙酸等羧酸类物质→ H$_2$O 和 CO$_2$。

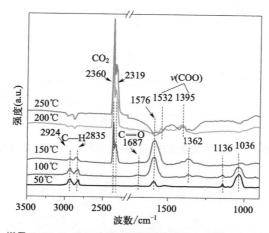

**图 7-15** 样品 CuMnO$_x$-IPM 在不同温度下催化氧化丙酮的原位红外光谱图

图 7-16 为 CuMnO$_x$-IPM 催化剂在不同温度下催化氧化甲苯和丙酮双组分混合气的原位红外光谱图。在通入甲苯和丙酮后，对应的红外图谱分别展示出了甲苯和丙酮的特征峰，与图 7-14 和图 7-15 的结果一致。150℃之前，丙酮逐渐分解，大量的甲酸盐逐渐积累（1576cm$^{-1}$）；150℃时开始出现了明显的 H$_2$O（1666cm$^{-1}$）和 CO$_2$ 的峰，这可能是由于部分丙酮已经被完全催化氧化。150℃开始观察到了酸酐类物质（1306cm$^{-1}$）和醛酮类物质（1177cm$^{-1}$）的峰，200℃时能观察到顺丁

烯二酸盐（1508cm⁻¹）和羧酸盐物质（1532cm⁻¹ 和 1395cm⁻¹）的积累，除此之外，没有发现新的特征峰，表明在 CuMnO$_x$-IPM 催化剂上，甲苯和丙酮的反应路径没有变化，仍然遵循着单一甲苯和单一丙酮的催化路径，其可能的反应路径如图 7-17 所示，结合 XPS、H$_2$-TPR 和 O$_2$-TPD 表征可知，催化剂表面的吸附氧对催化过程起重要作用，催化剂的表面缺陷增强了表面氧的吸附从而提高催化效率，反应更可能遵循 L-H 机理。

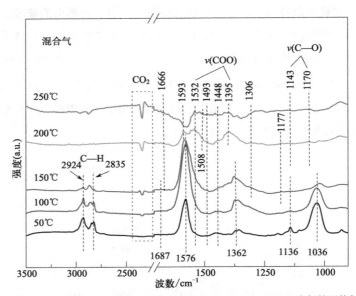

**图 7-16** 样品 CuMnO$_x$-IPM 在不同温度下催化氧化甲苯和丙酮双组分混合气的原位红外光谱图

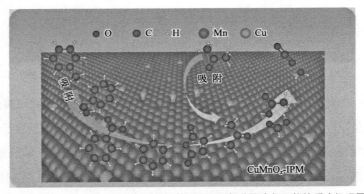

**图 7-17** CuMnO$_x$-IPM 催化剂催化甲苯和丙酮双组分混合气可能的反应机理图

此部分以不同策略（IPM 法、IPO 法、IIO 法）将少量的 Cu 掺杂在 Mn-

MOF-74 衍生的 Mn$_3$O$_4$ 中，分别制备得到了 CuMnO$_x$-IPM、CuMnO$_x$-IPO、CuMnO$_x$-IIO 等一系列具有相同掺杂量但不同 Cu 物种存在形态的锰基复合金属氧化物催化剂，用于甲苯和丙酮双组分混合气的催化氧化研究（图 7-18），得出了以下结论。

① 三种策略所合成的锰基复合金属氧化物催化剂虽然具有相同的 Mn$_3$O$_4$ 晶相结构，但由于 Cu 物种存在形态的不同，表现出不同的物理化学特性，从而在双组分混合气催化氧化中展示出了显著差异。

② Cu 的掺杂对 CuMnO$_x$ 催化剂催化氧化混合气的性能起到了积极的促进作用，特别是 IPM 法制备的 CuMnO$_x$-IPM，由于实现了 Cu 对 Mn 的取代，能够削弱 Mn—O 键的键强，具有最高的 Mn$^{3+}$/Mn$^{4+}$ 值、O$_{ads}$/O$_{latt}$ 值、低温还原性能和丰富的活性氧物种，在混合气催化氧化中展示了最佳性能。其在混合气催化中，甲苯的 $T_{50\%}$ 和 $T_{90\%}$ 分别降低了 27℃和 23℃，丙酮的 $T_{50\%}$ 和 $T_{90\%}$ 分别降低了 28℃和 36℃。

③ 原位红外光谱显示催化剂 CuMnO$_x$-IPM 在催化反应过程中，单一甲苯的反应路径可能遵循"甲苯→苯甲醇→苯甲酸→苯→酸酐、顺丁烯二酸盐类物质→H$_2$O 和 CO$_2$"的顺序，单一丙酮的反应路径遵循"丙酮→甲酸和乙酸等羧酸类物质→H$_2$O 和 CO$_2$"的顺序，在双组分混合气催化中，甲苯和丙酮的反应路径不变。

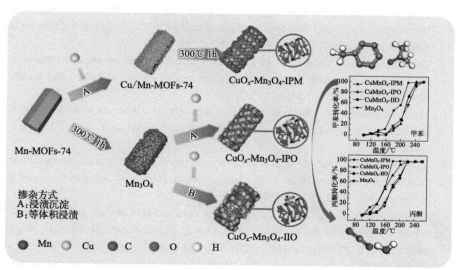

**图 7-18** 不同 Cu 掺杂方式制备不同 Cu 物种存在形态的 CuMnO$_x$ 催化剂催化氧化 VOCs 的过程

## 参考文献

[1]  Wang Z, Ma P, Zheng K, et al. Size effect, mutual inhibition and oxidation mechanism of the catalytic removal of a toluene and acetone mixture over $TiO_2$ nanosheet-supported Pt nanocatalysts[J]. Applied Catalysis B: Environmental, 2020, 274: 118963.

[2]  Lei J, Wang S, Li J, et al. Different effect of Y ( Y = Cu, Mn, Fe, Ni ) doping on $Co_3O_4$ derived from Co-MOF for toluene catalytic destruction[J]. Chemical Engineering Science, 2022, 251: 117436.

[3]  Hu W, Huang J, Xu J, et al. Insights into the superior performance of mesoporous MOFs-derived Cu Mn oxides for toluene total catalytic oxidation[J]. Fuel Processing Technology, 2022, 236: 107424.

[4]  Chen M, Wang J, Sun H, et al. Highly improved acetone oxidation performance over mesostructured $Cu_xCe_{1-x}O_2$ hollow nanospheres[J]. New Journal of Chemistry, 2022, 46 ( 20 ): 9602-9611.

[5]  Yang W H, Wang Y, Yang W N, et al. Surface in situ doping modification over $Mn_2O_3$ for toluene and propene catalytic oxidation: The effect of isolated Cu ( $^{delta+}$ ) insertion into the mezzanine of surface $MnO_2$ cladding[J]. ACS Applied Materials & Interfaces, 2021, 13 ( 2 ): 2753-2764.

[6]  赵文怡, 朱悦然, 李净岩, 等. 氨后处理和稀土改性对 $CuO/\gamma-Al_2O_3$ 催化剂催化氧化甲苯性能的影响 [J]. 金属功能材料, 2021, 28 ( 3 ): 34-41.

[7]  Sun J, Wang L, Zhang L, et al. Taming the redox property of $A_{0.5}Co_{2.5}O_4$ ( A = Mg, Ca, Sr, Ba ) toward high catalytic activity for $N_2O$ decomposition[J]. ACS Applied Energy Materials, 2021, 4 ( 8 ): 8496-8505.

[8]  Antonio Aguilera D, Perez A, Molina R, et al. Cu-Mn and Co-Mn catalysts synthesized from hydrotalcites and their use in the oxidation of VOCs[J]. Applied Catalysis B: Environmental, 2011, 104 ( 1-2 ): 144-150.

[9]  Zhang X, Zhao J, Song Z, et al. The catalytic oxidation performance of toluene over the Ce-Mn-$O_x$ catalysts: Effect of synthetic routes[J]. Journal of Colloid and Interface Science, 2020, 562: 170-181.

[10] Lee K H, Hwang I Y, Chung J H, et al. Stabilization of orthorhombic distortions in Cu-doped and Co-doped ferrimagnetic $Mn_3O_4$[J]. Physical Review B, 2020, 101 ( 8 ): 085126.

[11] Dong A, Gao S, Wan X, et al. Labile oxygen promotion of the catalytic oxidation of acetone over a robust ternary Mn-based mullite $GdMn_2O_5$[J]. Applied Catalysis B: Environmental, 2020, 271: 118932.

[12] Chen X, He F, Liu S. CuO/$MnO_x$ composites obtained from Mn-MIL-100 precursors as efficient catalysts for the catalytic combustion of chlorobenzene[J]. Reaction Kinetics Mechanisms and Catalysis, 2020, 130 ( 2 ): 1063-1076.

[13] Zhang X, Bi F, Zhu Z, et al. The promoting effect of $H_2O$ on rod-like $MnCeO_x$ derived from MOFs for toluene oxidation: A combined experimental and theoretical

investigation[J]. Applied Catalysis B: Environmental, 2021, 297: 120393.

[14] Wang H, Mao Q, Ren T, et al. Synergism of interfaces and defects: Cu/Oxygen vacancy-rich Cu-$Mn_3O_4$ heterostructured ultrathin nanosheet arrays for selective nitrate electroreduction to ammonia[J]. ACS Applied Materials & Interfaces, 2021, 13 (37): 44733-44741.

[15] Zhang X, Bi F, Zhao Z, et al. Boosting toluene oxidation by the regulation of Pd species on UiO-66: Synergistic effect of Pd species[J]. Journal of Catalysis, 2022, 413: 59-75.

[16] Zhang W, Li M, Wang X, et al. Boosting catalytic toluene combustion over Mn doped $Co_3O_4$ spinel catalysts: Improved mobility of surface oxygen due to formation of Mn-O-Co bonds[J]. Applied Surface Science, 2022, 590: 153140.

[17] Yang L, Liu Q, Han R, et al. Confinement and synergy effect of bimetallic Pt-Mn nanoparticles encapsulated in ZSM-5 zeolite with superior performance for acetone catalytic oxidation[J]. Applied Catalysis B: Environmental, 2022, 309: 121224.

[18] Zeng J, Xie H, Zhang H, et al. Insight into the effects of oxygen vacancy on the toluene oxidation over alpha-$MnO_2$ catalyst[J]. Chemosphere, 2022, 291 (Pt 3): 132890.

[19] Xu J F, Ji W, Shen Z X, et al. Raman spectra of CuO nanocrystals[J]. Journal of Raman Spectroscopy, 1999, 30 (5): 413-415.

[20] Aghbolaghy M, Soltan J, Chen N. Low temperature catalytic oxidation of binary mixture of toluene and acetone in the presence of ozone[J]. Catalysis Letters, 2018, 148 (11): 3431-3444.

[21] Wang L, Sun Y, Zhu Y, et al. Revealing the mechanism of high water resistant and excellent active of CuMn oxide catalyst derived from Bimetal-Organic framework for acetone catalytic oxidation[J]. Journal of Colloid and Interface Science, 2022, 622: 577-590.

[22] Zhang X, Wu Y, Qin C, et al. $MnO_x$ catalyst with high-efficiency degradation behavior of toluene: Effect of cryptomelane[J]. Chemistry Select, 2022, 7 (5): 1-9.

[23] Ghavami M, Soltan J, Chen N. Enhancing catalytic ozonation of acetone and toluene in air using $MnO_x/Al_2O_3$ catalysts at room temperature[J]. Industrial & Engineering Chemistry Research, 2021, 60 (33): 12252-12264.

[24] Dong C, Qu Z, Jiang X, et al. Tuning oxygen vacancy concentration of $MnO_2$ through metal doping for improved toluene oxidation[J]. Journal of Hazardous Materials, 2020, 391: 122181.

[25] Wu S, Liu H, Huang Z, et al. $Mn_1Zr_xO_y$ mixed oxides with abundant oxygen vacancies for propane catalytic oxidation: Insights into the contribution of Zr doping[J]. Chemical Engineering Journal, 2023, 452: 139341.

[26] Shan C, Zhang Y, Zhao Q, et al. Acid etching-induced in situ growth of iambda-$MnO_2$ over CoMn spinel for low-temperature volatile organic compound oxidation[J]. Environmental Science Technology, 2022, 56 (14): 10381-10390.

[27] 雷娟. Co-MOF 为前驱体制备的钴基金属氧化物及其甲苯催化氧化性能研究 [D]. 太原: 太原理工大学, 2021.

[28]  Du Y，Zou J，Guo Y，et al. A novel viewpoint on the surface adsorbed oxygen and the atom doping in the catalytic oxidation of toluene over low-Pt bimetal catalysts[J]. Applied Catalysis A: General，2021，609: 117913.

[29]  Fu K，Su Y，Yang L，et al. Pt loaded manganese oxide nanoarray-based monolithic catalysts for catalytic oxidation of acetone[J]. Chemical Engineering Journal，2022，432: 134397.

钴锰基金属氧化物制备
及其催化氧化 VOCs 性能研究

# 第 8 章
## 创新及展望

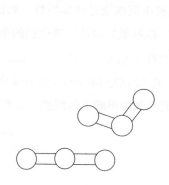

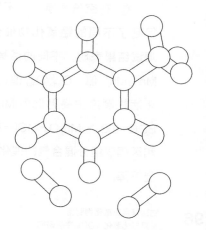

## 8.1 结论

　　立足于当前国家应对大气污染的战略需求，以及我国生态文明建设进程中"十四五"规划美丽中国目标中空气清新这一指标的实现，本研究以"以甲苯和丙酮为典型代表的芳香烃和含氧 VOCs 的绿色高效治理用钴锰基金属氧化物催化剂的创制"为目标，首先以 Co-MOFs 作前驱体制备钴基金属氧化物催化氧化甲苯为研究体系，通过对母体 Co-MOFs 的形貌和组成与最终生成的 $Co_3O_4$ 催化剂的结构和性能的研究，构建了二者之间的构效关系；探索了 ZSA-1 的焙烧条件（如焙烧温度、时间和升温速率等）对其衍生钴基金属氧化物催化剂结构和性能的影响；为提升催化剂活性，进一步研究了 Mn 及 Cu 等不同金属元素掺杂对 Co-MOFs 衍生的钴基金属氧化物催化性能的影响。此外，本研究还以 Mn-MOFs 为前驱体制备锰基金属氧化物催化剂，用于甲苯和丙酮双组分混合气的催化氧化，选择不同组成的 Mn-MOFs 为前驱体，通过调控热解条件制备得到不同的锰氧化物催化剂，并对催化剂的结构和性能进行系统研究，在此基础上，为进一步提升催化剂的活性，以不同方法引入金属 Cu 元素进行掺杂，探究其对混合气催化活性的影响，得出以下主要结论。

　　① 分别选取三种不同形貌和组成的 Co-MOFs 作前驱体，在 350℃下煅烧生成其衍生物 $Co_3O_4$ 用于甲苯催化氧化，母体 Co-MOFs 的形貌和 C、N、O 的含量，对其衍生的 $Co_3O_4$ 的形貌及物理化学特性如孔隙结构、$Co^{3+}/Co^{2+}$ 值、$O_{ads}/O_{latt}$ 值、比表面积和低温还原性能等有重要影响；各催化剂催化活性大小顺序为：ZSA-1-$Co_3O_4$-350（母体为正八面体，N-O- 配体）> MOF-74-$Co_3O_4$-350（母体为棒状，O- 配体）> ZIF-67-$Co_3O_4$-350（母体为十二面体，N- 配体）。

　　② 在空气气氛下，不同 Mn-MOFs 前驱体在不同的温度下进行热解，制备得到了不同的锰氧化物催化剂，XRD、SEM、BET、XPS、$H_2$-TPR、$O_2$-TPD 等测试结果表明，不同的锰氧化物催化剂具有不同的物理化学特性，如比表面积、$Mn^{3+}/Mn^{4+}$ 值、$O_{ads}/O_{latt}$ 值、低温还原性能、活性氧物种等，催化剂的甲苯催化氧化活性顺序由高到低为 $Mn_3O_4$-MOF-74-300 > $Mn_3O_4$-MOF-74-400 > $Mn_2O_3$-BDC-400 > $Mn_2O_3$-MOF-74-500。此外，在 $Mn_3O_4$-MOF-74-300 催化剂对甲苯和丙酮双组分混合气的催化氧化中双组分混合气中甲苯和丙酮的 $T_{50\%}$ 和 $T_{90\%}$ 均明显下降。

③ 通过对 ZSA-1 煅烧条件的调控，成功合成了一系列具有不同物理化学特性，如 $Co^{3+}/Co^{2+}$ 值、$O_{ads}/O_{latt}$ 值及孔隙结构等结构特性的 $Co_3O_4$ 催化剂。350℃下煅烧 1h 生成的 $Co_3O_4$ 表面有（110）晶面暴露，具有最高的 $Co^{3+}/Co^{2+}$ 值、$O_{ads}/O_{latt}$ 值和比表面积，从而在甲苯催化活性评价中表现出优异的催化活性和稳定性，其 $T_{50\%}$ 和 $T_{90\%}$ 分别为 232℃和 239℃。利用原位红外光谱探究了 ZSA-1-$Co_3O_4$-350 对甲苯的催化氧化过程，结果表明，甲苯首先吸附在催化剂表面，随着反应温度的升高依次被分解为苯甲醇、苯甲酸和顺丁烯二酸盐类物质，最后被完全氧化为 $CO_2$ 和 $H_2O$。

④ 通过用不同浓度的 $Mn(NO_3)_2$ 水溶液浸渍 ZSA-1，在 350℃下焙烧成功制备了不同钴锰比的钴基复合金属氧化物催化剂，三种催化剂表面均暴露有（110）晶面，其中 M-$Co_1Mn_1O_x$ 具有最高的 $Co^{3+}/Co^{2+}$ 值、$Mn^{3+}/Mn^{4+}$ 值、$O_{ads}/O_{latt}$ 值，更丰富的晶格缺陷和最高的低温还原性能等，从而在甲苯催化活性评价中表现出最佳性能，227℃下即可将 90% 的甲苯降解，Mn 的掺杂对甲苯催化活性起到了促进作用。原位红外光谱显示 M-$Co_1Mn_1O_x$ 催化氧化甲苯的主要路径为：甲苯→苯甲醛→苯甲酸→酸酐→顺丁烯二酸盐类物质→二氧化碳和水。

⑤ 通过用一定量浓度的 $Cu(NO_3)_2 \cdot 3H_2O$、$Mn(NO_3)_2 \cdot 4H_2O$、$Fe(NO_3)_3 \cdot 9H_2O$ 和 $Ni(NO_3)_2 \cdot 6H_2O$ 的乙醇溶液浸渍 ZSA-1，在 350℃下焙烧成功制备了一系列不同金属掺杂的钴基复合金属氧化物催化剂。四种催化剂的物理化学特性和甲苯催化活性各不相同，其表面均暴露有（110）晶面，其中 M-$Co_1Cu_1O_x$ 具有最高的 $Co^{3+}/Co^{2+}$ 值、$O_{ads}/O_{latt}$ 值、$Cu^{2+}$ 和优异的低温还原性能，因此其甲苯催化活性最高，在 208℃和 215℃即可达到甲苯 90% 和 100% 的降解率，分别比未掺杂样品对应温度降低了 31℃和 30℃，性能十分突出。原位红外光谱追踪显示，甲苯在 M-$Co_1Cu_1O_x$ 催化剂表面降解的主要中间产物有苯甲醛、苯甲酸、苯酚和顺丁烯二酸盐类物质等，降解机理符合 Langmuir-Hinshelwood（L-H）机理。

⑥ 利用不同的 Cu 掺杂方法制备了一系列具有不同物理化学特性的锰基复合金属氧化物催化剂。以 IPM 法制备的 CuMnO$_x$-IPM 催化剂，其 Mn—O 键的键强被削弱，因而，展示出了最高的 $Mn^{3+}/Mn^{4+}$ 值、$O_{ads}/O_{latt}$ 值、低温还原性能和丰富的活性氧物种，在混合气催化氧化中展示了优异的催化活性和稳定性。在

CuMnO$_x$-IPM 催化剂对混合气的催化氧化反应中，甲苯的 $T_{50\%}$ 和 $T_{90\%}$ 分别降低了 27℃和 23℃，丙酮的 $T_{50\%}$ 和 $T_{90\%}$ 分别降低了 28℃和 36℃。利用原位红外光谱探究了 CuMnO$_x$-IPM 催化剂对甲苯和丙酮双组分混合气的催化氧化过程，结果表明，单一甲苯的反应路径可能为"甲苯→苯甲醇→苯甲酸→苯→酸酐、顺丁烯二酸盐类物质→水和二氧化碳"，单一丙酮的反应路径可能为"丙酮→甲酸和乙酸等羧酸类物质→水和二氧化碳"，在双组分混合气催化中，二者的反应路径不变。

## 8.2 创新性

催化氧化法低温、高效、无二次污染，是目前研究最成熟且应用最广泛的 VOCs 处理技术，高活性和强稳定性催化剂的开发是该技术的核心。以 Pb 和 Pd 为代表的贵金属催化剂虽然表现出了较高的 VOCs 催化活性，但是价格昂贵，热稳定性相对较差，易烧结、易中毒，工业应用前景堪忧。相比之下，过渡金属氧化物催化剂，高温活性好，热稳定性较强，机械强度较高，价格低廉，具有更广阔的应用前景，因而受到了广泛关注。尤其是钴锰基金属氧化物催化剂，因其良好的氧化还原性能等特性对 VOCs 表现出了较高的催化活性，被认为可取代贵金属催化剂实现 VOCs 的绿色高效治理。但整体上过渡金属氧化物催化剂的低温活性依然不及贵金属催化剂，仍有待提高。

以多孔金属有机框架化合物（MOFs）为前驱体制备的金属氧化物，不仅能遗传母体的孔结构，而且其颗粒大小、组成、孔径结构和低温还原性能等物理化学特性在制备过程中都可得到有效调控，使其催化性能得到增强。因此，本研究以 Co/Mn-MOFs 为前驱体制备钴锰基金属氧化物用于甲苯和丙酮等 VOCs 催化氧化，并通过掺杂改性提高催化剂的 VOCs 催化性能，探索了 MOFs 的组成、结构及焙烧条件等对其衍生的钴锰基金属氧化物物理化学特性和 VOCs 催化活性的影响，研究了掺杂金属种类、掺杂量和掺杂方式等对催化剂结构与性能的影响，在此基础上明确了甲苯和丙酮在催化剂上的降解机理，为后续此类催化剂的开发提供了一定的理论支撑。总体来讲，本研究的创新点主要体现在以下几方面：

① 通过对母体 Co-MOFs 组成和结构的选择与调变，实现了对 Co-MOFs 衍生的廉价高效的甲苯催化氧化钴基金属氧化物催化剂的成功制备和有效

调控。

② 利用不同组成的 Mn-MOFs 作为前驱体，在空气气氛下，通过对热解条件的调控成功地实现了用于甲苯和丙酮双组分混合气催化氧化的高效锰氧化物催化剂的制备。

③ 通过对前驱体 Co-MOFs 焙烧条件的调变及掺杂改性，实现了对其衍生的钴基金属氧化物催化剂理化特性及甲苯催化性能的调控。

④ 以不同方法对 Mn-MOFs 衍生的锰氧化物催化剂进行了少量 Cu 的掺杂改性，通过对 Cu 物种存在状态的调变，实现了锰基金属氧化物催化剂理化特性的调控，大幅度提升了催化剂的催化活性。

## 8.3 展望

本研究以"以 Co/Mn-MOFs 为前驱体制备钴锰基金属氧化物催化氧化甲苯、丙酮及其双组分混合气"为研究体系，虽成功制备得到了高活性和稳定性的催化剂，找到了一些规律，但由于实验条件和测试手段的限制，还有一些工作未能开展，对其中的一些细节问题的研究还不够深入，也未能给出详细解释和有力证据。因此，后续的相关研究建议从以下几方面着手：

① 本工作证明，对 Co/Mn-MOFs 衍生的钴锰基金属氧化物催化剂进行 Cu 等金属掺杂后，催化剂的性能有了较大的提升，但对其中 Cu 等掺杂金属的存在形式和内部机理尚未分析透彻，后续研究可以结合理论计算，具体分析 Cu 等掺杂金属的引入对催化剂反应过程中金属氧键的断裂和新键结合的影响，详细阐述反应过程中能量的变化。

② 本工作对甲苯和丙酮在钴锰基金属氧化物催化剂上降解的机理进行了一定研究，但尚不足，后续可以结合模拟计算，如量子化学计算等，采用更多的原位表征技术，如原位拉曼、原位红外与质谱联用等手段，真正实现对甲苯和丙酮等 VOCs 在催化剂上降解过程的还原，深入研究催化剂对甲苯和丙酮等 VOCs 的催化氧化机理，为同类催化剂的研发提供理论依据。

③ 实际工业排放中的烟气成分复杂，不仅仅局限于芳香烃和含氧 VOCs，还包括烷烃、卤代烃等多种污染物，因此为适应工业废气排放特征，后续研究应进一步考虑 VOCs 的混合处理，使实验的反应气更接近工业排放的 VOCs 气体，尤其注意易使催化剂中毒的污染物如 Cl 和 S 等元素对催化剂的影响。另外，工业烟气

中水蒸气的存在也会对催化剂性能产生较大影响，后续研究应结合工业烟气实际状况进行研究，为催化剂的实际应用奠定基础。

④ 目前在 VOCs 催化氧化研究领域制备的催化剂多为粉末状纳米催化剂，由于传质扩散的影响，其实际工业应用受到限制。后续研究应进一步考虑适用于工业化应用的整体式催化剂的研发，可尝试将催化剂负载在商品陶瓷或堇青石载体上进行进一步研究。

(a) VOCs排放源物种分布特征

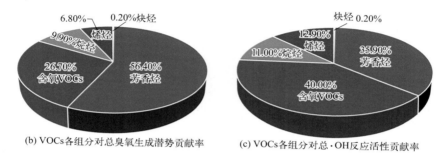

(b) VOCs各组分对总臭氧生成潜势贡献率  (c) VOCs各组分对总·OH反应活性贡献率

**图 1-2**  2021 年我国京津冀地区典型 VOCs 排放源物种分布特征[14]，以及 VOCs 各组分对总臭氧生成潜势和总·OH 反应活性的贡献率[15]

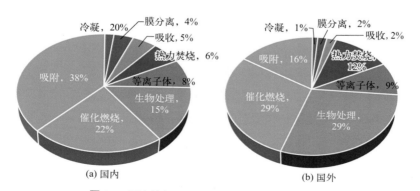

(a) 国内  (b) 国外

**图 1-3**  国内外各 VOCs 治理技术的市场占有率[20]

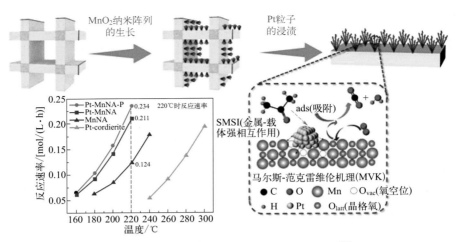

**图 1-4** 整体式催化剂 Pt-MnNA-P 催化氧化丙酮[30]

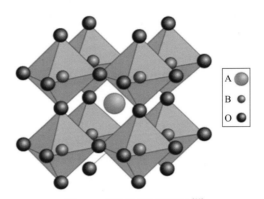

**图 1-6** 钙钛矿结构示意图[20]

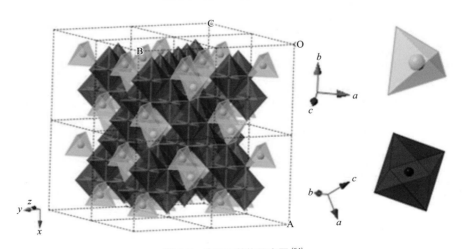

**图 1-7** 尖晶石结构示意图[54]

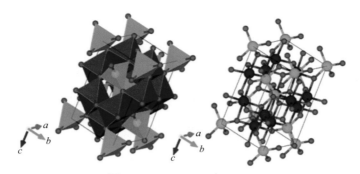

**图 1-10** Mn₃O₄ 结构示意图 [81]

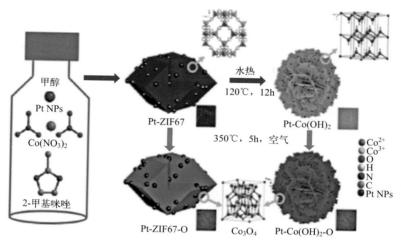

**图 1-13** 以 ZIF-67 为前驱体制备 Co 基金属氧化物及负载贵金属制备 Pt-Co₃O₄ 的流程图 [106]

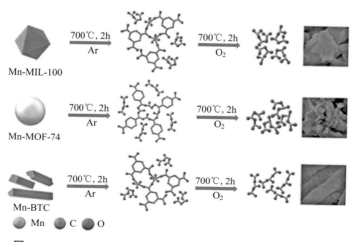

**图 1-14** Mn-MOF 为前驱体衍生的催化剂的形貌及结晶演化过程 [105]

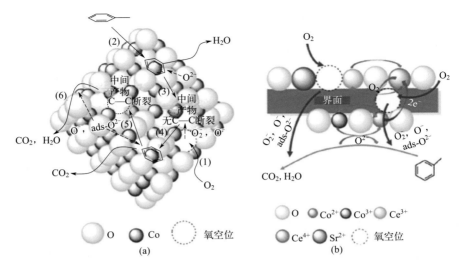

**图 2-3** 甲苯在 Co/Sr-CeO₂ 催化剂表面的反应机理[6]

（1）—气相的氧分子被氧空位和 Co²⁺ 捕获形成活性氧，如 $O_2^-$ 和 $O^-$；（2）—甲苯中的苯基通过大 π 键吸附在 Co²⁺ 上，甲基和苯基与吸附的氧物种 $O_2^-$ 和 $O^-$ 发生相互作用；（3）—吸附后的甲苯利用亲核的 $O^{2-}$ 来插入氧，产生了甲苯选择性氧化的非破坏性副产物；（4）—瞬态表面氧如 $O_2^-$ 和 $O^-$ 与碳原子反应，亲电氧化导致 C—C 键的断裂，较弱的 C—C 键首先断裂，生成中间产物苯；（5）—碳原子被 $O^-$ 和 ads-$O^{2-}$ 进一步氧化，迅速形成具有破坏性的产物，包括醇氧化物、羰基化合物和羧酸盐；（6）—这些中间产物最终转化为 $CO_2$ 和 $H_2O$

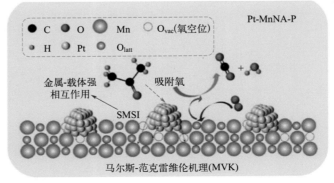

**图 2-6** 丙酮在催化剂 Pt-MnNA-P 作用下的降解示意图[11]

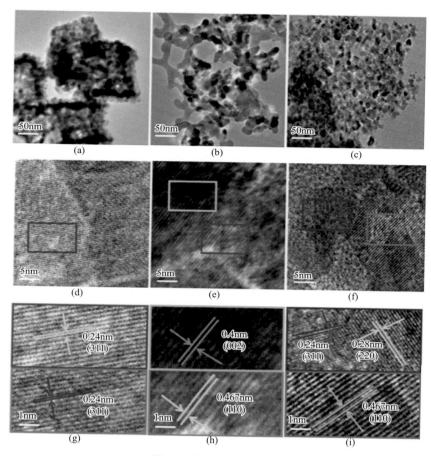

**图 4-5** 样品的 HRTEM 图

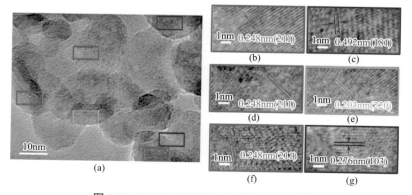

**图 4-20** $Mn_3O_4$-MOF-74-300 的 HRTEM 图像

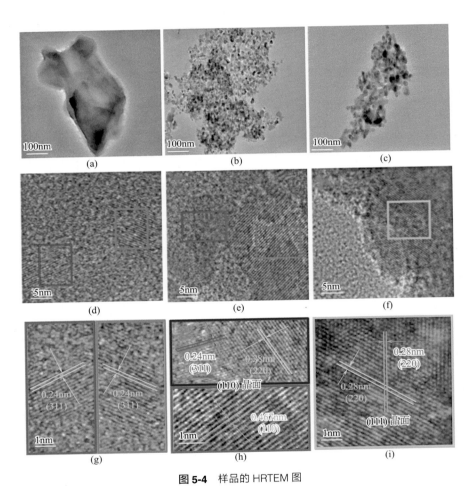

**图 5-4** 样品的 HRTEM 图

（a）、（d）、（g）—ZSA-1-X-250；（b）、（e）、（h）—ZSA-1-Co₃O₄-350；
（c）、（f）、（i）—ZSA-1-Co₃O₄-450

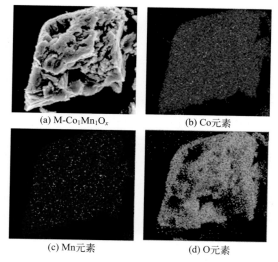

(a) M-Co$_1$Mn$_1$O$_x$        (b) Co元素

(c) Mn元素        (d) O元素

**图 6-3** 样品 M-Co$_1$Mn$_1$O$_x$ 中各元素的 EDS 图

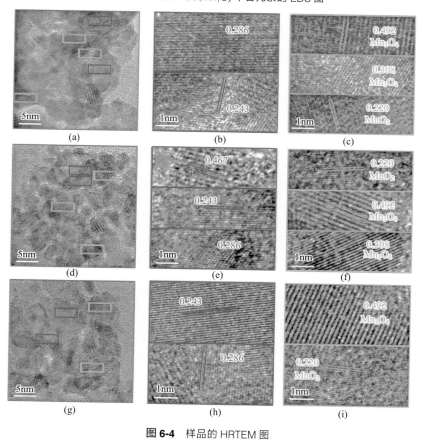

**图 6-4** 样品的 HRTEM 图

（a）、（b）、（c）—M-Co$_1$Mn$_1$O$_x$；（d）、（e）、（f）—M-Co$_2$Mn$_1$O$_x$；
（g）、（h）、（i）—M-Co$_3$Mn$_1$O$_x$

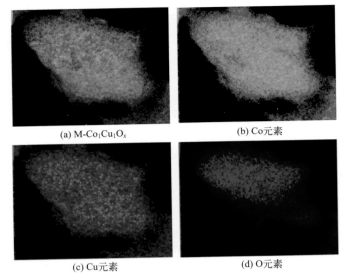

(a) M-Co$_1$Cu$_1$O$_x$                (b) Co元素

(c) Cu元素                (d) O元素

**图 6-20**    M-Co$_1$Cu$_1$O$_x$ 样品的 EDS 图

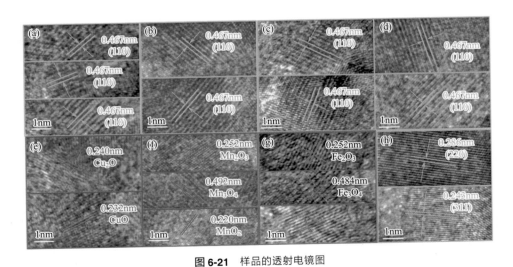

**图 6-21**    样品的透射电镜图

（a）、（e）—M-Co$_1$Cu$_1$O$_x$；（b）、（f）—M-Co$_1$Mn$_1$O$_x$；（c）、（g）—M-Co$_1$Fe$_1$O$_x$；
（d）、（h）—M-Co$_1$Ni$_1$O$_x$

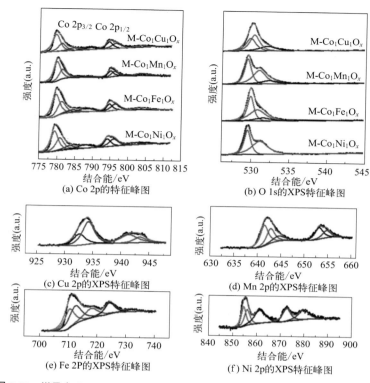

图 6-23　样品中 Co 2p、O 1s、Cu 2p、Mn 2p、Fe 2p 和 Ni 2p 的 XPS 特征峰图

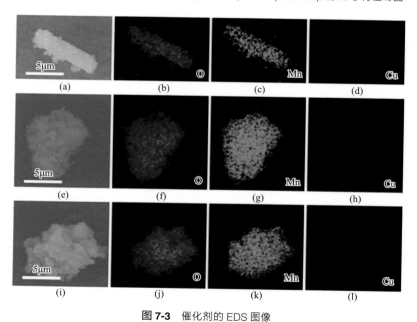

图 7-3　催化剂的 EDS 图像

（a）～（d）—CuMnO$_x$-IPM；（e）～（h）—CuMnO$_x$-IPO；（i）～（l）—CuMnO$_x$-IIO

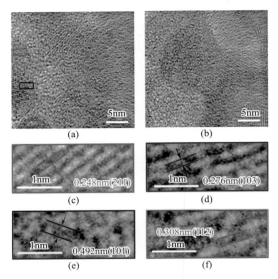

**图 7-4** CuMnO$_x$–IPM 催化剂的 HRTEM 图像

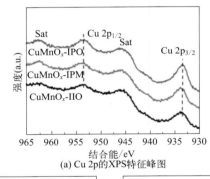

(a) Cu 2p的XPS特征峰图

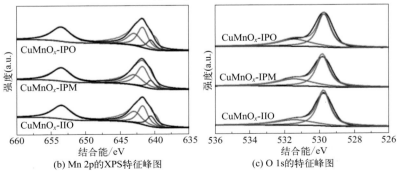

(b) Mn 2p的XPS特征峰图

(c) O 1s的特征峰图

**图 7-6** 样品的 Cu 2p（a）、Mn 2p（b）和 O 1s（c）的 XPS 特征峰图